中国科学社档案资料整理与研究

董理事会会议记录

何 品　王良镭　编注

上海科学技术出版社

图书在版编目(CIP)数据

董理事会会议记录/何品,王良镭编注. —上海：
上海科学技术出版社,2017.11
(中国科学社档案资料整理与研究)
ISBN 978-7-5478-2810-6

Ⅰ.①董… Ⅱ.①何…②王… Ⅲ.①科学研究组织机构—理事会—会议资料—上海市—1916~1948 Ⅳ.①G322.235.1

中国版本图书馆 CIP 数据核字(2015)第 234110 号

责任编辑　张毅颖　刘小莉　曾　文
装帧设计　戚永昌

董理事会会议记录

何　品　王良镭　编注

上海世纪出版(集团)有限公司　出版、发行
上　海　科　学　技　术　出　版　社
(上海钦州南路 71 号　邮政编码 200235　www.sstp.cn)
苏州望电印刷有限公司印刷
开本　787×1092　1/16　印张　21.5
字数　400 千字
2017 年 11 月第 1 版　2017 年 11 月第 1 次印刷
ISBN 978-7-5478-2810-6/N·103
定价：98.00 元

本书如有缺页、错装或坏损等严重质量问题，
请向工厂联系调换

《中国科学社档案资料整理与研究》编委会

编委会主任　白春礼

编委会副主任　周蔚中

编　委　会　　　邢建榕　曹胜梅　林丽成　周桂发
　　　　　　　　樊洪业　段　韬　张　剑（执行）

编　辑　组　　　张　剑　林丽成　章立言　周桂发
　　　　　　　　杨家润　何　品　王良镭

序　言

　　一百年前，留美中国学生创办的《科学》杂志在上海问世，开创了将科学作为一种现代知识体系和创新文化形态在中国进行传播的事业。当时，中国国势衰弱、民族危亡，为办好这份刊物，《科学》创办人集结同志成立了中国科学社。中国科学社成为近代中国社会第一个以科学为目标的综合性学术团体，并在近代中国开创了各项科学事业，如出版科学书刊、开创学术交流、成立研究所、增设图书馆等等，为中国科学的体制化做了艰苦的探索，并对中国近代科学体制做出了卓越贡献。他们提出的通过发展科学来寻求国家富强之道的"科学救国"，影响甚大、甚深、甚广。

　　一百年过去了，中国社会已经取得了巨大的进步。经过几代人的艰苦奋斗，中国现代科学也已进入新的历史发展阶段。追索近现代中国科学发展的百年历程，有助于我们承古创新，探究当代中国科学发展之道。中国科学社的档案资料是一笔珍贵的历史遗产，不仅可以从中了解中国近代科学社团的本身，诸如创建、发展乃至消亡的历程，理解它们在复杂多变的近代中国如何生存与发展；而且可以了解中国近代科学的发展与科学社团之间的互动关系，理解中国科学发展的艰难；还可以从科学社会学视角分析科学发展与制度创新、社会经济文化的互动。

　　国内外学术界对中国科学社的研究成果虽然不少，但中国科学社档案资料没有得到充分的利用。时值《科学》创刊100周年，此次对相关档案资料的整理出版，具有重要的意义。它必将进一步提升对中国科学社研究的水准，也为进一步研究中国近代科学发展，特别是科学发展与科学社团之间的互动关系、民间学术团体与政府之间的关系，乃至中国近代思想文化史提供坚实而丰富的史料，为创建国家科技创新体系，特别是学术社团在万众创新中的独特作用提供借鉴。

　　衷心希望《中国科学社档案资料整理与研究》能够成为广大科学史学者和科研人员的益友，为中国科学事业的发展做出一份贡献。

白春礼

（《科学》杂志编委会主编）

前言

20世纪初叶,以爱因斯坦相对论为代表的科学革命横空出世,世界科学技术日新月异,其对社会发展和人类生活影响所展现出来的伟力,极大地刺激了正留学科学先进各国、寻求强国方略的中华学子,"科学救国"一时间成为他们的共同认知因而成为时代最强音。他们求学之余,怀抱复兴中华民族之志,以英国皇家学会、美国科学促进会等为模范,创办学术社团、发刊书报、翻译书籍,将西方先进的科学技术知识及其体制、精神输入中国,并由此建立中国科学技术体系,中国科学社就此应运而生,并发展成为近代中国延续时间最长、规模最大、影响最为广泛的综合性学术社团,促进并参与了中国近代科学技术体系的发生发展。

一

中国科学社(Science Society of China),原名科学社,1914年6月10日由留学美国康奈尔大学的胡明复、赵元任、周仁、秉志、章元善、过探先、金邦正、任鸿隽、杨杏佛等九人在纽约州小镇伊萨卡(Ithaca)创议并成立,宗旨为"提倡科学,鼓吹实业,审定名词,传播知识"。其主要目的是集股400美元创办《科学》杂志,因此采用股份公司的形式,在董事会下设立营业部、推广部、《科学》编辑部、总事务所、通讯处等。1915年1月,《科学》在上海由商务印书馆出版发行,开始对什么是科学、科学方法、科学精神以及科学的社会功用等方面进行全面讨论,填补了自鸦片战争以来中国引进西方科学技术这一方面的空白,开创了中国科学发展的新纪元,切合了当时国内文化革命与文化建设的需求,在一定程度上为新文化运动"德先生"、"赛先生"的吁求提供了坚实的基础,成为以《新青年》为旗帜的新文化运动的先导。

创办者以为有股东在后面监督,《科学》可以避免当日大多数刊物有始无终的命运。可《科学》的实际运作表明区区400美元的股金杯水车薪,即使股东人数与股金数目远远超过当初的设想,也根本无法维持《科学》的继续发行。同时,仅仅一份《科学》杂志也不能达到提倡科学的宗旨。于是创办者们开始筹备将股份公司形式的科学社改组为学术社团形式的中国科学社。1915年10月25日,由胡明复、邹秉文、任鸿隽三人起草的《中国科学社总章》得到社员赞成通过,中国科学社宣告正式成立,宗旨为"联络同志,共图中国科学之发达",严格规定了社员入社的条件、权利与义务,在董事会下设立分股委员会、期刊编辑部、书籍译著部、经理部、图书部和年会筹备委员会,初步具备了一个学术性社团的组织结构与功能。除继续发刊《科学》而外,更有一个全面发展中国科学技术的规划,书籍译著部从事科学书籍的翻译引进与撰著,图书部专门筹设科学图书馆以为科学研究做准备,年会筹备委员会筹备年会特别是学术交流的论文征集。更为重要的是,设立分股委员会不仅是未来各专门学会的雏形,更有将未来成立的各专门学会统摄在中国科学社的考虑,惜乎这一规划与设想最终未能实现,也使其在20世纪30年代转化为中国科学团体联合会的角色未能成功。

中国科学社改组后,社务不断扩展,影响日渐增大,得到了爱迪生、蔡元培、黄炎培、张謇、黎元洪、伍廷芳等国内外名流的赞许与支持,并连续召开了三次年会,在当年以学生会年会为特征的留美学界独立发展出一个学术性年会,在情感交流之外学术交流共同体日渐形成,不仅得到了留美学界的激赏,更锻炼了留学生们的学术能力。1917年3月,向北京政府教育部注册,正式成为法人团体。到1918年社员人数达到360余人。

二

随着主要领导人胡明复、过探先、任鸿隽、杨杏佛等的学成归国,中国科学社也于1918年搬迁回国。与大多数留学生创办的学术团体回国后面临生死存亡境地一样,中国科学社也面临这一困窘。首先是新入社社员急剧下降,还有经费奇缺,旗帜《科学》稿源缺乏以致无米下炊,没有固定的社所等现实困难。更为重要的是,当时国内政局不宁,社会不稳,留学归国者显身手的舞台极其狭窄,真正能开展科学研究的机会更是少之又少。然而,与大多数留学生社团回国后销声匿迹不一样,中国科学社有一个强有力的领导群体,他们通过各种途径和方法,逐步解决了生存的困难。通过蔡元培获得了北京大学每月200元的《科学》出版资助;发起5万元基金募捐,任鸿隽等北上南下、东走西奔,终有所获;通过张謇等关系获得了南京成贤街固定社所;吸收丁文江、李仪祉、秦汾、翁文灏等国内学界先进进入领导层,并选举丁文江为社长,进一步在学界扩大影响。

当时的中国,真正意义上的科学研究极端稀缺。中国科学社领导人深刻认识到,科学但若仅仅停留于口头言说的宣传,无论多么动听,总是空谈,只有进行实实在在的科学研究,中国科学才能真正发展。因此,他们不仅在舆论上(主要是《科学》杂志)鼓吹科学研究,社员们也身体力行具体实践,并于1922年8月创建中国科学社生物研究所。生物所作为中国科学社宣扬科学研究、从事科学研究的载体,是中国科学社创办最为成功的事业之一,也是民国科研机关的典范。它筚路蓝缕,对中国科学无论是科研人才的培养、科研成果的产出,还是科学研究氛围的形成、科学精神的塑造与传播,都有不可估量的贡献。生物所通过科研成就在国际科学界为中国赢得了崇高荣誉,是中国科学走向世界科学共同体的最为重要的通道之一,同时也极大地扩展了人类知识的视野。

为了进一步适应中国社会,1922年8月在南通召开的第七次年会上,中国科学社再次修改社章,进行第二次改组,将原来执掌社务的董事会改为理事会,设立全新的由社会名流组成的名誉性董事会,专门进行基金捐款与管理,并于当年冬天选举张謇、马相伯、蔡元培、汪精卫、熊希龄、梁启超、严修、范源濂、胡敦复等九人为第一届董事,并由董事会向财政部申请,获得江苏省国库每月2 000元的资助。宗旨改为"联络同志,研究学术,共图中国科学之发达",第一次旗帜鲜明地提出"研究学术"的口号。社务达九项之多:(1)发刊杂志,传播科学,提倡研究;(2)著译科学书籍;(3)编订科学名词,以期划一而便学者;(4)设立图书馆以便学者参考;(5)设立各科学研究所,施行科学上之实验,以求学术实业与公益事业之进步;(6)设立博物馆,搜集学术上、工业上、历史上以及自然界动植矿物诸标本,陈列之以供研究;(7)举行科学讲演,以普及科学知识;(8)组织科学旅行研究团,为实地之科学调查与研究;(9)受公私机关之委托,研究及解决关于科学上一切问题。除继续从事科学传播与科学普及而外,核心是宣扬与具体从事科学研究。

此后,中国科学社按照社章规定日渐扩展社务。在科研机构设立方面,除生物所外,还有理化、数学、卫生、矿冶及特别研究所等计划;在科学教育方面,设立科学教育部从事《科学》杂志的编辑发行、"科学丛书"的编辑出版和通俗科学演讲,计划设立通俗观象台、科学博物院(分为自然历史与工业商品两类)、科学书籍编译院、仪器制造所等;在科学图书馆方面,除南京社所已有外,还计划在上海、广州、北京等处设立分所。按照任鸿隽的说法,总图书馆及自然历史博物馆设在文化中心北京,理化研究所及工业商品博物馆设在工业中心上海,生物与卫生研究所设在南京,矿冶研究所设在广州,其余分图书馆与特别研究所根据各地需要随处可设。这是一个宏伟的规划,欲在全国建成中国科学社的一个学术机构网络。

理想很丰满,现实很骨感。上述宏大计划大多未能实现,即使曾多次向社会募捐,一再筹设的上海理化研究所、数学研究所也没有最终结果。但无论如何,获得发展机会的中国科学社走上了蓬勃发展道路。入社社员年年增长,至 1927 年已达 850 人。1922 年开始汇集年会论文,用西文发行《中国科学社论文专刊》(*The Transaction of the Science Society of China*),成为中国科学走向世界科学界的通道。生物所亦自 1925 年开始发刊研究论文集。

社会影响大为扩展的中国科学社在中国科学发展事务上的发言权也大大提升,特别是在当时英美日庚款退款应用上表现得最为充分。中国科学社提出退还庚款在中国所办事业必须是中国最根本最急需的,能为中国谋求学术独立的永久文化基础,能增进全世界人类之幸福的事业。这一主张反响强烈,也成为各国退还庚款使用的重要标准。同时,中国科学社不少领导人进入对中国科学影响最大的美庚款管理机构中华教育文化基金董事会领导层,为中国科学社生物所的发展争取到不少的经费资助。在发展过程中,中国科学社不仅取得国内学术社团的领导地位,在国际学术界也占有一席之地,成为国立中央研究院成立前中国学术界代表。

三

1927 年南京国民政府成立后,制定积极的科技政策,设立国立中央研究院、北平研究院等国立专门研究机关,充实大学,使中国科学技术的发展步入新天地。这虽在一定程度上挤压了作为民间学术社团的中国科学社在相关方面的发展,但中国科学社还是获得了发展契机,步入一个空前的扩展时期。

首先,通过蔡元培、杨杏佛等人的努力,获得国民政府 40 万元二五国库券,是中国科学社历史上最大一笔款项,也是其后来发展最为重要的基金,专门设立了由蔡元培、宋汉章、徐新六等组成的基金管理委员会进行管理。第二,国民政府将南京社所及其围墙外的成贤街文德里官产划归中国科学社永久使用,进行改建与扩充。第三,得中华教育文化基金董事会专项资助后,改建生物所,分植物研究室、动物研究室、动物生理实验室、图书储藏室、阅览室、标本陈列室与储藏室等。第四,有了大笔基金后,购定上海法租界亚尔培路(今陕西南路)309号房屋为社所,并将总办事处由南京搬迁到上海,将社务重心由南京转向上海,南京仅留下生物所及其附属图书馆。

中国科学社还创建明复图书馆、设立科学图书仪器公司、发刊《科学画报》和《社友》、设立学术评议与奖励基金、成立科学咨询处、联合其他团体召开联合年会等等。1931年元旦,中国第一座专门科技图书馆明复图书馆(为纪念英年早逝的重要领导人胡明复)落成,为钢筋混凝土结构三层楼房,建筑费用8万余元,设备费用3万余元,完全免费向国人开放。明复图书馆建成后成为上海社会和学术生活中的重要活动空间。战时更成为保存图书仪器等学术资料之地,为中华文化的存续与接续贡献力量。

为解决商务印书馆印刷发行《科学》脱期等问题,中国科学社创设中国科学图书仪器公司,最初专门从事印刷,后扩展业务,发展成为中国最为有名的科学出版机构,专门印刷科学书报,分为印刷部、图书部、仪器部三个部门,在南京、北平、汉口、重庆、广州等地设分公司,在中国科学图书的印刷、科学仪器的制备上有着十分重要的地位。

为了进一步加强社友间联络,1930年10月发刊《社友》,专门刊载社务、社友往来及社友消息,至1949年共出版93号(期)。广泛记载了社员的活动与社务进行状况,是了解当时中国科学界"实态"的一份重要资料。1933年8月创办科普刊物《科学画报》,时任总干事杨孝述具体负责,在当时众多科普刊物中异军突起,成为至今仍延续发行、影响极为深远的科普读物,也成为中国科学普及的旗帜。

学术评议奖励是一个完善的学术共同体主要任务之一,也是学术体制化最为重要的方面之一,更是学术独立运行的重要基础。自1929年以来,中国科学社相继设立、管理的学术奖金有高君韦女士纪念奖金、考古学奖金、爱迪生电工奖金、何育杰物理学奖金、范太夫人奖金、梁绍桐生物学奖金、裘氏父子科学著述奖金等,这些学术奖励的评审颁发不仅是对年轻科研工作者的承认,而且对获奖人员来说更是巨大的鼓励,是使他们在未来的科学研究道路上披荆斩棘、奋勇前进的动力之一。中国科学社也曾有向国内科学研究最著名者颁发"中国科学社奖章"的设想,并制定了章程,但最终没有结果。

中国科学社成立伊始就有科学咨询业务,但一直未能有所行动。1930年,国民政府号召学术机构设立科学咨询处,并订立了"科学咨询处办法"。中国科学社积极与政府合作,设立了科学咨询处,并将咨询的问题和答案刊布在《科学》杂志上。《科学画报》创刊后,"科学咨询"移载该刊,每月咨询者达50件左右,1936年度更超过

1 000件，后改为"读者来信"，成为《科学画报》几十年不变的特色栏目。

中国科学社年会日渐成为国内学术交流的重要平台。1934年，中国科学社联合中国植物学会、中国动物学会、中国地理学会等专门学会召开联合年会，宣告中国学术界联合学术年会的开启。1936年，中国数学会、中国物理学会、中国化学会加入，在北平举行七学术团体年会，到会456人，论文292篇，被誉为"最大也是最后"的学术盛会。联合学术年会与各种综合、专门学术期刊，标志着中国科学交流系统正式建成，极大地促进了中国科学的发展。

中国科学社旗帜《科学》发刊到1935年，走过了20年的风雨，面临着专门科学期刊、大学学报、研究机关集刊等众多学术刊物的挑战。中国科学社专门聘请山东大学生物系主任刘咸出任主编，对其进行改组，定位读者对象"首为高中及大学学生，次为中等学校之理科教员，再次为专门学者，最后为一般爱好科学之读者"，设有"社论"、"专著"、"科学思潮"、"科学新闻"、"书报介绍"、"科学通讯"、"科学拾零"等栏目，旋增论文摘要性质的"研究提要"。改版后的《科学》下接续完全通俗的给一般读者阅读的科学期刊，上接续各专业学会的专业期刊，"实居中心枢纽地位，……其宗旨略规托英国之《自然》周刊，美国之《科学》，德国之《自然科学》等杂志"。

到1937年，中国科学社的整个事业发展到巅峰，有上海总社所（有总办事处、明复图书馆及编辑部等）、南京社所（有生物所与图书馆）和广州社所。董事会由马相伯、蔡元培、汪精卫、熊希龄、吴稚晖、宋汉章、孙科、胡敦复、孟森和任鸿隽组成。理事会由翁文灏（社长）、杨孝述（总干事）、周仁（会计）、赵元任、胡刚复、秉志、竺可桢、马君武、胡适、任鸿隽、胡先骕、李四光、王琎、孙洪芬、严济慈组成，个个都是学术界响当当的人物。秉志为生物所所长兼动物部主任、钱崇澍为植物部主任兼秘书。图书馆委员会由胡刚复、尤志迈、王云五、杨孝述、刘咸组成，刘咸兼任馆长。《科学》编辑部集中了当时学术界的精英如范会国、杨钟健、吕炯、吴定良、卢于道、冯泽芳、吴有训、曾昭抡、张江树、张其昀、顾毓琇、王家楫等。全国还有12个社友会，由各地学术界领导人物主持。此时的中国科学社，已经成为民国学术生活和社会生活中一个具有广泛影响力的社会组织，被誉为"社会之福，民族之光"。

四

当事业蒸蒸日上的中国科学社正筹备联络各专门学会在杭州浙江大学召开联合

年会时,日本帝国主义的全面侵华中断了中国科学的正常发展。为了保存中华民族发展的火种,除明复图书馆、《科学》和《科学画报》编辑部、中国科学图书仪器公司等事业和机构由于地处法租界而留在上海外,其他事业和机构如南京社所、生物所及图书馆,与当时大多数学术单位一样汇入了世界历史上罕见的千里搬逃的洪流中,内迁重庆,落脚于西部科学院,后建造简陋研究室,继续积极从事学术研究。

南京社所、生物所在内迁重庆时,限于人力物力,只将小部分书籍标本迁出,留下人员照顾所址并保管价值连城的书籍仪器和标本,不想侵华日军占领南京后,首先派军队强占生物所,并肆意破坏所内设施。后来原驻防部队在调访时,竟然放火将生物所烧毁,标本、仪器、书籍均荡然无存。曾是那样蓬勃发达、活力四溢、成就卓著、生物学中心的生物所就这样被毁了。

生物所内迁时,秉志因夫人生病而留守南京。生物所被毁后,秉志到上海,与刘咸、杨孝述等中国科学社核心成员,在"孤岛"上海及沦陷区克服各种困难维持中国科学社社务,继续发刊《科学》、《科学画报》,坚持明复图书馆的开放,提供了科学交流的平台,记载了科学进步的历程,保存了中国科学发展的火种;千方百计坚持科学研究,并关注后辈学人的成长,为战后中国科学的发展奠定了坚实的基础。他们深知科学在抗战中的作用,毅然走出书斋,以自己之所长,通过《科学》、《科学画报》、《申报》等媒介发表言论,宣扬科学抗战报国、抗战救国、抗战建国。他们在抗战期间的所作所为,尤其是对敌斗争,与真枪实弹的正面战场、敌后战场游击战以及暗藏杀机的"孤岛"、沦陷区的谍报战一起,构成了中华民族反抗外敌入侵的壮丽画卷,展现了一代知识分子不畏强敌的崇高情怀与情操,是名副其实的另一种抗战。

太平洋战争爆发后,上海"孤岛"不存,1942年3月中国科学社总社内迁重庆,上海社所由照料委员会照料,留职工3人看守。上海社务除《科学画报》继续维持外,《科学》在发刊第25卷后首次宣布停刊,明复图书馆关闭。1942年9月,上海社友会协同照料委员会将明复图书馆重新开放。翌年3月,《科学》第26卷在重庆出版,宣告了这份刊物的重生。同时,随着内迁的学术界日渐稳定下来,中国科学社先后于1940年、1943年、1944年联合多个专门学会召开联合年会,不仅进行学术交流,更为抗战建国献计献策。

虽在广大社员的努力下,社务一直坚持。但从抗战伊始,中国科学社事业不可避免地逐渐走向衰落。抗战胜利后,中国科学社力图有所作为,终因环境制约,维持现状已告艰辛。南京社所被毁,生物所不能复员,研究人员星散,只有秉志等少数几个人在上海明复图书馆坚守。鉴于雷达技术的广泛应用,亦曾有设立射电研究所的计划,亦因故不能实现。面临恶性通货膨胀,即使国民政府1947年曾拨助复兴修建费法币3亿元、购置图书仪器费美金2万元,也不能满足需求。

中华人民共和国成立后,中国科学社领导人曾满心希冀继续充当民间科学代表,为新社会的科学事业贡献力量,却没想到在新形势下,民间私立社团已经没有继续存在的可能性。1951年《科学》刊发一期增刊后停刊。为继续维持生存,中国科学社于1952年2月修改社章,将宗旨改为"团结同志,继续研究科学,交流经验,并协助生产事业之发展"。并于1954年为庆祝成立40周年,在上海举办了中国科学史料展览,组织编纂出版"中国科学史料丛书"、"科学史料译丛"等。1957年"双百方针"期间曾将《科学》复刊,延续不及两年又告停刊。其后,中国科学社相继将各种事业移交给人民政府后,维持至1960年5月5日发布《告社友公鉴》,正式宣告退出历史舞台。

1985年,由12位科学家建议,在中国科学社老社友、《科学》的老编辑、老作者、老读者的支持下,经中国科学技术协会批复,《科学》再次复刊。复刊后的《科学》承接前辈的科学梦,努力地传播科学,播撒科学的种子,又继续在科教兴国的旗帜下前行!

五

从1914年美国纽约州小镇伊萨卡走来,到1960年在上海结束,中国科学社在其近半个世纪的存续期间,保留了大量的档案资料。据调查,目前这些档案资料主要保存在上海市档案馆、中国近现代新闻出版博物馆(筹)、复旦大学档案馆、美国哈佛大学燕京学社图书馆和康奈尔大学东亚图书馆等处。

上海市档案馆藏有中国科学社全宗和散布在其他全宗的相关中国科学社档案资料。中国科学社全宗共有档案资料280卷,起止时间为1914—1960年,大致可分为五类,综合类有中国科学社概况、会议记录、社员名单、入社志愿书等;科研类有中国科学社生物所相关档案如工作报告、征募基金等,中国科学社主持的各种奖金相关档案;建设类主要有南京社所、上海社所、明复图书馆、中国科学图书仪器公司相关建筑档案;实物类有中国科学社摄影集、剪报资料等;其他科学团体档案有中国气象学会、中国工程师学会、中华教育文化基金董事会、中华学艺社等档案。散布在其他全宗档案资料也有120卷左右,比较重要的有中国科学社结束时期与上海市文化局等机关往来函件、中国科学图书仪器公司档案等。中国近现代新闻出版博物馆(筹)有30余卷,内含中国科学社发展史上最为关键的部分档案资料,诸如中国科学社生物所发起书、中国科学社结束时移交清单等。复旦大学档案馆主要藏有长期担任《科学》杂志编辑部主任刘咸与学界同仁的往来函件,主要有翁文灏、竺可桢、秉志、胡先骕等当时中国学术界顶尖科学家与刘咸围绕《科学》杂志及学术界相关情况的通信。哈佛大学燕京学社图书馆藏有中国科学社留美分社的档案资料。康奈尔大学东亚图书馆藏有中国科学社初创时期的一些档案资料,特别是早期社员留学档案。

这些档案资料忠实地记录了中国科学社自身的创建、发展、消亡的过程,更反映了作为民间科学社团在中国近代社会剧烈变迁中如何苦心孤诣发展中国科学的艰难历程,见证了中国近代社会的发展与变革。因此,对中国科学社留存下来的大量档案资料进行整理出版,并在此基础上进行深度和缜密研究就有其不言自明的重要意义。有鉴于此,长期致力于中国科学社研究的上海社会科学院历史研究所张剑,联合上海市档案馆邢建榕、何品、王良镭,复旦大学档案馆周桂发、杨家润,中国近现代新闻出版博物馆(筹)林丽成、章立言,上海科学技术出版社段韬等学术同好组成课题组,共同开展国内所藏中国科学社档案资料的整理出版及研究工作(哈佛大学燕京学社图书馆和康奈尔大学东亚图书馆相关档案资料留待机会成熟再行整理研究),缅怀中国科学社先辈们发展中国科学事业的足迹,并纪念中国科学社成立及《科学》创刊一百周年。

本课题组织实施以来,得到各相关单位领导的大力支持,《科学》杂志编委会主编、中国科学院院长白春礼欣然担任编委会主任,并撰写序言;上海市档案局局长、上海市档案馆馆长周蔚中担任编委会副主任。本课题还受到上海市哲学社会科学基金、上海市新闻出版专项资金资助。

编选说明

本书所编内容为中国科学社董事会和理事会的部分会议记录，选自上海市档案馆收藏的中国科学社档案，并参考摘引了中国科学社主办的《科学》杂志和《社友》报上刊载的相关报道。

一

中国科学社是近代中国历时最久、规模最大、影响最广的综合性学术社团组织，虽以促进自然科学发展为主要方向，但也吸纳社会科学工作者。其最初名称为"科学社"，创设于1914年6月10日。自1915年4月起，科学社筹备改组为中国科学社（Science Society of China），由胡明复、邹秉文、任鸿隽三人起草的《中国科学社总章》于同年10月25日最终得到社员全体赞成通过，于是中国科学社正式成立。

根据1915年10月通过的社章，中国科学社以"联络同志，共图中国科学之发达"为宗旨，其办事机关为董事会、分股委员会、期刊编辑部、书籍译著部、经理部、图书部。中国科学社董事会是科学社董事会的延续，其职务具体为：

（一）决定进行方针。

（二）增设及组织办事机关。

（三）监督各部事务。

（四）管理本社财产及银钱出入。

（五）选决入社社员，提出特社员、赞助社员、名誉社员。

（六）报告本社情形及银钱账目于常年会。

（七）推任经理部长、图书部长及各特别委员。

董事会由七人组成，由社员全体依据总章第十章选举法选出，任期二年，每双数年改选四人，单数年改选三人，轮流递换，但得连任。董事会职员设社长一人、书记一人、会计一人，任期皆一年，由董事互换出任，但社长、书记、会计三人须在一处。本社社长即为董事会会长。董事会职员的责任具体如下。

会长代表本社全体，监理董事会一切事宜。

书记:(一)记录董事会及常年会会议事件。(二)发布通告。(三)记录社员姓名住址。(四)收发及保存往来信件。

会计:(一)收管本社财产,经理银钱出入。(二)收集社员会费。(三)预备银钱出入报告。

1917年9月,中国科学社修订社章,在本社办事机关中撤消了书籍译著部。董事会职务除第一项修改为"决定进行办法,但与各机关有关系时,须与该机关协议"以外,其他不变。董事由七人增至十一人,每双数年改选六人,单数年改选五人,轮流递换,但得连任。在董事会职员中,将书记一人分设为函牍书记、记录书记各一人,并增设副会计一人,任期皆一年,由董事互选选出。董事会职员的责任具体如下。

社长代表本社全体,监理董事会一切事宜。如社长有事故不能行其职权时,由函牍书记代行之,同时于该地社员中选出一人,代行书记职务。

记录书记:(一)记录董事会及常年会会议事件。(二)记录及经管社员姓名住址档片。(三)收理入社愿书及发入社通知。(四)收管本社各种公式簿册。(五)管理刊布本社社录。

函牍书记:(一)发布通告。(二)答复缄件。(三)收发及保存往来信件。(四)管理及监察年历。

会计:(一)收管本社财产,经理银钱出入。(二)收集社员会费。(三)预备银钱出入报告。

副会计辅助会计办理上列各项事务。

1923年9月,中国科学社修订社章,将本社宗旨改为"联络同志,研究学术,共图中国科学之发达";将董事会改名为理事会;另设由社会名流组成的董事会,主要职责是监督本社财政、管理本社资产、募集钱款。理事会的职权具体如下。

(一)议决本社政策,组织及改组各办事机关与委员会。

(二)选定各办事机关长。

(三)根据社章审定办事机关细则,并督促各机关事务之进行。

(四)司理社中财政出纳,并编造每年预算决算,呈交董事会核准。

(五)报告每年社务成绩于常年大会。

(六)推举候选名誉社员、赞助社员、特社员。

(七)选决入社普通社员、永久社员、仲社员。

理事会每月至少开会一次,开会日期、地点临时酌定,遇有重要事件,社长得召集临时会议,或用通信表决。

关于理事人数、任期、改选的规定与原先的董事一样。理事会设会长一人,书记(函牍书记与记录书记合并)、会计、副会计各一人,由理事中互选选出。理事会会长即为本社社长。理事会职员的职务具体如下。

社长代表本社,总理理事会一切事务,为理事会出席董事会议当然代表。社长有事故不能执行其职权时,由书记代行之。

书记的职务如下:(一)管理理事会及常年会开会一切手续。(二)记录理事会常年会会议事件。(三)管理社员入社一切手续。(四)记录保存社员姓名住址履历。(五)编订社录、年会记事录及其他报告社务印刷物。(六)发布各种通告。(七)收发保存并答复理事会往来信件。(八)收发本社各种公文要件。

会计的职务如下:(一)经理本社银钱出纳。(二)收集社员社费及各种捐款。(三)受董事会之委托保管本社各种基金及捐款。(四)受董事会之委托管理本社各种财产。(五)保管本社一切关于银钱财产之凭证、契约及账簿。(六)预备预算决算表及银钱财产状况报告,并编定每年缴费社员名单。

副会计襄助会计赞理上列列举之事务,或办理会计委托之事件,并于会计不能履行其职务时代行会计之职务。

理事会为便利社务进行起见,得设立常期委员会,如学股委员会、名词委员会、演讲委员会、出版委员会、科学教育委员会等。各委员任期一年,由理事会推举。

1925年8月,中国科学社修订社章,在理事会职员中撤消书记和副会计,新设总干事(初名主任干事),并规定:理事会由理事十人及总干事一人组成;理事任期各二年,每年改选五人;总干事由理事会推举呈请董事会聘任,任期不定;社长有事故不能执行其职权时,由总干事代行;总干事的职务除了继承原先书记的职务外,并增添一项"襄助社长执行理事会一切事务"。

1929年9月,中国科学社修订社章,将理事由十人增至十四人,每年改选七人;理事会由理事十四人及总干事一人组成。

1932年8月,中国科学社修订社章,有关理事会的规定改动如下:理事会每年开大会二次,常务理事会每月至少开会一次,均以过半数为法定人数,开会日期地点临时酌定,遇有重要事件,社长得召集临时会议或用通讯表决。理事会设常务理事七人,社长、总干事、会计为当然常务理事,其他四人,每年由理事中互选选出,承理事会全体大会之命,在闭会期内,执行一切社务。

1944年11月,中国科学社修订社章,将董事会改名为监事会,原有的董事会规定不变;同时将理事由十四人增至二十六人,加上总干事一人组成理事会,并规定:理事任期各三年,每年改选九人,连选得连任,但以一次为限;理事会设常务理事五人,理事会会长、总干事、会计为当然常务理事,其他二人,每年由理事中互选选出。关于理事会的其他原有规定不变。

1947年8月,中国科学社修订社章,除了增加改定后的中国科学社英文名称(Chinese Association for the Advancement of Science,简称C. A. A. S.)以外,其他内容基本没有变化。

1952年2月,中国科学社修订社章,将本社宗旨改为"团结同志,继续研究科学,交流经验,并协助生产事业之发展",并废除监事会,撤消总干事,重设理事会书记;同时规定:理事会由社员选举理事廿一人组成,在社员大会闭会期内,主持及执行本社一切社务。理事任期三年,每年改选三分之一,连选得连任。本章程实行后第一届理事的任期应为一年、二年、三年者各七人,在理事选出后用抽签法决定。理事会设常务理事九人,由理事互选,任期一年,连选得连任。常务理事会设理事长一人、书记一人、会计一人,均由常务理事互选。理事长代表本社,总理本社一切事务,书记、会计分掌本社文书、财务各项事务。理事长不在时,由书记代行其职权。理事会依需要得设立各种委员会,并选任各种重要职员。

至1960年5月4日,中国科学社结束社务。

中国科学社(包括科学社)1914—1923年董事会会长(董事长)为任鸿隽,自1923年起历任理事会会长(理事长)为丁文江(1923—1926)、翁文灏(1926—1927)、竺可桢(1927—1930)、王琎(1930—1933)、任鸿隽(1933—1936)、翁文灏(1936—1940)、任鸿隽(1940—1960)。

二

上海市档案馆收藏的中国科学社档案系由上海市科学技术协会移交而来,这批档案被列为Q546号全宗,共有档案280卷,档案产生的起止年代为1914—1960年[①]。其中有202卷为中国科学社本社及附属机构档案,主要内容如下。

---

① 《上海市档案馆指南》(中国档案出版社2009年版)第118页关于中国科学社的档案全宗介绍,误称起止年代为1905—1960年。

1. 综合类

如该社概况、简史、总章、社章、社录、三十六年来总结报告；董事会会议记录、理事会会议记录、年会记事录、年会指南、上海分社会议记录；分股名录、股东姓名住址录、入会志愿书、社员卡、社员名单、社友会签名簿；该社与外界交流函件，社员往来函件；会计报告、账簿单据、移交清单等。

2. 科研机构类

如该社生物研究所的工作报告、征募基金收支对照表、建筑图、建筑工程说明书等。

3. 设立科研奖金类

如该社裘氏父子理工著述奖金委员会会议记录及办法草案、奖金章程；高女士纪念奖金征文办法、发文存稿；爱迪生纪念奖奖金基金收据等。

4. 建设图书馆类

如该社重修明复图书馆募捐委员会函件，图书馆委员会会议记录，图书馆收支总账等。

5. 出版讲习类

如该社为图书出版事与《大公报》编辑部等往来文书；该社数理讲习会文件，该社科学讲演题名录，中国科学期刊联谊会章程草案及第一、第二筹备会议记录等。

6. 附属企业类

如中国科学图书仪器股份有限公司章程、招股章程、董事监察人名单、认股书、股东名册、股东会会议记录、董事会会议记录、会计报告、业务往来文书、注册登记文书等。

7. 资料实物类

如该社照片摄影集、剪报材料、《社友》报、上海公教人员物品配购证等。

除了中国科学社本社及附属机构档案以外，馆藏中国科学社档案全宗内还有78卷档案属于其他一些学术性社会团体，如中国工程师学会、中华化学工业会、上海市化学化工学会、中国电机工程师学会、中国自动机工程学会、中国建筑师学会、中华农学会、上海市科学团体联合会、中华教育文化基金董事会、中华学艺社、中国机械工程学会、中华国际工程学会、中国测验学会、中国科学协会上海分会、中国动物学会、中国植物学会、中国气象学会、中国市政工程学会上海分会等。其内容主要为章程、会议记录、会员名录、入会志愿书、通讯录、股东名册、会务社务报告、会计报告、账簿等。

总体而言,上海市档案馆收藏的中国科学社档案并不完整,本社档案数量有限,特别是初期(1922年以前)和末期(1953年以后)的档案缺漏较多,而且目前还有部分档案尚未对公众开放。

中国科学社在1923年改名为理事会之前的董事会会议记录,馆藏仅有两册,一册标题为"中国科学社董事会纪录",时间为1922年4—6月,另一册标题为"科学社董事会纪录",时间为1922年11月—1923年1月。这两册记载内容均较简略,记录者虽未署名,但据本书编者推断,应为当时的董事会记录书记杨杏佛。前一册系用铅笔和钢笔书写,字迹极为潦草,特别是铅笔字迹较淡,更加难以辨认。后一册系用毛笔书写,字迹工整清晰许多,该册中还附有1923年3月某日董事会会议记录一次。

中国科学社理事会会议记录,馆藏共有十一册,时间为1923—1953年,各册大致情况如下。

第一册标题为"理事会驻宁职员会议录",其中的理事会历次会议记录,时间为1923年9月(第一次)—1927年11月11日(第六十一次)。

第二册标题为"理事会纪事录",时间为1927年12月9日(第六十二次)—1931年1月7日(第九十三次)。

第三册标题为"中国科学社理事会纪录",时间为1931年3月26日(第九十四次)—1935年4月21日(第一百二十四次)。

第四册标题为"中国科学社理事会议纪录",时间为1935年6月26日(第一百二十五次)—1946年10月8日(第一百六十次)。

第五册标题为"中国科学社理事会议录",时间为1946年12月1日(第一百六十一次)—1948年5月11日(第一百七十三次)。

第六册标题为"中国科学社理事会议录",时间为1948年7月9日(第一百七十四次)—1949年12月28日(第一百八十八次)。

第七册标题为"中国科学社理事会议录",时间为1950年1月17日(第一百八十九次)—1950年12月8日(第二百次)。

第八册标题为"中国科学社理事会议录",时间为1951年1月6日(第二百零一次)—1951年11月27日(第二百零九次)。

第九册标题为"中国科学社理事会议纪录",时间为1952年1月9日(第二百十次)—1952年5月24日(第二百十二次)。

第十册标题为"中国科学社理事会议录",时间为1952年6月22日(第二百一十三次)—1953年5月23日(常务理事会第十次)。

第十一册标题为"内迁后理事会纪录",时间为1942年10月19日(内迁后第一次)—1945年3月31日(内迁后第十一次)。

理事会会议记录者主要有杨杏佛、竺可桢、路敏行、王琎、杨孝述、卢于道、于诗鸢等人,会议记录绝大部分用毛笔书写,极少用钢笔、铅笔书写,但各册字迹工整潦草不一,内容详略不均,篇幅差异较大。1923年前的董事会会议记录以及1923—1941年、1945—1949年两个时段的理事会会议记录,有一部分发表在《科学》杂志或《社友》报上。1942—1945年总社内迁重庆期间的理事会会议记录十分简略,而1949年上海解放以后的理事会会议记录却十分详尽。此外,各册理事会会议记录中还收录了不少信函、报告、计划、章则、账表、单据、印刷品、其他会议记录等附件,内容比较丰富。

本书编选的中国科学社档案史料,基本出自上海市档案馆馆藏,就是中国科学社发挥决策管理核心作用的董事会(1922—1923)和理事会(1923—1948)的会议记录,1923年以后的董事会会议记录及其他各类会议记录一概未收。同时,由于篇幅所限,本书只收录了各册理事会会议记录中的个别附件。此外,本书编者参考核对了《科学》杂志和《社友》报上发表的一部分董事会和理事会会议记录,对所编选的内容进行校正和增补,并添加标点符号。编者又以1937年"八一三"淞沪抗战爆发为时间界线,将理事会会议记录划分为前期和后期两大部分,以使本书结构更加均衡、内容更有条理。

中国科学社董事会和理事会会议记录中涉及的人、事、物极多,光是提到的社员名字就有成百上千,本书编者限于多种因素,只能"厚古薄今",酌情酌量添加一些简短注释,错误遗漏在所难免。编注所用的参考资料主要为中国科学社编印的《中国科学社概况》(1931年刊行)和《中国科学社社员分股名录》(1933年1月刊行、1934年8月刊行)、樊洪业编写的《〈科学〉杂志与中国科学社史事汇要》(刊载于《科学》双月刊2005年第1—5期)、徐友春主编的《民国人物大辞典》(河北人民出版社1991年出版)等书刊资源,以及维基百科、百度百科、搜狗百科、互动百科、必应网典、上海通网站等互联网资源。

需要指出的是,中国科学社董事会和理事会会议记录原文中,还有一些当时记录者所添加的注释,有的用符号( )表示,有的则未用,兹为统一格式便于分辨起见,本书编者将原有注释一律保留在原文中,并全部用符号( )表示。此外,当时记录者将原文中一些应作删除的字句也用符号( )表示,本书编者为避免混淆,改用[ ]表示。还要补充说明的是,原文中有些内容涉及个人隐私,因此编选时有所删节。

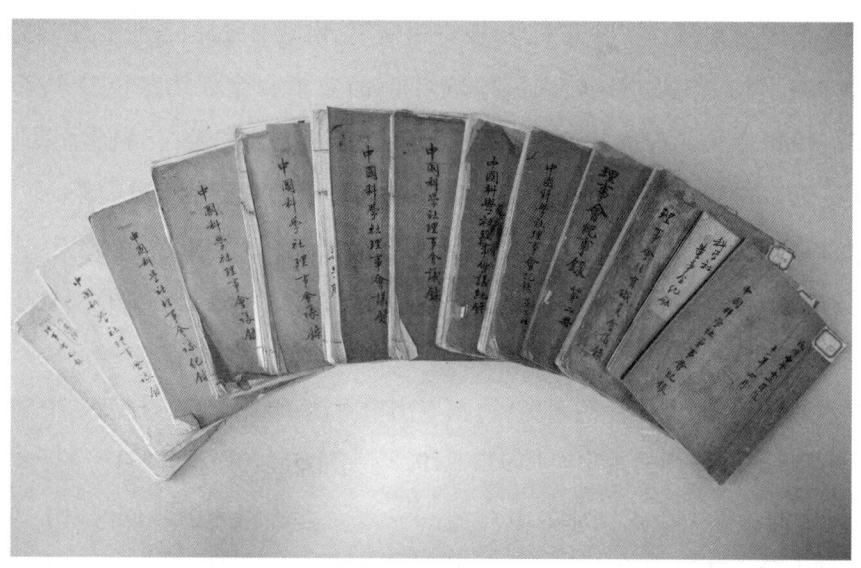

上海市档案馆收藏的中国科学社董事会理事会会议记录

凡　例

1. 本编按中国科学社有关社务活动的档案资料内容分为：发展历程史料、书信选编、董理事会会议记录等。

2. 各卷每一部分内容均按所选档案资料形成的时间先后编排，所选一件或一组档案资料拟写一个标题，目录中以公历日期示之。正文中原有的标题、日期一般仍予保留；原件无日期者尽量查考推定给出，不能确定者，置于相关内容之后；无从查证的则空白。

3. 为保持档案资料原貌，所选档案资料均原文照录。原文未分段落、无标点的，依据文意分段和添加标点。

4. 档案资料原文的注释，以❶❷……表示；整理者所做注释，以①②……表示。每页注释重新编号，均以页下注形式给出。

5. 原文的繁体字均以简体字示之；个别当时惯用的通假字、异体字保留原样。

6. 凡更正原文中的错、别字，以〔〕表示；衍字置于〔〕内，以楷体表示；增补明显漏字，以【】表示；原件字迹模糊难以辨认或有缺漏者，以□表示；保留原文中删改、批注的字句或标记者，以［］表示；删节内容重复或与选题无关的段落字句，以〈略〉表示；难以查考者存疑，以〔？〕表示。

目 录

一、董事会会议记录(1922—1923)

董事会1922年4月14日会议记录 …………………………………… 2
董事会1922年5月2日会议记录 …………………………………… 4
董事会1922年5月26日会议记录 ………………………………… 6
董事会1922年6月12日会议记录 ………………………………… 7
董事会1922年6月24日会议记录 ………………………………… 8
董事会1922年11月3日会议记录 ………………………………… 9
董事会1922年11月17日会议记录 ……………………………… 10
董事会1922年11月29日会议记录 ……………………………… 11
董事会1922年12月19日会议记录 ……………………………… 12
董事会1922年12月29日会议记录 ……………………………… 13
董事会1923年3月会议记录(日期不详) ………………………… 15

二、理事会前期会议记录(1923—1937)

理事会第1次会议记录(1923年9月29日) ……………………… 18
第1次理事大会记录(1923年10月21日) ……………………… 20
第1次理事大会临时会记录(1923年10月22日) ……………… 24
《科学》杂志刊载的《中国科学社理事会第一次大会纪事》
　(1923年10月21—22日) ……………………………………… 25
理事会第3次会议记录(1923年11月6日) ……………………… 27
理事会第4次会议记录(1923年11月17日) …………………… 28
理事会第5次会议记录(1923年12月1日) ……………………… 29
理事会第6次会议记录(1923年12月15日) …………………… 31
理事会第7次会议记录(1923年12月28日) …………………… 33

理事会第 8 次会议(临时会)记录(1924 年 1 月 4 日) …… 34
理事会第 9 次会议记录(1924 年 1 月 11 日) …… 35
理事会第 10 次会议记录(1924 年 1 月 25 日) …… 36
理事会第 11 次会议记录(1924 年 1 月 27 日) …… 37
理事会第 12 次会议记录(1924 年 2 月 15 日) …… 39
理事会第 13 次会议记录(1924 年 2 月 20 日) …… 40
理事会第 14 次会议记录(1924 年 2 月 29 日) …… 42
理事会第 15 次会议记录(1924 年 3 月 14 日) …… 44
理事会第 16 次会议(春季理事大会)记录(1924 年 3 月 29—30 日) …… 45
理事会第 17 次会议记录(1924 年 4 月 11 日) …… 47
理事会第 18 次会议记录(1924 年 4 月 13 日) …… 48
理事会第 19 次会议记录(1924 年 4 月 25 日) …… 49
理事会第 20 次会议(临时会)记录(1924 年 4 月 30 日) …… 50
理事会第 21 次会议记录(1924 年 5 月 9 日) …… 51
理事会第 22 次会议记录(1924 年 5 月 25 日) …… 52
理事会第 23 次会议记录(1924 年 6 月 7 日) …… 53
理事会第 24 次会议记录(1924 年 6 月 20 日) …… 54
理事会第 25 次会议记录(1924 年 7 月 2 日) …… 55
理事会第 26 次会议记录(1924 年 7 月 6 日) …… 56
理事会第 27 次会议记录(1924 年 7 月 14 日) …… 58
理事会第 28 次会议记录(1924 年 7 月 25 日) …… 59
理事会第 29 次会议记录(1924 年 8 月 1 日) …… 60
理事会第 30 次会议记录(1924 年 9 月 12 日) …… 61
理事会第 31 次会议记录(1924 年 10 月 3 日) …… 63
理事会第 32 次会议记录(1924 年 10 月 17 日) …… 64
理事会第 33 次会议记录(1924 年 11 月 7 日) …… 65
理事会第 34 次会议记录(1924 年 11 月 21 日) …… 66
理事会第 35 次会议记录(1924 年 12 月 5 日) …… 67
理事会第 36 次会议记录(1924 年 12 月 19 日) …… 68
理事会第 37 次会议记录(1925 年 1 月 9 日) …… 69

理事会第 38 次会议记录(1925 年 2 月 14 日) …………………………………… 70
理事会第 39 次会议记录(1925 年 3 月 26 日) …………………………………… 71
理事会第 40 次会议记录(1925 年 4 月 10 日) …………………………………… 72
理事会第 41 次会议记录(1925 年 4 月 22 日) …………………………………… 73
理事会第 42 次会议记录(1925 年 5 月 8 日) ……………………………………… 74
理事会第 43 次会议记录(1925 年 5 月 16 日) …………………………………… 75
理事会第 44 次会议记录(1925 年 5 月 20 日) …………………………………… 76
理事会第 45 次会议记录(1925 年 6 月 5 日) ……………………………………… 77
理事会第 46 次会议记录(1925 年 6 月 19 日) …………………………………… 78
理事会第 47 次会议记录(1925 年 6 月 28 日) …………………………………… 79
理事会第 48 次会议记录(1925 年 7 月 18 日) …………………………………… 80
理事会第 49 次会议记录(1925 年 8 月 25 日) …………………………………… 81
理事会第 50 次会议记录(1925 年 9 月 6 日) ……………………………………… 82
理事会第 51 次会议记录(1926 年 2 月 18 日) …………………………………… 83
理事会第 52 次会议(理事大会)记录(1926 年 3 月 15 日) …………………… 85
理事会第 53 次会议记录(1926 年 6 月 4 日) ……………………………………… 88
理事会第 54 次会议记录(1926 年 9 月 22 日) …………………………………… 90
1926 年社员选举理事记录(日期不详) …………………………………………… 92
理事会第 55 次会议记录(1926 年 10 月 2 日) …………………………………… 93
理事会第 56 次会议记录(1926 年 10 月某日) …………………………………… 95
理事会第 57 次会议记录(1926 年 11 月 21 日) …………………………………… 96
理事会第 58 次会议(理事大会)记录(1927 年 2 月 10 日) …………………… 97
理事会第 59 次会议记录(1927 年 9 月 16 日) …………………………………… 99
理事会第 60 次会议记录(1927 年 10 月 28 日) ………………………………… 101
1927 年社员选举理事记录(日期不详) …………………………………………… 103
理事会第 61 次会议记录(1927 年 11 月 11 日) ………………………………… 104
理事会第 62 次会议记录(1927 年 12 月 9 日) …………………………………… 105
理事会第 63 次会议记录(1927 年 12 月 29 日) ………………………………… 106
理事会第 64 次会议记录(1928 年 2 月 16 日) …………………………………… 108
理事会第 65 次会议(理事大会)记录(1928 年 3 月 17 日) …………………… 111

理事会第66次会议记录（1928年4月4日） …… 113
理事会第67次会议记录（1928年5月12日） …… 114
理事会第68次会议记录（1928年5月31日） …… 115
理事会第69次会议记录（1928年6月21日） …… 116
理事会第70次会议记录（1928年8月18日） …… 117
理事会第71次会议记录（1928年8月19日） …… 118
理事会第72次会议记录（1928年8月23日） …… 119
理事会第73次会议记录（1928年9月12日） …… 120
理事会第74次会议记录（1928年11月2日） …… 121
理事会第75次会议记录（1928年11月30日） …… 122
理事会第76次会议（理事大会）记录（1929年1月9日） …… 124
理事会第77次会议（理事大会）记录（1929年2月17日） …… 125
理事会第78次会议记录（1929年4月28日） …… 126
基金保管委员会理事会联席会议暨理事会第79次会议记录
　（1929年6月19日） …… 128
理事会第80次会议记录（1929年7月21日） …… 130
理事会第81次会议记录（1929年8月23日） …… 131
理事会第82次会议记录（1929年9月8日） …… 133
理事会第83次会议记录（1929年11月27日） …… 134
理事会第84次会议记录（1929年12月5日） …… 135
理事会第85次会议记录（1930年2月9日） …… 138
理事会第86次会议记录（1930年3月17日） …… 140
理事会第87次会议记录（1930年4月26日） …… 141
理事会第88次会议记录（1930年6月24日） …… 142
理事会第89次会议记录（1930年7月3日） …… 143
理事会第90次会议记录（1930年8月13日） …… 144
理事会第91次会议记录（1930年10月13日） …… 146
理事会第92次会议记录（1930年11月25日） …… 149
理事会第93次会议记录（1931年1月7日） …… 152
理事会第94次会议记录（1931年3月26日） …… 153

理事会第95次会议记录(1931年6月12日) …… 157
理事会第96次会议记录(1931年8月7日) …… 159
理事会第97次会议记录(1931年9月16日) …… 161
理事会第98次会议记录(1931年11月17日) …… 162
理事会第99次会议记录(1932年1月9日) …… 164
理事会第100次会议记录(1932年4月5日) …… 167
理事会第101次会议记录(1932年5月8日) …… 168
理事会第102次会议记录(1932年7月23日) …… 170
理事会第103次会议记录(1932年10月11日) …… 172
理事会第104次会议记录(1932年12月27日) …… 174
理事会第105次会议记录(1933年1月7日) …… 176
理事会第106次会议记录(1933年2月20日) …… 179
理事会第107次会议记录(1933年4月3日) …… 181
理事会第108次会议记录(1933年6月13日) …… 183
理事会第109次会议记录(1933年6月23日) …… 186
理事会第110次会议记录(1933年7月14日) …… 187
理事会第111次会议记录(1933年8月12日) …… 189
理事会第112次会议记录(1933年9月16日) …… 190
理事会第113次会议记录(1933年10月30日) …… 192
理事会第114次会议(秋季理事大会)记录(1933年11月8日) …… 194
理事会第115次会议记录(1933年12月4日) …… 196
理事会第116次会议记录(1934年2月8日) …… 197
理事会第117次会议记录(1)(1934年4月3日) …… 199
理事会第117次会议记录(2)(1934年5月6日) …… 200
理事会第118次会议记录(1934年7月21日) …… 201
理事会第119次会议记录(1934年8月20日) …… 203
理事会第120次会议记录(1934年10月8日) …… 204
理事会第121次会议(秋季理事大会)记录(1934年11月11日) …… 206
理事会第122次会议记录(1934年12月24日) …… 208
董理事会联席会议记录(1935年1月12日) …… 209

董理事会联席会议记录(1935年1月30日) …… 210
理事会第123次会议记录(1935年1月30日) …… 211
理事会第124次会议记录(1935年4月21日) …… 212
理事会第125次会议记录(1935年6月26日) …… 214
理事会第126次会议记录(1935年8月15日) …… 215
理事会第127次会议记录(1)(1935年9月9日) …… 216
理事会第127次会议记录(2)(1935年10月28日) …… 219
理事会第128次会议记录(1935年12月1日) …… 220
理事会第129次会议记录(1936年3月17日) …… 222
理事会第130次会议记录(1936年5月28日) …… 223
理事会第131次会议记录(1936年7月26日) …… 225
理事会第132次会议记录(1936年8月16日) …… 226
理事会第133次会议记录(1936年11月13日) …… 227
理事会第134次会议记录(1937年3月20日) …… 229
理事会第135次会议记录(1937年5月1日) …… 230
理事会第136次会议记录(1937年7月24日) …… 232

三、理事会后期会议记录(1938—1948)

理事会第137次会议记录(1938年6月29日) …… 234
理事会第138次会议记录(1938年9月19日) …… 236
理事会第139次会议记录(1939年1月29日) …… 237
理事会第140次会议记录(1939年8月26日) …… 239
理事会第141次会议记录(1939年9月21日) …… 241
理事会第142次会议记录(1940年3月8日) …… 242
理事会第143次会议记录(1940年3月27日) …… 244
理事会第144次会议记录(1940年6月20日) …… 245
理事会第145次会议记录(1940年7月24日) …… 246
理事会第146次会议记录(1940年8月31日) …… 247
理事会第147次会议记录(1940年11月15日) …… 248
理事会第148次会议记录(1940年12月19日) …… 250

理事会第149次会议记录(1)(1941年3月22日) ………………………… 251
理事会第149次会议记录(2)(1941年3月24日) ………………………… 252
董理事会联席会议记录(1941年5月25日) ……………………………… 254
理事会第150次会议记录(1941年11月3日) …………………………… 255
理事会第151次会议记录(1941年11月29日) ………………………… 257
理事会第152次会议记录(1942年3月12日) …………………………… 258
理事会内迁后第1次会议记录(1942年12月19日) …………………… 259
理事会内迁后第2次会议记录(1943年4月25日) ……………………… 261
理事会内迁后第3次会议记录(1943年7月17日) ……………………… 262
理事会内迁后第4次会议记录(1943年7月21日) ……………………… 263
理事会内迁后第5次会议记录(1944年1月3日) ……………………… 264
理事会内迁后第6次会议记录(1944年3月14日) ……………………… 265
理事会内迁后第7次会议记录(1944年6月11日) ……………………… 266
理事会内迁后第8次会议记录(1944年11月3日) ……………………… 267
理事会内迁后第9次会议记录(1944年12月25日) …………………… 268
理事会内迁后第10次会议记录(1945年3月11日) …………………… 269
理事会内迁后第11次会议记录(1945年3月31日) …………………… 270
理事会第153次会议记录(1945年10月30日) ………………………… 271
理事会第154次会议记录(1946年2月24日) …………………………… 273
理事会第155次会议(理监事会联席会议)记录(1946年4月9日) ……… 276
理事会第156次会议记录(1946年4月19日) …………………………… 279
理事会第157次会议记录(1946年5月20日) …………………………… 280
理事会第158次会议记录(1946年6月12日) …………………………… 281
理事会第159次会议记录(1946年7月1日) …………………………… 283
理事会第160次会议记录(1946年10月8日) …………………………… 284
理事会第161次会议记录(1946年12月1日) …………………………… 285
理事会第162次会议记录(1947年2月27日) …………………………… 287
理事会第163次会议记录(1947年3月28日) …………………………… 289
理事会第164次会议记录(1947年5月10日) …………………………… 291
理事会第165次会议记录(1947年8月2日) …………………………… 293

理事会第166次会议记录（1947年8月29日） ………………………………… 295
理事会第167次会议记录（1947年10月31日） ………………………………… 296
理事会第168次会议记录（1947年12月5日） ………………………………… 298
理事会第169次会议记录（1947年12月19日） ………………………………… 301
理事会第170次会议记录（1948年1月20日） ………………………………… 303
理事会第171次会议记录（1948年2月7日） ………………………………… 305
理事会第172次会议记录（1948年3月18日） ………………………………… 307
理事会第173次会议记录（1948年5月11日） ………………………………… 309

一、董事会会议记录

（1922—1923）

董事会1922年4月14日会议记录

四月十四日下午六时

到者：任①、孙②、胡③、杨杏佛④、王季梁⑤、王伯秋⑥、张⑦、杨允中⑧、竺⑨、钱⑩。

主席：任。

（一）年会筹备时务，广州陈伯庄⑪来信请董事会委任。

任与胡主张仅委定委员长。

复信条件：（1）以理事长为委员长。（2）推定胡明复、杨杏佛为接洽帮助员。

（3）推定王季梁、竺藕舫、秉农山⑫、丁在君⑬为论文委员。（任复）

（二）杂志归商务印刷合同。

（1）任报告经过，王谓五期也可于四月十五前后送各合同办法。

（2）王主张将大纲通过，详则归明复接洽。

条约大意赞成。

细则、钢版□□、□□出版期。

（三）招待次序：胡、王季、张、杨杏、杨允、孙、任、王伯。

（四）王伯秋提议，愿担任募捐一千元，购政治书报。

通过，但须与董事会接洽进行。

---

① 任即任鸿隽（1886—1961），字叔永，祖籍浙江归安（今湖州），生于四川垫江，化学家、教育家、思想家。
② 孙即孙洛（1889—1953），字洪芬，安徽黟县人，化学家、教育家。
③ 胡即胡明复（1891—1927），原名礼孙，后改名为达，字明复，胡敦复之胞弟，胡刚复之胞兄，江苏无锡人，数学家。
④ 杨铨（1893—1933），字杏佛，祖籍江西玉山，生于江西清江，经济管理学家、社会活动家。
⑤ 王琎（1888—1966），字季梁，原籍浙江黄岩，生于福建闽侯，化学家。
⑥ 王伯秋（1883—1944），字纯焘，湖南湘乡人，孙中山女婿，政治经济学家。
⑦ 张即张准（1886—1976），字子高，又字芷皋，湖北枝江人，化学家、教育家。
⑧ 杨孝述（1889—1974），字允中，江苏松江（今属上海）人，电机工程学家。
⑨ 竺即竺可桢（1890—1974），又名绍荣、烈祖、兆熊，字藕舫，浙江绍兴人，气象学家、地理学家、教育家。
⑩ 钱即钱崇澍（1883—1965），字雨农，浙江海宁人，植物学家、教育家。
⑪ 陈延寿（1892—1960），字伯庄，广东番禺人，工程学家、经济学家。
⑫ 秉志（1886—1965），原名翟秉志，字农山，别号际潜，满族，祖籍吉林，生于河南开封，动物学家。
⑬ 丁文江（1887—1936），字在君，江苏泰兴人，地质学家、社会活动家。

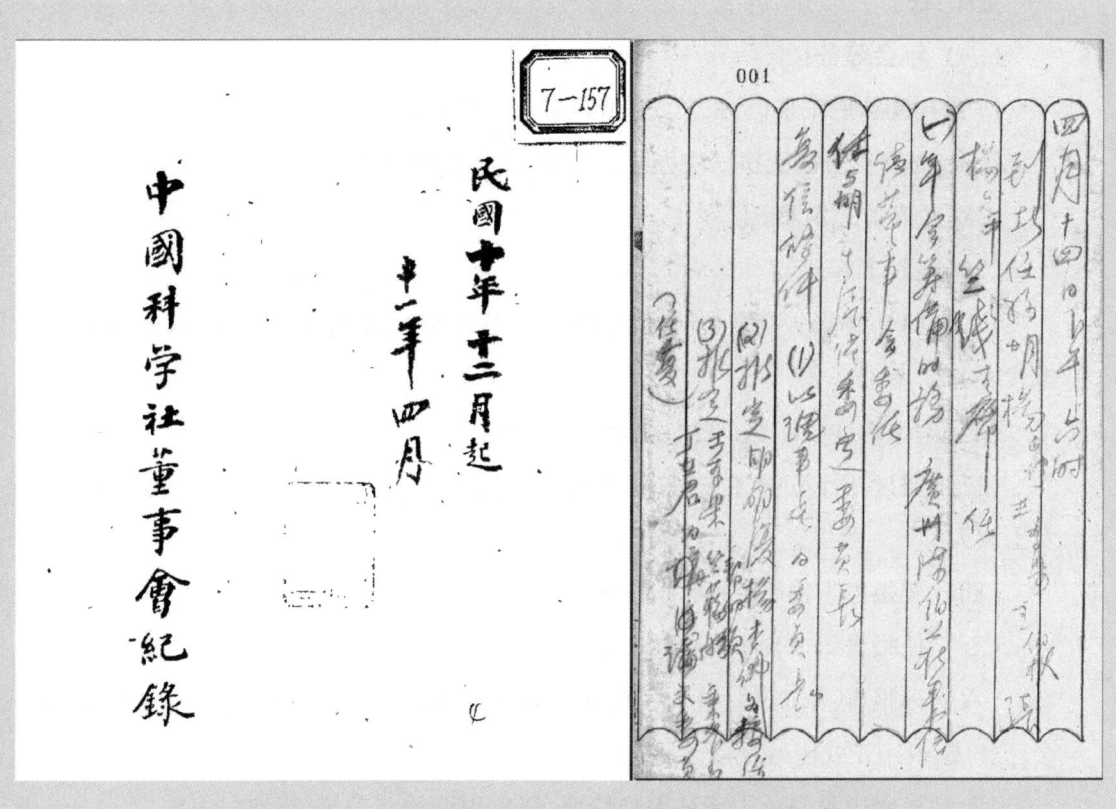

中国科学社董事会1922年4月会议记录

董事会 1922 年 5 月 2 日会议记录

五月二日

到者：任、胡、王季、孙、杨允、张、杨杏佛。

主席：任。

（一）年会筹备：

（1）宣读陈伯庄来信，张天才①请董事会委任各委员。

议决：先复信告以上次议决办法，并推荐来函所列诸人作参考。（杨复）

王季梁读张天才来函。

（2）八月十五日。

（二）（1）杨报告商务合同接洽情形，已正式成立，由董事会请胡明复为本社上海代表。

（2）添编辑钞手问题，现决用兼任计字办法。

（三）通过新社员：严仁曾②、胡经甫③、曹诚克④、方培寿⑤、杨保康⑥女士、胡卓⑦女士六人。

（四）任报告生物研究所⑧募捐情形。

（五）任报告编本社概况（绪言、过去、未来、图书）（任）。

（六）孙报告：Adolph⑨请本社在齐鲁大学开会。议决：先由孙用私信告以董事会已赞成，请用正式函致社中。

（七）杨允中报告社中经济困难情形，每月用费约九千元，筹款办法：

（A）杨杏佛提议翻书捐款办法。

（B）特别捐。

（C）劝外人入社。

---

① 张天才（生卒年不详），字范村，动物营养学家。
② 严仁曾（生卒年不详），字曾符，天津人，翻译家。
③ 胡宗权（1896—1972），字经甫，又字怀珍，笔名胡烈，祖籍广东三水，生于上海，昆虫学家。
④ 曹诚克（生卒年不详），字胜之，安徽绩溪人，矿冶专家。
⑤ 方培寿（生卒年不详），字荫孙，金融学家，时在浙江兴业银行任职。
⑥ 杨保康（生卒年不详），江苏无锡人，杨绛（原名杨季康）之堂姐，教育家。
⑦ 胡卓（生卒年不详），江苏无锡人，胡敦复之堂妹，语言文学家。
⑧ 生物研究所于 1922 年 8 月 18 日开幕。
⑨ 窦维廉（William H. Adolph，1890—1958），美国营养化学家、美北长老会教士，当时在山东济南齐鲁大学任教，中国科学社外籍社员。

中国科学社生物研究所旧屋

董事会 1922 年 5 月 26 日会议记录

五月廿六日

到者:胡、张、孙、杨、王。

(一)美国社员来函请设分会。

理由:(1)社员人数多;(2)社友会不能执行分会职务;(3)通过社员由国内董事会太缓。

讨论:分工:各地①编辑,②征求社员,委托通过社员,③征款。

集中募捐,以本社名义对外。

条件:人数(廿五人)、责任、地点(大城)。

组织:理事长、书记、会计、编辑。

其他□□规定。

归修改委员参考。

(二)请钱雨农君出席中华博物学会。

(三)社员缴纳社费规则通过。

(四)南通寿礼①问题。

(1)用中国科学社名义,(2)用名誉社员。

---

① 指为中国科学社重要资助者张謇（中国科学社名誉社员）备礼贺寿事。

董事会 1922 年 6 月 12 日会议记录

六月十二日

到者:王、胡、杨、孙、王季、张、竺、杨允中。

(一) 报告中华博物学会钱不能往。

议决:仍请钱(胡)往。

(二) 物理、动物、算学组代表。

(物):胡刚复①、杨允中、顾珊臣②(浦东中学)。

(动):秉农山、钱天鹤③、郑章成④。

(数):胡明复、[何奎垣⑤]秦汾⑥、姜蒋佐⑦。

(三) 请 Merrill, Director of *Phill Journal of Science*⑧。

星六 4—8:00,请胡步曾⑨致钱雨农接洽。

茶点由杨允中、孙洪芬通知并主席。

(四) 社中公物出借原则:

(1) 家具、房屋及空地;(2)标本;(3)标准……⑩

董事会及副会计。

书籍、图书馆。

组织委员:

胡刚复、秉农山、竺藕舫。

---

① 胡刚复(1892—1966),原名文生,字刚复,又曾用名光复,原籍江苏无锡,生于江苏桃源(今泗阳),胡敦复、胡明复之胞弟,物理学家、教育家。
② 顾珊臣,时任浦东中学校长。
③ 钱天鹤(1893—1972),又名治澜,字安涛,浙江余杭人,农学家。
④ 郑章成(1885—1963),福建闽侯人,生物学家。
⑤ 何鲁(1894—1973),字奎垣,笔名云查,四川广安人,数学家、教育家。
⑥ 秦汾(1882—1973),字景阳,江苏嘉定(今属上海)人,数学家、天文学家、教育家。 此处系以秦汾取代何奎垣。
⑦ 姜蒋佐(1890—1978),谱名培珦,字立夫,浙江平阳人,数学家。
⑧ 梅里尔(Elmer Drew Merrill, 1876—1956),美国植物学家,时任菲律宾科学院院长,《菲律宾科学学报》(*Philippine Journal of Science*) 负责人、菲律宾大学植物学教授。
⑨ 胡先骕(1894—1968),字步曾,号忏庵,江西新建人,植物学家。
⑩ 原文此处有好几个字字迹模糊难以辨认。

董事会 1922 年 6 月 24 日会议记录

六月廿四日

到：王、张、杨允、胡、王季、杨。

（一）年会由广州改为南通。

（二）年会委员：张孝若①、陈端②、郭守纯③、过探先④。

（三）例会暂停，以通信为表决。

（四）南通礼五十七元，由陈端代表。

（五）对于采集动植物标本筹备费、辅助费。

众赞成酌量辅助，由董事会职员〔？〕。

---

① 张怡祖（1898—1935），字孝若，张謇之子，江苏南通人，实业家。
② 陈端（1893—1977），字心铭，江苏如皋人，经济学家。
③ 郭守纯（1888—1977），广东潮阳人，农学家、畜牧专家、教育家。
④ 过探先（1887—1929），又名退先，字宪先，江苏无锡人，农学家、教育家。

董事会1922年11月3日会议记录

第一次　十一年十一月三日

地点：科学社图书馆。

到会者：胡刚复、秉志、杨铨、王琎。

讨论事件如下：

（一）招待人。抓阄定次序,结果如下：

(1)孙洪芬,(2)王伯秋,(3)秉农山,(4)王季梁,(5)张子高,(6)胡刚复,(7)杨杏佛。

（二）名词审查会。

(a) 名词会来函求本社补助会费,讨论结果：担任十五元。

(b) 动物名词由秉农山、陈席山①担任。

（三）通过会员。

（四）讨论仲社员与社员资格,无结果。

---

① 陈桢（1894—1957），字席山，后改字协三，出生于江苏邗江，改籍江西铅山，动物遗传学家。

董事会 1922 年 11 月 17 日会议记录

第二次　十一月十七日

地点：浮桥孙宅。

到会者：孙洪芬、王伯秋、张子高、杨杏佛、王季梁、秉农山、胡刚复。

事件：

（一）杨杏佛报告：王抟沙①允拨二千元补助生物研究所。

（二）讨论本年经费问题，有下列诸款不可少：图书馆，要二千元；生物研究所，设备二千元，零用一千元。

故除王捐款，尚要筹三千元。

又有三百元之急用，俱当请任叔永社长在沪设法。

（三）孙洪芬先生提出：理事长应作当然董事，新章程中不然，应改。

未讨论。

中国科学社董事会第一任会长任鸿隽（叔永）

---

① 王敬芳（1876—1933），字抟沙，河南巩县人，中国公学、河南留学欧美预备学校、焦作路矿学堂三校主要创办人。

董事会 1922 年 11 月 29 日会议记录

第三次　十一月廿九日

地点:府东街山东馆。

到会者:任叔永、王伯秋、张子高、秉农山、胡刚复、杨杏佛、竺藕舫、胡步曾、王季梁。

事件:

(一) 任叔永报告在川募捐情形云:因受战事影响,结果不佳,但各人口头答应者(实业家杨君)约有三千之谱。

又报告:在沪遇本社社员张孝若君,张君自认担任与沪上要人接洽募捐事,且允出使①时在南洋为科学社募捐,募捐信已寄沪。

(二) 讨论社务。

(甲) 各部预算由各职员报告约数如下:

生物研究所

动物组:秉农山云,即需五百元。

植物组:胡步曾云,即需三百元,且将出版菌学研究报告。

图书部:胡刚复报告:

杂志、新书,年需金洋二千元。

职员薪金、书厨〔橱〕等,二千元。

至于所欠书债,又当另筹。

(乙) 各种委员会。

房屋管理委员会:由研究所、图书馆及社友会会计过探先君组织之。

图书馆委员会:暂由旧委员负责。

---

① 张孝若当时被北洋政府任命为考察欧美日九国实业专使。

董事会 1922 年 12 月 19 日会议记录

第四次　十二月十九日

地点：东南大学农场。

到会者：杨杏佛、秉农山、张子高、王伯秋、王季梁、胡刚复、竺藕舫。

杨杏佛主席。

（一）报告美国社友会拟定有分社章程，寄来请审查。

决定由董事会交大会章程修整委员会，审查委员为杨杏佛、熊雨生①、王季梁三人。

美国分社社员纳费，应将若干分归至总会，亦归章程内讨论。

所有分社一切事情，先由分社委员会酌量办理。

分社之杂志经理员，暂由分社执行委员会派定，再由董事会决定。

（二）教育厅转来法国科学社会愿与中国科学社会团体交换书报事。

决定本社着力进行。

（三）通过下列新社员：

姚律白②　机械工程　南京第一工业③。

张为儒④　化学工程　南京第一农校⑤。

（四）组织春季演讲委员会，推定下列三人为委员：秉农山、竺藕舫、王季梁。

---

① 熊正理（1893—1983），字雨生，江西南昌人，物理学家。
② 姚律白（生卒年不详），又名律伯，江苏盐城人，工程学家。
③ 指江苏省立南京第一工业学校。
④ 张为儒（1895—1978），字伟如，江苏吴县人，化学家。
⑤ 指江苏省立南京第一农业学校。

董事会 1922 年 12 月 29 日会议记录

第五次　十二月廿九日

地点：东南大学农场菊厅。

到会者：杨杏佛、胡刚复、孙洪芬、张子高、王季梁、竺藕舫。

事件：

任叔永通信提议下列各事：

（一）社所①及图书馆、生物研究所所须〔需〕经常各费数目，应由各主任职员拟定预算，交由董事会通过，以便筹备及支配。

（二）社所应由在宁各职员轮流负责管理。

（三）图书馆因主任及馆员现各不在宁，应由另行组织图书【馆】委员会轮流负责管理，以防疏虞。

对于上列三项讨论结果如下：

（一）决请图书馆、生物研究所、社所管理委员会及编辑部各主任速拟临时及经常各费之预算，交与书记，由各董事通信表决。

（二）社所管理员由图书馆、生物研究所及各主任及社友会会计过探先君与杨允中君组织之，其在宁各董事亦须轮流看管。

（三）图书馆委员会已着手各事件继续进行。

又讨论演讲委员会进行事，公推竺藕舫为演讲委员会主任，主持进行事务。

以上记录自第一次至第五次止，请抄好油印，寄下列各人：

任鸿隽（叔永）、王伯秋、杨杏佛、孙洪芬、张子高、丁在君、胡明复、胡刚复、过探先、王季梁、秉农山、金仲藩②、竺藕舫。③

并附信一纸如下：

迳启者，董事会自重选职员后，在宁曾开会多次，今将会议记录抄录一份奉上，以

---

① 中国科学社南京社所最初于 1918 年 9 月设在南京高等师范学校，后于 1919 年 8 月迁至南京城北大仓园一号。至 1919 年 12 月，北洋政府财政部批准将南京成贤街文德里官产房屋拨给中国科学社南京社所借用。中国科学社南京社所于 1920 年 3 月迁入后，将其中一部分房屋用作图书馆和生物研究所。
② 金邦正（1886—1946），字仲藩，安徽黟县人，林业学家、教育家、实业家。
③ 上述众人当时在中国科学社内的职务：任鸿隽是董事会会长，杨杏佛是董事会记录书记，金仲藩是董事会函牍书记，胡明复是董事会会计，王伯秋、孙洪芬、张子高、胡刚复（兼图书馆主任）、王季梁（兼《科学》编辑部编辑主任）均是董事，竺可桢是南京社友会理事长，过探先、秉农山是图书馆委员会委员，丁在君是《科学》编辑。

备台览。

董事会记录书记上

十二年一月二日

董事会1923年3月会议记录（日期不详）

第八次　十二年三月

地点：石板桥如意里。

事项：

（一）社长任叔永君报告在北京筹款事云：此次由苏省军、民两长呈文至北京为本社拨款事，久未提交阁议，故任君亲至北京向各方面疏通，请其提出。复有沈步洲①、黄膺白②诸君皆极帮忙，遂由教育总长彭允彝③提出，在阁会通过，允就苏省中央收入中月拨二千元为本社经费，现省长公署已得北京咨文，且有文至本社矣。

（二）至于在北京募捐一事，则尚无结果。

（三）关于新举董事如严范荪④、熊秉三⑤、蔡子民⑥、梁任公⑦诸人，任君或已见及，或未见及，俱请其□于募捐事与董事会组织，极力进行。

（四）任君又报告：北京社友会此次在地质学会开会，到者约二十余人，讨论组织分社事，惟因与新章不合，故未进行。现该社友会举定职员如下：社长翁文灏⑧，书记陆费执⑨，会计卫挺生⑩。开会时有人主张本社宜在科学事业着力，如调查各处科学状况，并增〔赠〕与国内于科学有贡献【者】以徽章或名誉名称等等。

（五）关于"科学丛书"编辑，北京社友会讨论拟将丛书分成四类：一为标准科学书籍；二为名人巨著Classics⑪；三为科学史及科学方法；四为通俗书籍。

经董事会讨论后，决定先推举"科学丛书"委员会，先拟大纲及办法，遂推定委员九人如下：

---

① 沈联（1886—1932），字步洲，江苏武进人，时任北洋政府教育部专门教育司司长。
② 黄郛（1880—1936），原名绍麟，字膺白，号昭甫，浙江绍兴人，时任北洋政府外交部总长（署理）。
③ 彭允彝（1878—1943），字静仁，湖南湘潭人，时任北洋政府教育部总长。
④ 严修（1860—1929），字范孙、范荪，号梦扶，浙江慈溪人，南开大学创办人之一，中国科学社赞助社员。
⑤ 熊希龄（1870—1937），字秉三，湖南凤凰人，政治家、教育家、慈善家，中国科学社赞助社员。
⑥ 蔡元培（1868—1940），字子民，又字仲申、鹤卿、民友，号隺庼，浙江山阴人，政治家、教育家，时任北京大学校长。
⑦ 梁启超（1873—1929），字卓如、任甫，号任公，别号饮冰室主人，广东新会人，思想家、政治家、教育家、历史学家、文学家，中国科学社赞助社员。
⑧ 翁文灏（1889—1971），谱名存璋，字咏霓，永年，号君达，又号悫士，浙江鄞县人，地质学家。
⑨ 陆费执（1892—？），字叔辰，浙江桐乡人，农学家、生物学家、翻译家。
⑩ 卫挺生（1890—1977），又名体国、绍浚、韬，字申父、琛甫，号经野，湖北枣阳人，经济学家、历史学家。
⑪ 经典。

任叔永、翁文灏、秦景阳、胡刚复、秉农山、茅唐臣①、饶毓泰②、竺藕舫、过探先。

（六）杨杏佛君提议：本次董事会应决定预算，以便领到公款后易于分配。

经众讨论后，举定将请得款之一半列入预备金，妥为保留不用，其余一千元作下列分配法：

生物研究所　　　月费三百元
图书馆　　　　　月费三百元
编辑部　　　　　月费一百元
上海事务所③　　月费二百元
南京社所　　　　月费一百元
　　　　　　　　共一千元

如款不足，则各部预算亦依此例酌减。

至于本社所欠各处之书费，由会计设法筹款还清。

以上各项俱经大多数通过。

（七）第八次年会地点由本次董事会提出讨论，所拟之地点有北京、上海、青岛、杭州、安庆、武昌、庐山等处。

讨论结果，公认以庐山为最相宜，④因推定年会委员会五人名单如下：

熊雨生、黄复宪、竺藕舫、胡步曾、杨杏佛。

---

① 茅以升（1896—1989），字唐臣，江苏镇江人，土木工程学家、教育家。
② 饶毓泰（1891—1968），又名育泰、俭如，字树人，江西临川人，物理学家、教育家。
③ 中国科学社上海事务所当时设在位于南市沪杭车站北首的大同学院（后改称大同大学）内。
④ 原文此处有旁注："结果或在杭州。"

二、理事会前期会议记录

（1923—1937）

理事会第1次会议记录（1923年9月29日）

第一次

在山东馆。

到者：竺藕舫、秉农山、过探先、陈席山、王伯秋、杨杏佛、柳翼谋①。（九月廿九日下午一时）

（一）报告上海募捐情形及理事会选举情形、商务书馆契约内容（杨杏佛报告）。

（二）社中建屋计划，过探先提出。

众议先请包工者估价，俟下次会议再正式讨论。

（三）社中添用仆役一人，由秉农山提出。

众通过。

（四）讨论讲演计划。

众主张时间缩短，幻灯请竺藕舫向上海要，讲演约八次，以在十月、十一月为佳。

（五）以后理事会会餐招待次序为杨（杏佛）、胡（刚复）、王（季梁）、孙（洪芬）、竺（藕舫）、秉（农山）。

（六）报告以职员个人名义送韩紫石②夫人礼。

众追认。

（七）通过翁文灏为新社员。

出席人：竺可桢、杨铨（记事）、陈桢、过探先、柳诒徵、秉志

---

① 柳诒徵（1880—1956），字翼谋，又字希兆，号知非，江苏丹徒（今镇江）人，历史学家、古典文学家、图书馆学家、书法家。
② 韩国钧（1857—1942），字紫石，亦字止石，晚号止叟，江苏泰州人，1922—1925年任江苏省长，中国科学社赞助社员。

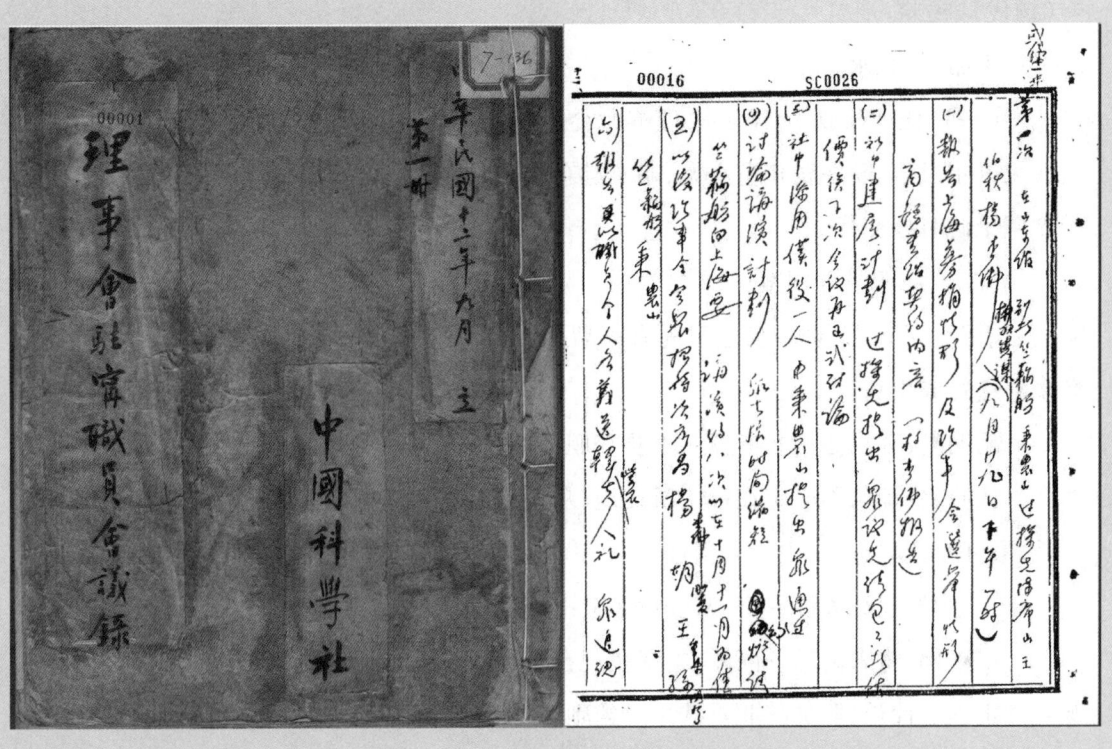

中国科学社理事会会议记录第一册

第 1 次理事大会记录（1923 年 10 月 21 日）[①]

第一次理事大会　十月廿一日

九时半

到者：丁文江、任鸿隽、胡明复、孙洪芬、秉志、王琎、胡刚复、竺可桢、过探先、秦汾（杨代）、杨铨。

主席：任叔永。

（一）任社长以为，第一次理事大会为有史以来之创举，以前因无计划与经费，故无进步可言，现在稍稍有经费，略有起色，而现在可为交代期，故应开正式大会，并希望于此时办交代。

（二）新职员辞职案。

（甲）丁在君：理事会选举尚有一票未到，且因在京执行事务诸多困难，愿让次多数递补或重选。

胡明复、孙洪芬两君皆反对丁君辞职。

任叔永：社长不必定在社所所在地，从前任社长时亦曾居川游美，且为更新精神计，最好有新职员，故主丁君当选。

丁：为发展社务计，将来暂任董事会书记而辞社长。

杨杏佛：将来为另一问题，主张就现在论，不应辞。

丁提议社长、职员辞职重选举。竺副〔附〕议。众赞成（五对四）。

竺动议应限到会人投票，代表不投票。众通过。

开票结果：

社长：丁七票，任二票，丁文江当选社长。

书记：竺八票，杨一票，竺可桢当选书记。

会计：胡明五票，胡刚一票，秦一票，王一票，胡明复当选会计。

副会计：孙二票，胡刚一票，王三票，杨二票，秦一票，王琎当选副会计。

（乙）王琎君因编务事烦，请理事会另推一人代行。

众请由王君托过君探先执行。

（丙）丁提议：董事会书记应由理事会商定一人，拟请任君任此。

众同意。（此条不宣布。）

[①] 中国科学社理事会第二次会议记录无原件，可能即以第一次理事大会记录代替。

(三) 讨论办事细则。

由胡明复君报告起草要点：(一)执行委员会及财政委员会；(二)预算问题。

丁：反对行政委员会、财政委员会，因委员人多，不另办事，且恐职务上有冲突之处。

讨论结果：(一)执行委员会，众赞成取消；(二)财政委员会，丁主张取消，众通过。

根据以上结论，第三章除十六条外，完全取消。

第四章十七条，丁以名词委员会归并学术委员会，讲演委员会取消(第五案归入科学教育委员会)。

主席指定科学教育会及学术委员会章程起草委员，过探先提议由丁、任两君分任起草。

第五章，丁主张研究所不在内，胡明复以为列入亦无碍，众仍主保存。

第二十九条，杨请注意，丁主取消，众通过。

三十三条取消。

第七章以下另设一社所简章。

以上为办事细则，通过。

下午五时

(四) 补推司选委员①。

丁推过探先。众赞成。

(五) 讨论第三及第七案。

规定本社事业发展计划，由胡刚复说明，本社各方事业皆进行，但经费有限，似宜分别次第，不致多而不成。

丁主张宜重研究，而研究方面不宜与人竞争，如生物研究为各方所无，故最宜；又如人类学及古生物学之研究，费少而成功多，最近郑州之发掘似极可办。

胡刚复：有须□□之书，如□学之类，亦宜旁及，故图书馆不能专从生物研究着想。

---

① 根据《中国科学社总章》的规定，司选委员为三人，由社员在每年年会上选出，负责办理次年选举董理事事务。

丁提议辅助人类学研究之类。

竺解释地质提案（第十六）尽求合作之精神，经济上不立求辅助。

众对两案皆赞成精神上之合作，遇必要时再议经济辅助。

秉报告研究所预算及采集经过，现在须用助手八人。

杨杏佛：应依十二条即时进行。

胡刚复报告图书馆预算。

王季梁报告编辑部预算（第十一案）。

第十一案，丁：现在不能收回自办，商务方面责成任君接洽，惟稿件最要紧。

过探先报告社所预算。

任叔永报告"科学丛书"购稿办法：每两年定一千元。

丁主张预算照现拟通过。众赞成。

秉请将王抟沙先生捐款之两千元一半购书，一半购仪器。众赞成。

胡刚复：对于捐款不能□就一名义用。

丁：对于捐款者应负责任。

杨主理事会得酌量情形支配。

胡：以最利于社之全体者为原则支配。

丁动议建屋委员会由胡、秉、杨、竺、过五人担任。通过。

晚八时半

（六）年会定在济南或青岛发〔举〕行，由书记接洽。

（七）第五、六两案归科学教育委员会及学术委员会。

（a）科学教育委员会五人，推定翁文灏、王季梁、秦景阳、秉志、胡刚复、饶树人、张子高七君，俟征求意见再决。

（b）学术委员会推定孙洪芬、茅以升、过探先三人。

（八）本社拟在上海设理化研究所，请在沪理事接洽，俟有结果，再行报告理事会。

（九）派员赴太平洋会议①，暂不议。

---

① 太平洋会议指太平洋学术会议、太平洋科学会议，又名泛太平洋学术会议、泛太平洋科学会议，1920年首次召开，每隔数年举行一次。此处指在澳大利亚召开的第二次太平洋学术（科学）会议。

（十）本社成立：民国三年六月十日。（由杨杏佛查明）

（十一）购地俟调查后再决。

（十二）新社录由书记、会计编拟。

晚十时散会。

见证人：过探先、竺可桢、胡刚复、胡明复

出席人：秉志、孙洪芬、王琎、秦汾（杨杏佛代）、任鸿隽

主席：丁文江

书记：杨铨

中国科学社理事会第一任会长丁文江（在君）

第1次理事大会临时会记录（1923年10月22日）

临时会

十月廿二日晚七时

到者:丁文江、竺可桢、胡明复、任叔永、孙洪芬、秉农山、王季梁、胡刚复、杨杏佛。

（一）竺可桢提议:本社社所应即时保火险。

众通过。

（二）胡刚复提议:今年请另筹五百元,备购旧杂志或置关于中国之西籍书目,以后每年备五百元,陆续购齐。（在基本金与预算分配以外）

通过。

胡明复、王琎

秉志、竺可桢

孙洪芬、胡刚复

文江、秦汾（杨杏佛代）

任鸿隽

书记:杨铨

《科学》杂志刊载的《中国科学社理事会第一次大会纪事》
(1923年10月21—22日)①

中国科学社理事会第一次大会纪事

理事会照新订理事会办事细则,每年应举行两次大会。本年第一次大会,公决于十月二十一日在南京社所举行,出席者,为理事任叔永、丁在君、秦景阳(由杨杏佛代表)、胡明复、竺藕舫、秉农山、孙洪芬、王季梁、胡刚复、杨杏佛诸君,及驻宁会计兼社所管理委员过探先君。是日上午九时半开议,由任叔永社长主席,书记杨铨担任记录。

(一)新职员辞职案。因新旧职员互相推让,由丁在君提议重行投票,此次举定不得再有推让,投票结果:

社长丁文江七票当选　书记竺可桢八票当选

会计胡明复五票当选　副会计王琎三票当选

副会计王君因编辑职务繁重,所有副会计职,拟请驻宁会计过探先君代办,众赞成。

(二)讨论理事会办事细则。由起草员胡明复说明起草大意,讨论结果:(甲)第三章行政委员会删去第十六条之上海事务所移入下章。(乙)第四章之学术委员会改第三章讲演委员会及名词委员会。取消第六章。预算改第五章,其二十九条及三十三条取消。(丙)原有之第七章及第八章不应列理事会办事细则,改为社所管理规则及雇用人员规则。

(三)补推司选委员。因原举司选委员竺可桢已被举为理事,故须改推,众推定过探先君。

(四)规定本社事业发展次第。由胡刚复说明提案大意,丁在君主张宜注重研究,而以其他事业为辅。至研究则以择他机关所未作而易见功效者着手,如生物研究之类,众赞成。

(五)讨论预算。由胡明复提出经讨论后,全部通过如下:

甲、经常费　　　　　　　　　一二八〇〇元

(一)社所(参观会计报告)　　二五〇〇元

---

① 《科学》杂志刊载的内容与原始记录略有差异,可供参考。摘自《科学》杂志第八卷第九期第986—988页。原文标点、格式基本保留。

（二）图书馆　　　　　　　　三六〇〇元

（三）生物研究所　　　　　　三六〇〇元

（四）编辑部　　　　　　　　一二〇〇元

（五）上海事务所　　　　　　七〇〇元

（六）《科学》及社刊　　　　一〇〇〇元

（七）名词审查　　　　　　　二〇〇元

乙、临时费　　　　　　　　　三一〇〇元

（一）生物研究所购置书报　　一〇〇〇元

（二）生物研究所购置仪器　　一〇〇〇元（以上两项由王抟沙先生捐款中拨）

（三）图书馆购置旧报　　　　六〇〇元（此项须另筹）

（四）补助研究古物及人类学费　六〇〇元

（五）特别临时费　　　　　　五〇〇元

（六）南京社所添建房屋。由过探先说明添屋之必要，及预估经费约一千元左右。丁在君动议组织建屋委员会执行此事，以过探先、竺藕舫、秉农山、胡刚复、杨杏佛五人为委员，众通过。

（七）请规定中学科学教员参考书目及编订科学实验指南与设立实业研究委员会两案。此两案为年会中科学教育讨论及实业问题讨论会所提出，众议决：由本社科学教育委员会及学术委员会执行。并推定翁文灏、王琎、秦汾、秉志、胡刚复、饶毓泰、张准七人为科学教育委员会委员，孙洪芬、茅以升、过探先三人为学术委员会章程起草员。

（八）上海建立理化研究所。议决请在沪理事接洽，俟有结果，再行报告理事会议办法。

（九）明年年会地点。众议决在青岛或济南举行，由书记向两处接洽，报告理事会酌定。

（十）规定本社成立年日。众推杨杏佛查明本社第一次成立会之年月日，即以之为本社成立年日。嗣经杨君查出为民国三年（一九一四年）六月十日。

（十一）请派员赴太平洋会议。因款绌，暂不议。

（十二）社所保火险。由竺可桢君临时提出，众通过，由职员进行。

以上为四次会议之结果，即二十一日上午九时至十一时半，下午四时至六时半，晚八时至十时，二十二晚七时至八时也。

理事会第 3 次会议记录（1923 年 11 月 6 日）

第三次理事会

十一月六日下午六至九【时】在山东馆举行。

到者：胡刚复、王季梁、杨杏佛、秉农山、过探先、柳翼谋、孙洪芬、竺可桢。

（一）推定孙洪芬君为学术委员会【委员】长。

（二）推定王季梁君为科学教育委员会【委员】长。

（三）王季梁君提议：编辑部添聘许植方①君为编辑部编译员，自十一月十六日起至明年二月止。嗣后改聘恽代贤②君，月薪各三拾元。

讨论后通过。

（四）杨杏佛君提议：照章推举社所委员会三人。

结果推定秉农三〔山〕、胡刚复、过探先三君，以过君为委员长。

（五）过探先君报告社所增加建筑计划。

讨论结果：以现时生物研究所西方空地建筑平房作为办事室及会客室之用，于将来扩充生物研究所不无妨碍，故议决办事室暂留在原处，会客室移至演讲室方面，将来公开演讲均于所中草地上举行。此外将现时厨房拆下，改建办事人寝室。其改建计划仍请过探先君接洽进行，至下次理事会报告。

出席人：秉农山、王季梁、孙洪芬、竺可桢（记事）、杨铨、过探先、胡刚复、柳诒徵

---

① 许植方（1897—1982），又名植芳、学贤，字鲁瞻，浙江黄岩人，药物化学家、教育家。
② 恽代贤（1899—1963），字子英，恽代英（字子毅）之胞弟，湖北武昌人，化学家。

理事会第4次会议记录（1923年11月17日）

第四次理事会

十一月十七日下午七时在山东馆举行。

到会者：任叔永、胡刚复、过探先、杨杏佛、熊雨生、查啸仙①、王季梁、竺可桢。

议决事件如左：

（一）通过蒋丙然②、胡润德③二君为本社普通社员。

（二）上次理事大会通过补助李济④君研究人种学及考古学经费至多六百元，收买"科学丛书"至多五百元，上次记录中遗漏，此次补入。

（三）竺可桢君报告：社屋保火险事，与永年火险公司经理英人Drysdale在社所视察，一周后该公司讨价每年每千两收费四两。

讨论结果：以东南大学校舍亦系该公司所保火险而收费较廉，仍嘱竺君请该公司减少价额，一方在上海另行探询其他保险公司价目。

出席者：任叔永、竺可桢、杨杏佛、王季梁、胡刚复、过探先

---

① 查谦（1896—1975），原名贵师，字啸仙，安徽泾县人，物理学家。
② 蒋丙然（1883—1966），又名炳然，原名幼聪，字右沧，福建闽侯人，气象学家。
③ 胡润德（生卒年不详），广东佛山人，医学家。
④ 李济（1896—1979），字济之，湖北钟祥人，人类学家。

理事会第5次会议记录（1923年12月1日）

第五次理事会

十二月一号下午十二时三十分在山东馆举行。

到会者：胡适之①、胡刚复、孙洪芬、王季梁、秉农山、杨杏佛、竺可桢。

（一）通过胡文耀②、何尚平③二君为本社普通社员。

（二）本会来往英文信件及图书馆卡片均需用打字机，议决函致上海任叔永君购Oliver打字机一座，价目至多不得过二百元。

（三）竺可桢君报告永年火险公司函催社屋保火险数目。

讨论结果，暂定数目如下：

房屋保三万元。

书籍保五万元。

仪器、标本保一万五千元。

家具五千元。

合计十万元。

至于保险费每千元抽若干，俟永年公司复函来时再行讨论。

（四）胡君刚复代表过探先君报告改建社屋情形：拟将现在厨房拆下，建筑寄宿所，计平房四间，能容九人下榻之地。据祝家高泥水木匠估价，改建费自九百元至一千元。

讨论结果：照过君计划进行。

到会者：竺可桢、王季梁、孙洪芬、杨杏佛

秉农三〔山〕君早退，由杨杏佛君代表。

---

① 胡适（1891—1962），原名嗣穈，行名洪骍，字希疆，后改名适，字适之，文学家、哲学家、历史学家、教育家。
② 胡文耀（1885—1966），字雪琴、雪琹，浙江鄞县人，教育家。
③ 何尚平（1887—？），字伊桀，福建闽侯人，农学家。

任鸿隽、陈衡哲夫妇与胡适

理事会第 6 次会议记录（1923 年 12 月 15 日）

第六次理事会

十二月十五日下午七时在浮桥孙寓举行。

到会者：胡刚复、任叔永夫人①、任叔永、杨杏佛、过探先、王季梁、孙洪芬、竺可桢。

（一）通过永年火险公司保社屋火险事，条件如下：

（甲）时期自今年十二月十六日起至明年十二月十五日止。

（乙）保险价额合共拾万元，计开：

房屋（图书馆一万三千元、生物研究所一万七千元）共三万元。

书籍五万元。

仪器、标本一万五千元。

木器家具（图书馆三千元、生物研究所二千元）共五千元。

（丙）保险费值千抽三·五，即每年二百五拾元。②

（二）胡刚复君报告：在上海金龙公司购莱明东 Remington 打字机一座，计价洋美金一百元，运费在外。

（三）过探先君报告：社中厨夫在鼓楼医院病故，社中代付医药棺葬费廿五元。

（四）社中重要雇员及差夫，以后均须住在社内。

讨论后全体通过。

（五）过探先君报告改建社所进行办法，共需费九百元。

[（一）西段为贮藏杂物间之用；（二）改建厨房为宿舍；（三）改建马房为厨房；（四）打通现办事事〔室〕；（五）图书馆楼下办事室南方开窗；（六）生物研究所三层楼上窗门钉板；（七）生物研究所三层楼楼梯旁加筑木板。以上除（四）、（七）两种建筑外，共讲定洋九百元。]

（六）任叔永君提议：举委员三人，专司视察房屋建筑计划、预防火灾。

讨论后通过，当场推定杨允中、过探先、任叔永三君。

（七）过探先君报告：本月十二号东南大学口字房失火，本社本年一切账目被焚，十月以前账目已向上海报销，惟十一月份账除过君个人所能记忆者外，其余约差

---

① 即陈衡哲（1890—1976），祖籍湖南衡山，生于江苏武进，任鸿隽之妻，文学家、历史学家，中国第一位女教授。

② 此处数字似有误，或应为"保险费值千抽二·五"，或应为"每年三百五拾元"。

十余元尚无着落。

（八）大会地点,任叔永君谓天津南开大学科学馆新落成;饶树人君接正式邀本社天津开会;竺可桢君谓,今年为本社成立十周纪念,主张开在南京,上次理事大会虽已定在济南或青岛,但因鲁省政潮,或有易地之必要。

讨论结果:征求外埠理事意见。

（九）任叔永君提议:函向北京地质调查所要求赠给古生物、矿物岩石全份,以为陈列之用。

全体通过。

到会者:任鸿隽、杨铨、秉志（铨代）、王琎、孙洪芬、过探先、胡刚复、竺可桢

理事会第7次会议记录（1923年12月28日）

第七次理事会

十二月廿八日在山东馆举行。

到会者：任叔永、秉农山、柳翼谋、王季梁、杨杏佛、过探先、竺可桢。

（一）通过高鲁①、查德利②、谢家荣③三君为本社普通社员。

（二）过探先君报告：江苏财政会议议决，来年度预算须减少支出二百万元，已推定黄伯雨④、史量才⑤、黄任之⑥等九人为委员，以司核减各机关预算之事。苏省补助本社每月二千元，此费若在被核减之列，本社各种事业将大受影响。

讨论结果：一方推杨杏佛君赴沪，恳赵竹君⑦先生出面与黄、史诸君磋商；一方函致丁在君先生，请其与黄任之先生接洽。

（三）竺可桢君报告与南京青年会接洽在皇城附近购地建设博物院事：青年会干事礼泰不肯讨价，须由本社致一正式信与青年会董事会函商此事。

讨论后通过。

（四）任叔永君提议：本月十二号（一九二三【年】冬）东南大学口字房突遭焚，如本社应致函慰问，并酌量开放生物研究所及图书馆，以便东大学生研究。

讨论后通过。

到会者：竺可桢、秉志、任鸿隽、过探先、王季梁、柳诒徵

---

① 高鲁（1877—1947），字曙青，号叔钦，福建长乐人，天文学家。
② 查德利（Herbert Chatley, 1885—1955），又译查德理，英国土木工程学家，时在上海浚浦局任职，中国科学社外籍社员。
③ 谢家荣（1898—1966），字季骅，上海人，地质学家、教育家。
④ 黄以霖（1856—1932），字伯雨，江苏宿迁人，清末民初社会活动家。
⑤ 史家修（1880—1934），字量才，江苏江宁人，报业家。
⑥ 黄炎培（1878—1965），字任之，江苏川沙（今属上海）人，政治活动家、教育家，中国科学社赞助社员。
⑦ 赵凤昌（1856—1938），字竹君，江苏武进人，清末民初政要，中国科学社赞助社员。

理事会第 8 次会议（临时会）记录（1924 年 1 月 4 日）

民国十三年一月四号在社所举行第八次（临时）理事会。

到会者：任叔永、杨杏佛、胡刚复、秉农山、王季梁、过探先、竺可桢共七人。

此次临时会系因社款事，杨君杏佛赴沪接洽，回宁后有重要报告，故开临时理事会。

（一）杨君杏佛报告在沪托赵竹君、周美权①诸先生与各方接洽，并一切经过情形。杨君并提议由理事会正式函致周美权君，在沪与社款有关各方说项。

一致通过。

（二）本社各种计划急须积极进行，如上海方面置地建设科学馆，南京方面收地建设博物院，均宜即日着手进行。

任君叔永提议：推举委员二人办理上海宋园收地事。

一致通过，当推定胡敦复②、周子竞③为科学社上海购地委员，购地事限于本年阴历年底办竣。南京方面一致议决函呈江苏省长，将朝阳门附近青年会自官产处所领地，由科学社备定价收买，为本社建设博物馆之用。

（三）任君叔永提议：推举委员四人调查社产。

通过，当场推定胡刚复、秉农山、任叔永、杨杏佛四人为社产调查委员会【委员】。

（四）王君季梁报告：编辑部请叶福沅君为编辑员，月薪五拾元，试办一月，再酌定去留。

任鸿隽、胡刚复、杨杏佛、王季梁、过探先、记录者竺可桢

---

① 周达（1878—1949），字美权、梅泉，笔名今觉、寄闲，安徽至德人，数学家、收藏家。
② 胡敦复（1886—1978），又名炳生，胡明复、胡刚复之胞兄，江苏无锡人，数学家、教育家。
③ 周仁（1892—1973），字子竞，江苏江宁人，冶金学家、陶瓷学家。

理事会第 9 次会议记录（1924 年 1 月 11 日）

第九次理事会①

一月十一号下午七时在任宅开会。

到者：孙洪芬、过探先、胡刚复、杨杏佛、秉农山、王季梁、竺可桢。

（1）孙洪芬君提议：由理事会委人在上海接洽社款事。

通过，当场推定朱经农②、任叔永二君。

南京方面推定杨杏佛、过探先二君，与韩紫石、张轶欧③二先生接洽社款事。

（2）年会地点讨论后付表决，天津两票、青岛一票、南京四票，当以无一处过半数再付表决，南京五票，仍未过半数（理事会拾一人，六票为过半数），须征外埠理事同意。

（3）通过吕子方④君为本社普通社员。

到会者：任鸿隽、胡刚复、过探先、杨铨、竺可桢、秉志、孙洪芬、王琎

---

① 本次会议由秉志记录。
② 朱经（1887—1951），原名有田于，后改名经，字经农，笔名澹如，原籍江苏宝山（今属上海），浙江浦江人，教育学家。
③ 张肇桐（1881—1938），字轶欧，又字翼侯、翼后，号一鸥，江苏无锡人，矿冶学家，时任北洋政府农商部矿政司司长。
④ 吕子方（1895—1964），字继廉，四川重庆人，教育家、科技史学家。

理事会第 10 次会议记录（1924 年 1 月 25 日）

第拾次理事会

一月式拾五号下午三时在社所图书馆开会。

到者:孙洪芬、王季梁、任叔永、竺可桢、杨杏佛、过探先、胡刚复、柳翼谋。

（一）任叔永君报告在沪上接洽社款经过，并报告苏省财政委员会会议结果:本社补助费裁去十分之一。

（二）日本政府拟在中国设立对华文化事务局,科学社急应设法与之接洽。

当议决:一方致函教育部与日本文部省接洽,一方函请张溥泉①、马君武②二先生与文化局直接接洽。

（三）社外空地即须设法购买。

议决:请杨君杏佛调查价目。

（四）朝阳门附近青年会所领地,已得省公署复函转令交涉公署办理。

议决:请王伯秋君与温交涉使③接洽。

（五）年会因逢十周纪念,大多数赞成在南京举行,南开方面写信致谢。

开会时间决定七月一号至五号。

任叔永君提议推举年会委员,当推定翁文灏、何奎垣、王季梁三君为论文委员。

年会委员推定柳翼谋、杨杏佛、竺可桢三君。

（六）中华医学会于二月七号至十四号在南京开年会,本社致函请至社中参观。

（七）理事会请客次序抽定如下:柳翼谋、秉农山、竺可桢、胡刚复、王季梁、任叔永、过探先、杨杏佛、孙洪芬。

（八）生物研究所预交三千元为购旧杂志之用,将来按月拨还。

讨论结果:请秉农山、胡刚复二君与会计胡明复君接洽。

　　　　　胡刚复、过探先、王季梁、杨杏佛、任叔永、柳诒徵、秉志、竺可桢

---

① 张继（1882—1947），原名溥，字溥泉，河北沧县人。
② 马君武（1881—1940），原名道凝，又名同，后改名和，字厚山，号君武，祖籍湖北蒲圻，生于广西桂林，教育家、翻译家、社会活动家。
③ 温世珍（1878—1951），字佩珊，天津人，时任北洋政府外交部特派江苏驻沪交涉员（或称交涉使）。江苏驻沪交涉员（使）也叫上海交涉员（使），交涉员（使）公署设在上海枫林桥。

理事会第11次会议记录（1924年1月27日）

第拾一次理事会

一月廿七号在图书馆举行。

到者：胡刚复、过探先、王季梁、柳翼谋、杨杏佛、任叔永、竺可桢、孙洪芬（胡刚复代表）（王季梁早退，杨杏佛代表）。

议决事件如下：

（一）竺可桢君提议：推定委员三人，办理前次议决与日本对华文化事业局接洽事情。

当推定任叔永、杨杏佛、竺可桢三君。

（二）社中职员及各种社员之英文名称急应规定。

当决定如下：

董事会：Board of Trustees

理事会：Board of Directors

名誉社员：Honorary Members

赞助社员：Sustaining Members

特社员：Fellows

普通社员：Members

永久社员：Life Members

仲社员：Junior Members

（三）拾三年一月二拾号苏省财政整理委员会报告清单中有谓"上三项补助费（指教育改进社、中华职业教育社及中国科学社）本拟全部停支，姑减一成，由教育厅派员前往视察，规定注重本省设施，以视后果"云云，本社急应思筹应付之法。

当议决：推定委员筹划下列各项事业，报告于下次理事会：(1)采习中等学校用动植矿标本先从苏省着手，并印行博物实验说明，推定秉农山、竺藕舫二君为委员；(2)编定中等学校数理化实验课目及说明，推定王季梁、查啸仙二君为委员；(3)设立制造印片实验室，推定胡刚复君为委员；(4)审定中等学校科学教科书，推定任叔永君为委员；(5)设立接收无线电机器，推定张贡九[①]君为委员；(6)设立工业咨询委员会，推定杨杏佛君为委员；(7)组织苏省巡环科学演讲委员会，委员俟下次推定；

---

① 张廷金（1886—1959），字贡九，江苏无锡人，无线电专家。

(8)测量苏省雨量,推定竺可桢君为委员。

(四) 胡刚复君提议:社中应购买装订书籍机器。

讨论结果:推定胡君往上海调查机器价目。

(五) 王君季梁报告:编辑部聘请编辑邱葆忠君,月薪五十元,二月始视事。

孙洪芬、竺可桢、王季梁、任鸿隽、秉志、杨铨

理事会第12次会议记录（1924年2月15日）

第十二次理事会

二月十五日下午七时在山东馆开会。

到会者：孙洪芬、任叔永、秉农山、杨杏佛、王季梁、竺可桢。

（一）司选委员唐璧黄①君来函辞职。

当一致议决：致函挽留，并询明辞职书中第三条理由"近来司选委员会已失独立资格"之所指。

（二）杨君杏佛转述袁观澜②先生拟请本社辅助苏省设施新学制中所规定之科学教育，任叔永君主张将暑期科学讲习会事合并讨论。

当议决诸点如下：

（甲）听讲资格：暑期科学讲习会听讲员，以中等学校科学教员为限。

（乙）课程：课程分为两种。

（1）关于教法者，主重实验室之布置、教材之搜集等等，每科一班，每班以二十人为限，时期两星期。

（2）关于教材者，主要补充中等学校科学之教材，时间以四星期为限。

王季梁、任鸿隽、秉志、过探先、竺可桢、杨铨

---

① 应为唐钺。唐钺（1891—1987），字擘黄，又作柏凡，福建闽侯人，心理学家。
② 袁希涛（1866—1930），又名鹤龄，字观澜，江苏宝山（今属上海）人，清末民初教育家，中国科学社赞助社员。

理事会第 13 次会议记录（1924 年 2 月 20 日）

第拾三次理事会

二月念号下午三时在图书馆开会。

到会者：任叔永、秉农山、王季梁、过探先、杨杏佛、竺可桢、胡刚复（迟到）、柳翼谋（竺可桢代表）。

（一）司选委员唐璧〔擘〕黄君第二次来函辞职，讨论结果照准，当推何奎垣君为司选委员以代唐君。

（二）任叔永、竺可桢二君报告本：星期一（二月十八号）教育厅所召集之三机关（中华职业教育社、中华教育改进社及中国科学社）核减经费及审查苏省所施行事业会议。当时列席者，除三机关之代表外（社中代表任叔永、竺可桢），尚有教育厅长蒋竹庄①及江苏省教育会代表袁观澜君。当时各方对于科学社所办理之事业认为满意，袁君对于科学社提出两种希望：

（a）科学名辞〔词〕审查会向赖教育部津贴以资接济，近来业已停止，故年须亏一千五百元之谱，望科学社能补助一部分以资维持。

（b）科学社聘请专任科学教育指导员，往苏省各中等学校视察科学教育，并指导改良方法。

报告毕，对于袁君所提两层讨论结果，议决办法如下：

（a）本社对于科学名辞〔词〕审查会，虽非基本会员之一，但每年经济上之负担，照例与其他各机关分摊，且审定名辞〔词〕如化学、物理各科，均由科学社出资排印，是则本社对于名辞〔词〕审查会向来极力维持，日后如经费支绌，本社与其他各机关自当协同量力补助。

（b）本年年会本社已设有科学教育委员会设施，此项本案拟即从江苏入手，分请各科学家先后往省立学校调查各科教授情形，以谋改良方法。一切办法由委员会计划进行。

以上二项须函复袁观澜君。

此次会议后本社尚须作一正式报告及预算，一并交教育厅，由教【育】厅转呈省长，省长交财政整理委员会核夺。该报告须于下次理事会开会以前写成。当议决，报告中应列入事项如下：

---

① 蒋维乔（1873—1958），字竹庄，别号因是子，江苏武进人，教育家、哲学家，时任江苏省教育厅长。

（a）已成立或实行者：(1)图书馆，(2)生物研究所，(3)《科学》杂志，(4)通俗科学演讲，(5)科学名辞〔词〕审查，(6)编辑"科学丛书"，(7)采习动植物标本。

（b）本年年会决定事项：(1)科学教育委员会所应施行之各项事业，(2)工业咨询委员会所应行之各项事业。

（c）在计划中者：

(1) 采习中等学校用动植矿物标本（先从苏省入手）及编定试验说明，拟于本年暑期召集苏省中等学校教员来社学习采习及编制标本方法，并同往各处实行采习，推定秉农山、谌湛溪①二君为委员，拟具体计划。

(2) 编定中等学校数理化实验课目及说明（委员王季梁、查啸仙二君）。

(3) 组织科学巡环〔回〕演讲团，实行往苏省各处演讲科学。

(4) 制造实验仪器模型。

(5) 测量苏省雨量及经纬度。

(6) 设立科学教授指导员。

（三）本年七月秒太平洋协会在檀香山开太平洋各国食物调查会，该会干事已派任叔永君为中国出席总代表，并望本社能派代表出席。

讨论结果：经费方面尚需与各方接洽，接洽就绪，拟请秉农山君或竺藕舫君出席代表。

任鸿隽、柳诒徵、过探先、孙洪芬、杨杏佛、王季梁、竺可桢（记录）

---

① 谌立（1882—1958），字祖恩，号湛溪，贵州平远（今织金）人，矿冶学家。

理事会第 14 次会议记录（1924 年 2 月 29 日）

第拾四次理事会

二月念九号下午六时在新华医院开会。

到者：过探先、孙洪芬、柳翼谋、任叔永、王季梁、杨杏佛、秉农山（杨杏佛代表）、竺可桢。

（一）通过张鸿年①、荣达坊②二君为本社普通会员。

（二）年会委员会报告年会中拟设之委员及所拟之名单。

讨论后，当推定委员及指定所司事务如下：

（甲）会程委员，管理年会会程：丁文江、任叔永、柳翼谋、杨杏佛等。

（乙）论文委员，管理年会论文及演讲事：王季梁、何奎垣、翁咏霓。

（丙）招待委员，管理年会招待膳宿及游览：（赵石民③）、张轶欧、过探先、孙洪芬、杨允中、胡明复、秦景阳、白伯涵（文焕）。

（丁）展览委员，管理年会会场布置及一切仪器标本之陈设：胡刚复、秉农山、周子竞、段育华④、刘寄人⑤。（以后加入徐宽甫⑥）

年会记录：王凤岐、邱伯忱。

并拟请下列诸人来年会演讲，名单交论文委员会作为参考，其人名如下：

吴稚晖⑦、周美权、章鸿钊⑧、Dr H. Chatley（上海九江路浚浦局）、Prof. Grabau⑨（农商部北京地质调查所）。

（三）年会地点时间已规定，津浦、沪宁免票时急应着手交涉。

议决：致函本社社员熊秉三先生办理此事。

（四）本社计划中各项事业预算暂定如下：

（甲）调查科学教育旅费：一千二百元。

---

① 张鸿年（生卒年不详），字慕迪。
② 荣达坊（生卒年不详），江苏无锡人，化学家。
③ 赵承嘏（1885—1966），字石民，江苏江阴人，化学家。
④ 段育华（生卒年不详），字抚群，江西南昌人，数学家。
⑤ 刘季辰（生卒年不详），字寄人，上海人，地质学家。
⑥ 徐韦曼（1895—1974），字宽甫，江苏武进人，地质学家。
⑦ 吴敬恒（1865—1953），原名朓，后改名敬恒，学名纪灵，又称寄龄，字稚晖，江苏武进（一说无锡）人，社会活动家、教育家、书法家。
⑧ 章鸿钊（1877—1951），字演群，又字爱存，笔名半粟，浙江吴兴（今湖州）人，地质学家、教育家。
⑨ 葛利普（Amadeus William Grabau，1870—1946），又译葛利浦、葛利布，德裔美国地质学家，时为北洋政府农商部地质调查所顾问，并长期在北京大学任地质学教授，中国科学社外籍社员。

（乙）科学讲习会印刷、川资、薪俸等费：二千元。

（丙）制造科学标本模型仪器：洋二千元。

（丁）采集标本：旅费六百元，制岩石薄片仪器一千元。

（戊）测定经纬度仪器：经纬仪一千六百元，标准时计八百元。

（己）测定江苏雨量：制造仪器三百元。

（庚）卫生研究所（检查饮料食物）：开办费二千元。

合共一万一千五百元。

（五）杨君杏佛提议：推定委员采选以前《科学》杂志中之通论及科学家列传，编为专册发行。

讨论后通过，推定委员五人如左：

任叔永、王季梁、熊雨生、过探先、杨杏佛。

任鸿隽、柳诒徵、过探先、杨杏佛、竺可桢、王季梁

理事会第 15 次会议记录（1924 年 3 月 14 日）

第拾五次理事会

三月拾四号下午七时在惠源兴举行。

到者：秉农山、过探先、柳翼谋、任叔永、杨杏佛、王季梁、竺可桢、胡刚复（迟到）、孙洪芬。

议决下列诸件：

（一）通过雇孙维兰君为专任抄写员，每月月薪拾元，由编辑部款项下拨付，如有不敷，由理事会及图书馆分摊。

（二）本年春季应举行全体理事大会，议决于本月廿九、卅两天在南京社所举行。

（三）接收无线电器委员张贡九君来函，询及建筑无线电机进行计划。

讨论结果：以事涉军事范围，须得督军署允可建设后再定办法。

（四）科学名嗣〔词〕审查会来函，以教育部停止该会每月四百元津贴费，要求本社拨苏省补助费十分之一二以维持该会。

讨论结果：当答复以向来本会对于该社尽力维持，将来如经费支绌，本社当与其他有关系各机关协力维持。

记录竺可桢

秉志、柳诒徵、胡刚复、王季梁

理事会第16次会议（春季理事大会）记录（1924年3月29—30日）

拾三年春季理事大会（即第拾六次理事例会）

三月念九号下午三时在本社图书馆开会。

到者：胡明复、胡刚复（迟到）、秉农山（杨杏佛代表）、丁文江（竺可桢代表）、过探先、王季梁、孙洪芬、竺可桢。

（一）通过蔡堡①、钟兆琳②、张景欧③、李汝祺④、许厚钰⑤、林荫梅⑥六君为普通社员。

（二）江苏教育厅嘱本社于四月四日下午二时派代表至江苏教实联合会出席讨论提倡科学教育事。

当推定王季梁、张子高、胡刚复、秉农山、竺可桢、任叔永六君为出席代表。

（三）年会委员会杨杏佛君报告本会年会会程。

讨论后加以修正，付油印。寄年会各委员时已下午四时，孙、过二君因有事须离席，遂宣告散会。

三拾号上午拾时在图书馆继续开会。

到者：任叔永、胡明复、孙洪芬、杨杏佛、王季梁、胡刚复、丁在君（竺可桢代表）、秉农山（杨杏佛代表）、过探先、竺可桢。

（一）讨论任叔永君"派员赴檀香山太平洋食品讨论会"提案。

议决：暂时不派代表，但一方面征求论文仍可积极进行。当推定赵石民、秉农山、竺可桢三君为征求及审查联合太平洋食品讨论会论文委员。

（二）任叔永君提议"变更预算"案、竺可桢君提议"测量经纬度"案及杨杏佛君"改本社理事会书记为主任干事及送生物研究所主任聘书"案，以均与预算有关，合并讨论。

讨论结果：

（甲）议决本社除原有之事业外，应积极进行下列各项事业，其经费暂定如左：

---

① 蔡堡（1897—1986），字作屏，浙江余杭人，生物学家。
② 钟兆琳（1901—1990），号琅书，浙江德清人，电机工程专家、教育家。
③ 张景欧（1897—1952），字海珊，江苏金坛人，植物检疫专家。
④ 李汝祺（1895—1991），字又新，天津人，遗传学家。
⑤ 许厚钰（生卒年不详），字式度，安徽芜湖人，电机工程专家。
⑥ 林荫梅（生卒年不详），字一民，江西上饶人，化学家。

（1）调查科学教育：经费一千元。

（2）科学讲习会：二千元。

（3）夏季采习动植矿标本：一千六百元。

（4）监定江苏雨量：四百元。

（5）测定江苏各县经纬度：三千元。

（6）巡回科学演讲：一千元。

下列各项事业俟筹有经费后举行：

（7）卫生食品检查所。

（8）制造科学仪器模型。

（乙）生物研究所、图书馆及编辑部各部主任均改为聘任案。

讨论后通过。

（丙）本社所雇职员概发聘书，聘书每年送发一次。

（丁）理事会书记改为主任干事案，以与本社社章相抵触，必须修改社章方能更变。

议决：付审查，当推定王季梁、任叔永、竺可桢三人为审查委员。

（戊）本社本年度预算已有增修之必要，推定胡明复、过探先、杨杏佛三君为修改预算委员。

时已一点三拾分，遂宣告散会。

卅号下午五点三刻在社所继续开会。

（一）议决：生物研究所招收研究生，请研究所所长拟一简章，规定研究生资格，并酌量征收研究费。

（二）为便利执行及统一手续起见，嗣后各机关购置物件，均须集中由各机关开购物通知单至会计，由会计代办之。

（三）增修预算委员报告，修改结果讨论后通过。

（四）目前往财政厅催发通知书及往各银行支取款项，往往极费周折，当推定杨杏佛、柳翼谋、过探先三君为催款委员。

时已六点四十分，宣告散会。

孙洪芬、秉志、胡刚复、柳诒徵、王季梁、杨铨、竺可桢

理事会第17次会议记录（1924年4月11日）

第拾七次理事会记录

四月拾一号下午七时在惠源兴开会。

到会者：秉农山、王季梁、胡刚复、柳翼谋、孙洪芬、杨杏佛、竺可桢等七人，任叔永、过探先在外埠不能与会。

（一）通过普通社员葛利布 A. W. Grabau 及美国转来新社员沈劭①、孔繁祁②、刘崇乐③、倪尚达④、笪远纶⑤、马玉铭⑥、黄子卿⑦等七人。

（二）胡刚复君报告：任叔永君在沪代表科学社，偕东南大学全国教育联合会等代表，讨论日本文化局中国方面评议员之产生办法，闻当时以学艺社未派代表，待疏通。

杨杏佛君报告：上海《中华新报》主笔张季鸾⑧传来消息谓，日本文化局代表朝冈健极愿与科学社接洽，朝冈现已往北京，两星期后将来宁。

当决定：致函日本驻南京领事林出贤，嘱于朝冈来宁时先期通知本社，并约至社参观。

（三）本社美国分社书记钱昌祚⑨君来函，谈及返国社员其行踪住址往往无从查稽。

讨论后议决：请上海社友会在沪组织招待回国社友委员会。

（四）钱君并函请本社设立介绍部。

当以本社前曾有介绍部，年来返国社员日多，介绍部之设立更不容缓，议决先在《科学》杂志登广告，请延聘科学专家之机关来函本社，本社代为物色人才。

任鸿隽、秉志、过探先、竺可桢、王季梁

---

① 沈劭（生卒年不详），福建闽侯人，土木工程专家。
② 孔繁祁（生卒年不详），字丽京，祖籍浙江萧山，生于四川华阳，农学家。
③ 刘崇乐（1901—1969），字觉民，祖籍福建闽侯，生于上海，昆虫学家。
④ 倪尚达（1898—1988），上海人，物理学家、无线电学家。
⑤ 笪远纶（生卒年不详），字经甫，江苏镇江人，机械工程学家。
⑥ 马玉铭（生卒年不详），字尔遐，辽宁复县人，化学家。
⑦ 黄子卿（1900—1982），家名荫荣，字碧帆，广东梅县人，物理化学家、教育家。
⑧ 张炽章（1888—1941），字季鸾，笔名一苇，山东邹平人，著名报人、政论家。
⑨ 钱昌祚（1901—1988），字莘觉，江苏常熟人，航空工程学家。

理事会第 18 次会议记录（1924 年 4 月 13 日）

第拾八次理事会

四月拾三号下午八时在本社图书馆开临时会。

到者：王季梁、任叔永、秉农山、竺可桢、胡刚复（迟到）。

任叔永君报告：在沪出席南方各团体发起组织之对待日本文化事务局会议，当日到者有东大、教育改进社、教育联合会及本社代表。所邀之各机关惟学艺社未派代表。议决诸点如下：

（一）组织一机关，定名为中国对日退款文化事业协会。

（二）会中委员由具有下列资格之团体推代表组织之：

（甲）广义的、概括全国的教育学术机关。

（乙）成立在民国十二年以前者。

（丙）已办有成绩者。

（丁）无政治或宗教性质者。

（三）俟得学艺社及北方诸团体代表同意以后，于本月二拾号以前派代表赴北京，召集会议讨论此事。

任君报告后讨论结果：当以本社丁在君、秦景阳二理事现在北京，如各方赞同在北京开会，本社即可推丁、秦二君出席。

过探先、秉志、王季梁、任鸿隽、竺可桢

理事会第 19 次会议记录（1924 年 4 月 25 日）

四月念五号在本社社所开第拾九次理事会。

到者：过探先、秉农山、王季梁、任叔永、竺可桢。

（一）任叔永君报告：日前晤袁观澜君，谈及在北京各团体对日文化局会议之结果（详见报端），并及年会时办免票事。

（二）年会免票，科学社有得乙百二十张之希望，决请年会委员发通告与会员，询问能否到会，并声明有得免票之希望。

（三）教育厅来函，内附江苏省科学教育实施委员会组织大纲，征求本社意见。

议决：答复同意。

（四）本社概况已由杨杏佛君拟好，传观后议决，添入照片，于一星期中寄沪铅印。

秉志、杨铨、王琎、任鸿隽、竺可桢

理事会第 20 次会议（临时会）记录（1924 年 4 月 30 日）

第二拾次理事会临时会

四月三拾号在本社社所举行。

到者：王季梁、秉农山、任叔永、杨杏佛、竺可桢。

议决事项如下：

（一）印明信片五百份，送寄国内社员，询问能否到年会。

（二）杨杏佛君报告在上海接洽理化研究所捐地募款事：与汪精卫①、马君武、张溥泉、胡敦复、宋梧生②诸君接洽之结果，募款数暂定为拾万元，西南方面可担认五万，其余五万由京、沪、宁三处分募，暂定本年九月为募款截止期。

捐地事，汪精卫君等已允在宋园至少可拨二拾亩，为理化研究所之用。

（三）杨君报告后讨论结果，议决：设立中国科学社上海理化研究所筹备处，推定胡敦复、胡明复、周子竞、汪精卫、宋梧生、朱经农、何奎垣七人（再加上海方面胡明复君所推宋杏邨③、张乃燕④、曹梁厦⑤三人，合共拾人），筹划一切进行事宜（后又加方子卫⑥）。

（四）本社门外桥梁须加修理，路上电灯加装一盏，临马路门枋上铁牌及大门须重漆，推定过探先君主持其事。

（五）社中厨灶现用木柴，因附近火车不时往来，偶触火星，必致焚如〔烧〕。

当议决：以后厨房概用煤火。

    孙洪芬、任鸿隽、秉志、过探先、王季梁、胡刚复、竺可桢、杨铨

---

① 汪兆铭（1883—1944），字季新，号精卫，祖籍浙江山阴，生于广东三水。
② 宋梧生（1895—1969），浙江余姚人，银行家宋汉章之侄，医学家。
③ 宋杏邨（生卒年不详），又名杏村，医学家。
④ 张乃燕（1894—1958），字君谋，号芸盦，浙江吴兴（今湖州）人，张静江之侄，化学家、历史学家。
⑤ 曹惠群（1886—1957），字梁厦，江苏宜兴人，化学家、教育家。
⑥ 方善堡（1902—1991），字子卫，浙江宁波人，无线电专家。

理事会第21次会议记录（1924年5月9日）

五月九日晚八时在社所举行第二拾一次理事会。

到者：杨杏佛、孙洪芬、任叔永、胡刚复、王季梁、过探先、秉农山、竺可桢。

议决事项如下：

（一）科学名嗣〔词〕审查会来函，通知本年七月五日在苏州开年会，嘱本社派医学、数学、动、植、矿五组代表届时出席，讨论名嗣〔词〕。

当推定代表如下：

（甲）医学组：吴谷宜①、周仲琦②、宋梧生。

（乙）数学组：姜立夫、胡明复、何奎垣、段抚群。

（丙）动物组：秉农山、陈席山、郑章成。

（丁）植物组：钟心煊③、钱雨农、戴芳澜④。

（戊）矿物组：湛湛溪、徐宽甫、翁咏霓。

（二）教育厅来函，请本社照原定计划派代表往苏省各省立中等学校调查科学教育。

当以办法上尚有商酌之处，决定推任叔永君与蒋教育厅长接洽后再进行。

（三）推定陈焕镛⑤、过探先、葛敬中⑥三君为社景委员，布置社所四周树木花草。

（四）社前空地地主索价每方六元，当请杨杏佛君照价购买。

（五）讨论年会委员会所拟之年会会程，结果无更变。

（六）年会委员会中加推胡润德、涂羽卿⑦、陆志韦⑧三君为娱乐委员会委员。

过探先、孙洪芬、任鸿隽、杨铨、柳诒徵、王季梁

---

① 吴济时（生卒年不详），字谷宜，号荆溪散人，江苏宜兴人，医学家。
② 原文有误，应为周仲奇。周威（生卒年不详），字仲奇，江苏江宁人，医学家。
③ 钟心煊（1892—1961），字仲襄，江西南昌人，植物学家。
④ 戴芳澜（1893—1973），字观亭，湖北江陵人，真菌学家、植物病理学家。
⑤ 陈焕镛（1890—1971），字文农，祖籍广东新会，生于香港，植物学家。
⑥ 葛敬中（1892—1980），字运城，浙江嘉兴人，蚕业教育家、企业家。
⑦ 涂羽卿（1895—1975），湖北黄冈人，物理学家、教育家。
⑧ 陆志韦（1894—1970），又名保琦，浙江吴兴（今湖州）人，心理学家、语言学家、音韵学家。

理事会第 22 次会议记录（1924 年 5 月 25 日）

二拾二次理事会

五月二拾五号在孙宅开会。

到会者：过探先、孙洪芬、任叔永、王季梁、柳翼谋、竺可桢。

（一）补推曹梁厦出席名嗣〔词〕审查会医学组，胡经甫出席动物组。

（二）通过普通社员吴文利①、仲社员丘畯②。

（三）交通部、财政部已允拨与二等免票八拾张，为本社外埠社员赴会之用，但须开具人名、来往地点。

结果：推书记开列名单。

（四）科学名嗣〔词〕【审】查会函本社，要求津贴一千元，以弥补教育部停止津贴之款。

讨论结果：推曹梁厦与科学名嗣〔词〕审查会直接接洽。

（五）电灯公司函索电费。

议决：以后按月付款，旧账委托茅唐臣君疏通。

（六）美国退还赔款事，科学社应设法与闻将来赔款之用途。

结果：推任叔永君于本星期三以前往北京与美国公使接洽。

过探先、王季梁、竺可桢

---

① 吴文利（生卒年不详），字炳辉，广东新会人，化学家。
② 丘畯（生卒年不详），字宝畴，广东平远人，生物学家。

理事会第 23 次会议记录（1924 年 6 月 7 日）

二拾三次理事会

六月七日下午五时在社所图书馆开会。

开会到者：任叔永、杨杏佛、竺可桢、过探先、柳翼谋、王季梁、胡刚复、秉农山及年会娱乐委员会涂羽卿、胡润德。

（一）关于英美各国退还赔款事，本社决定发表宣言，推定任叔永、胡刚复、杨杏佛三君为委员，草拟宣言。

（二）年会新闻急应登入沪上中外各报，自本星期起即应每周送登新闻，当推定年会新闻委员杨杏佛、王季梁、竺可桢。

（三）本社装置无线电接收机，官厅方面已有许可之意，应即着手建设，当推定张贡九、方子卫、胡刚复、周子竞、李熙谋[①]五人为装设无线电委员。后又加入朱其清[②]。

（四）本社社章有应修改之处，当推杨杏佛、胡明复、王季梁、任叔永、竺可桢五人为修改【社】章委员，拟定修改草案，提出年会。

（五）理事会与年会娱乐委员会协商，将娱乐移至七月二日晚举行。

过探先、杨铨、王季梁、竺可桢

---

① 李熙谋（1896—1975），字振吾，浙江嘉善人，电机工程学家。
② 朱其清（1898—1973），上海人，电机工程学家、无线电专家。

理事会第 24 次会议记录（1924 年 6 月 20 日）

六月念号下午七时在社所开第二拾四次理事会及年会展览委员会及招待委员会。

到者：胡刚复、任叔永、秉农山、杨杏佛、徐韦曼、过探先、竺可桢、王季梁、赵石民。

（一）通过美国分社介绍袁祥和①、赵学海②、汪英宾③、潘履洁④、朱世明⑤、陈广沅⑥、李祥亨⑦、钟相青⑧、吴毓骧⑨九人为普通社员。

（二）改正年会指南，论文宣读改在三日，四日上午社务由两次增至三次，改在二、三、四日下午举行。

（三）钟心煊君新出《中国灌木及树之目录》*A Catalog of Trees and Shrubs of China* 一书，与钟君商酌由科学社出名出版。

---

① 原文有误，应为袁和祥。袁和祥（生卒年不详），河北唐山人，电机工程学家。
② 赵学海（1898—1943），字师轼，江苏无锡人，化学家。
③ 汪英宾（1897—1971），字省齐，安徽婺源人，新闻学家、书画家、社会活动家。
④ 潘履洁（生卒年不详），江苏吴县（今苏州）人，化学家、电化学专家。
⑤ 朱世明（1892—1965），字季煌，湖南湘乡人，机械工程学家。
⑥ 陈广沅（1898—？），字赞清，江苏江都人，机械工程学家、铁路专家。
⑦ 李祥亨（生卒年不详），字以卜，河北宁晋人，机械工程学家。
⑧ 钟相青（生卒年不详），字幼诚，湖北汉川人，经济学家、统计学家。
⑨ 吴毓骧（生卒年不详），福建闽侯人，电机工程学家。

理事会第 25 次会议记录（1924 年 7 月 2 日）

七月二日在扫叶楼①开第二十五次理事会。

到者：任叔永、胡敦复、胡明复、胡刚复、丁在君（主席）、方子卫、宋梧生、王季梁、翁咏霓、杨杏佛、周子竞、竺可桢（记录）。

议决事件如下：

（一）丁在君君提议：推秦景阳君为调查苏省科学教育及测量经纬度执行委员。社中本年度提出特别预算共三千五百元，以一千元购置仪器，二千五百元为执行委员调查费。

讨论后一致通过。

（二）对于美国赔款各方面均发有宣言或意见书，本社为国内有数学术团体，对于此事似应有所表示。大多数意见均以本社宣年〔言〕中应先将支配赔款用途原则说明，然后进而述组织中美委员之方法，则将来委员会即可依原则支配款项，由丁在君君推杨杏佛君起草作一宣言，由理事会通过发表。

---

① 扫叶楼位于南京清凉山公园内，是明末清初画家、诗人龚贤的故居。

理事会第 26 次会议记录（1924 年 7 月 6 日）

七月六日在社所开第二拾六次理事会。

到者：丁在君、翁咏霓、何奎垣、胡敦复、胡明复、胡刚复、王季梁、杨杏佛、过探先、任叔永（主席）、竺可桢（记录）。

（一）前次社务会中司选委员所报告新当选理事票数未曾有确实之数目，今日请司选委员重数票数，作确实之报告。

（二）科学教育委员会除去年所推定王季梁、张子高、秦景阳、饶树人、秉农山、翁文灏、胡刚复七君外，再添推叶企孙①、赵石民、任叔永三君为委员。

（三）推定叶企孙、秦景阳二君为科学教育执行委员，叶君主编辑，秦君主调查。

（四）议决：社中设立征求委员会，物色新社员入社，推定上海沈星五②君、广东邓植宜③君、南京杜光祖④君、北京李思广⑤君。

（五）年会中社员张鸿年君提议设立职业介绍部，同时美国分社书记钱昌祚君亦以回国社员往往乏相当介绍机关，嘱总社注意。

当决定：于杂志上登一广告，凡各校如需相当科学人才，本社可为介绍，并嘱书记分头接洽。

（六）秉农山君提议：社中购买装钉〔订〕书籍杂志机器。

讨论后通过，在预算范围以内，社中着手办理装钉〔订〕图书、制幻灯影片及扩充制造标本室各事。

（七）议决：除原有预算外，本社每年补助编辑部洋一千二百元，作为编辑部特约论文之酬资，如著者不愿受酬，则送给该论文之单行本。印刷单行本之费，亦在一千二百元之内。

（八）司选委员何奎垣君报告最后所数各理事票选之结果，计：

任叔永君七十三票。

丁在君君六十七票。

胡刚复君六十六票。

---

① 叶企孙（1898—1977），原名鸿眷，字企荪，又作企孙，上海人，物理学家、教育家。
② 沈奎（生卒年不详），字星五，化学家、物理学家。
③ 原文有误，应为邓植仪。邓植仪（1888—1957），字槐庭，广东东莞人，土壤学家、教育家，时任广东大学农科学院院长。
④ 杜光祖（1898—1982），江苏无锡人，机械工程学家。
⑤ 李思广（生卒年不详），字集甫，安徽石棣（今黄山）人，银行学家。

秉农山君六十三票。

周子竞君三十一票。

胡先骕君三十一票。

本年有五人当选，周、胡二君票数相等，但前次社务会拈阄，由胡君拈得，则胡君为当选矣。

理事会第 27 次会议记录（1924 年 7 月 14 日）

七月拾四日下午七时在社所开念七次理事会。

到者：王季梁、胡刚复、任叔永、秉农山、过探先、杨杏佛、竺可桢、孙洪芬（竺代）。

（一）通过陈去病①君为普通社员。

（二）杨杏佛君报告：为交涉社所永远归社有事，与官产处处长曾孟朴②君商定两种办法：（甲）请军、民两长电财政部，拨社所为本社所有；（乙）由两长拨给社所与本社，同时往财政部备案。

讨论后结果：请曾君酌量进行。

（三）杨君又报告：科学社门前田亩已经丈量，计郑姓田乙百六十五方（实际一百八十七方）、荡五十二方；顾姓地四十九方、荡三拾七方。地价每方五元五角，荡价每方二元七角五（即折半算），计共价洋一千四百二十一元五角。

讨论后通过。

（四）年会中美国人葛拉布教授来宁，除车马费已由本社付给外，尚有津浦来往车费及惠龙旅馆膳宿费计共洋九十六元，已由刘季辰君垫付。

讨论结果：以葛拉布君本为社员，本社本不应为付到年会各项费用，但为通融办理起见，本社认付半数，其余四十八元请地质调查所拨付。因渠此次来宁，于地质调查亦不无关系也。

（五）方子卫君交来无线电计划书，在沪、宁两处设立接收所，所需费四千元。

讨论后结果：以计划交无线电委员会酌量进行。

（六）推定李熙谋、杨允中、杨季璠③、周仁、裘维裕④、叶企孙六君为整理电机名嗣〔词〕草案委员，以李君为委员长。

---

① 陈去病（1874—1933），乳名庆林，后易名去病，字佩忍，号巢南、垂虹亭长，江苏吴江人，文学家、政治活动家。
② 曾朴（1872—1935），谱名朴华，初字太朴，后改字孟朴，号铭珊，笔名"东亚病夫"，江苏常熟人，时任江苏官产处处长。
③ 杨肇燫（1898—1974），字季璠，别号寄凡，四川潼南人，物理学家、教育家、编译家。
④ 裘维裕（1891—1950），字次丰，江苏无锡人，物理学家、教育家。

理事会第 28 次会议记录（1924 年 7 月 25 日）

七月念五日在社所开第廿八次理事会。

到会者：过探先、杨杏佛、任叔永、王季梁、竺可桢。

（一）通过高均①、叶良辅②、卢伯③三君为本社普通社员。

（二）袁观澜先生为奔走改进社、本社及教育联合会本年年会各路车票免票事，合共垫付川资二百余元，嘱本社担认一部分。当以本社所得免票较少，议决担认七十元。

（三）科学名词审查会函询，本社执行部代表是否仍推曹梁厦君。当议定仍推曹君代表。

又，名嗣〔词〕审查大会议决，因教育部停止津贴，由各团体担任名嗣〔词〕审查会每年百元为维持费。讨论后通过。

至于该会来函所询自九年度起每年担认十五元之合组费，议决询沪上曹梁厦君再定。

（四）秦景阳君来函辞苏省科学教育调查及测量经纬度委员。

讨论后议决：另方物色人才。

---

① 高均（1888—1970），字君平，号平子，江苏金山（今属上海）人，天文学家。
② 叶良辅（1894—1949），字左之，浙江杭县（今杭州）人，地质学家。
③ 卢伯（生卒年不详），字平长，江苏泰县（今泰州）人，矿冶学家。

理事会第29次会议记录（1924年8月1日）

八月一日下午七时在社所开理事会（第二拾九次）。

到者：王季梁、秉农山、竺可桢、杨杏佛、过探先、任叔永。

（一）通过徐厚孚（渊摩）①、马寅初②二君为本社普通社员。

（二）推定周（子竞）仁君为科学名词审查会基金监督团本社代表。

（三）今春本社所拟各项发展苏省科学计划急待进行，当议定函秦景阳君，嘱其推荐测量经纬度相当人物。

（四）通过自本年秋季起延聘专员接洽本社募捐、赴外演讲，并为发展苏省科学计划执行委员，暂定酬劳以每月二百元为限。

（五）决定发表杨杏佛君所拟之本社对英美退还赔款用途之宣言。

---

① 徐渊摩（1894—1968），字厚孚，徐韦曼之胞兄，江苏武进人，地质学家。
② 马寅初（1882—1982），名元善，字寅初，浙江嵊县人，经济学家、人口学家、教育家。

理事会第30次会议记录（1924年9月12日）

第三拾次理事会九月十二号下午三时在本社社所。

到会者：秉农山、王季梁、杨杏佛、任叔永、过探先、竺可桢。

（一）因时局关系，江苏每月津贴之一千八百元，恐不能依时发给，本社经费不能不向他方设法。本社对于美国退款用途已发有宣言，并于上月推定翁咏霓、秦景阳二君出席于八月十九号北京所开之全国学术团体会议。该会议议决设立基金委员，美国在华代表孟禄①业已赞成中美合组，中国九人、美国五人，全国十五学术团体在京选出中国代表十四人，请政府于其中选择九人。（十四人人名：蔡子民、范源濂②、汪精卫、黄炎培、蒋梦麟③、熊希龄、郭秉文④、张伯苓⑤、丁文江、袁希涛、李石曾⑥、陈光甫⑦、周贻春⑧、穆湘玥⑨。）政府方面减去蔡子民、汪精卫、张伯苓、丁文江四人，而加入顾少川⑩、施肇基⑪、颜惠庆⑫及陈光甫四人。⑬

议决：本社对于政府所选中国方面之美国退还赔款基金委员表示不满，不赞成现任官吏之顾维钧、颜惠庆、施肇基加入其中，主张以票数最多之九人当选。一方面函知北京方面本社出席学术团体会议之代表，一方面函知上海胡明复君，于孟禄抵沪时与之商榷。

（二）教育改进社来函，请于明年暑期与东大洛氏驻华医社及改进社合办科学

---

① 孟禄（Paul Monroe, 1869—1947），美国教育家，1921年首次来华，与中国教育界人士共组中华教育改进社。 1924年9月18日，中美两国人士为管理和利用美国退还的庚子赔款而在北京成立中华教育文化基金董事会（China Foundation for the Promotion of Education and Culture，亦称中华教育文化基金委员会、中华文化教育基金董事会、中华文化教育基金委员会），范源濂为第一任董事长（或称干事长、总干事），孟禄为第一任副董事长。
② 范源濂（1875—1927），又名源廉，字静生，湖南湘阴人，化工实业家范旭东之兄，教育家，南开大学创办人之一，中国科学社赞助社员。
③ 蒋梦麟（1886—1964），原名梦熊，字兆贤，号孟邻，浙江余姚人，教育家。
④ 郭秉文（1880—1969），字鸿声，原籍江苏江浦，生于江苏青浦（今属上海），教育家。
⑤ 张伯苓（1876—1951），名寿春，以字行，天津人，教育家。
⑥ 李煜瀛（1881—1973），字石曾，笔名石僧、真民，河北高阳人，教育家、政治家、文物学家。
⑦ 陈光甫（1881—1976），原名德辉，字光甫，江苏丹徒（今镇江）人，银行家，时任上海商业储蓄银行总经理。
⑧ 周诒春（1883—1958），又名贻春，字寄梅，安徽休宁人，教育家。
⑨ 穆湘玥（1876—1943），字藕初，祖籍江苏吴县（今属苏州），生于上海浦东，棉纺工业家。
⑩ 顾维钧（1888—1985），字少川，江苏嘉定（今属上海）人，外交家、政治家，时任北洋政府国务总理（代理）。
⑪ 施肇基（1877—1958），字植之，祖籍浙江余杭，生于江苏吴江，外交家，时任驻美公使。
⑫ 颜惠庆（1877—1950），字骏人，上海人，外交家、政治家，时任北洋政府内务总长。
⑬ 此处说法有误，陈光甫本来就在上述十四人名单中，无需加入。 最后确定参加中华教育文化基金董事会的第一批中国籍董事为顾维钧、施肇基、颜惠庆、张伯苓、范源濂、黄炎培、郭秉文、蒋梦麟、周诒春、丁文江等十人。

教员暑期研究会。

议决：以本社对于科学教育已拟有计划，拟先在江苏自调查中等学校科学教育入手，无余力出资再与改进社等合办暑校，兼之时局不佳，经费无把握，本社不能加入。

（三）通过朱定祜①君为本社普通社员。

---

① 原文有误，应为朱庭祜。朱庭祜（1895—1984），字仲翔，江苏川沙（今属上海）人，地质学家、教育家。

理事会第 31 次会议记录（1924 年 10 月 3 日）

拾月三号下午七时在社所开第三拾一次会议。

到会者：任叔永、秉农山、过探先、胡刚复、柳翼谋、顾毂成①、王季梁、竺可桢。

（一）通过上官尧登②、麦克乐③二君为正社员。④

（二）秋季理事大会及新旧理事职员交替事应于十月初举行，现因时局关系暂时延期。

（三）顾毂成君报告美国分社对于美国退还赔款接洽之经过。

（四）竺可桢君报告九月廿三号江苏省教育会等四团体在沪公宴孟禄及孟禄即席报告之经过。

---

① 顾毂成（生卒年不详），字戬西，江苏无锡人，机械工程学家。
② 上官尧登（生卒年不详），江西玉山人，生物学家、教育家。
③ 麦克乐（Charles Harold McCloy, 1886—1959），美国体育家，中国科学社外籍社员。
④ 竺可桢于 1925 年 8 月 13 日在此处补加旁注："姚醒黄、罗庆藩二君 Nos 883, 884 大约亦于此时通过。十四、八、十三。可桢"姚醒黄（1894—?），上海人，化学家。罗庆藩（生卒年不详），字椒衍，浙江余姚人，机械工程学家。

理事会第 32 次会议记录（1924 年 10 月 17 日）

拾月拾七号下午七时在图书馆开会(32 次)。

到者：任叔永、赵石民、王季梁、秉农山、竺可桢五人。

（一）通过普通社员胡光焘①、林文庆②、李书田③、郑厚怀④、顾静徽⑤、张润田⑥六君，其中除林君外均由美国转来。

（二）理事大会决定延迟举行，但最迟在寒假期内。

（三）办事员办公时期定为上午九至十二【时】、下午一至五【时】。

---

① 胡光焘（生卒年不详），字寄群，四川广安人，土木工程学家。
② 林文庆（1869—1957），字梦琴，原籍福建海澄，生于新加坡，医学家、教育家、企业家。
③ 李书田（1900—1988），字耕砚，河北昌黎人，土木工程学家、水利学家、教育家。
④ 郑厚怀（1895—1937），字达才，安徽青阳人，地质学家。
⑤ 顾静徽（1900—1983），女，江苏嘉定（今属上海）人，物理学家、教育家。
⑥ 张润田（？—1937），字倬甫，河北滦县人，土木工程学家。

理事会第33次会议记录（1924年11月7日）[1]

拾一月七日下午七时在社所开会。

到会者：秉农山、任叔永、王季梁、柳翌〔翼〕谋、胡刚复、过探先、叶企孙、竺可桢。

（一）通过袁同礼[2]为普通社员。

（二）过探先君报告社中经济状况。

决定：本年度四月以后通知书，向官厅方面催发。

（三）推定胡刚复、秉农山、叶企孙、曹梁厦、周子竞、杨杏佛为请款委员会，拟一计划向中华文化教育基金董事会要求津贴，该计划须于十二月底拟好。

---

[1] 不知何故，原件后来被标记为"32"，但实际上不应为第32次会议记录，而应为第33次会议记录，以下至1926年9月22日的理事会历次会议记录，均依此排序。

[2] 袁同礼（1895—1965），字守和，河北徐水人，图书馆学家、目录学家。

理事会第 34 次会议记录（1924 年 11 月 21 日）

拾一月廿一号下午七时在社所开会。

到者：胡刚复、王季梁、秉农山、过探先、竺可桢。

（一）通过普通社员刘绍禹①、潘光旦②、吴有训③、张元恺④、何运暄、雷光海⑤、李右人⑥、邝寿堃⑦八君。

（二）"科学丛书"第一种谢家荣君所著之《地质学》已出版，商务依照合同送本社念本，惟著者谢家荣君虽已将版权售与本社，本社仍应酌送该书若干份作为报酬。

当议决：酌送谢君十本。

（三）丛书应改良之点须与商务商榷者：

(a) 装钉〔订〕最好用硬壳布面。

(b) 开卷第一页须加 Title Page⑧。

---

① 刘绍禹（1900—1981），名怀锐，四川新津人，心理学家、教育家。
② 潘光旦（1899—1967），原名光亶，又名保同，字仲昂，笔名光旦，江苏宝山（今属上海）人，民族学家、优生学家、社会学家。
③ 吴有训（1897—1977），字正之，江西高安人，物理学家、教育家。
④ 张元恺（1891—1967），字舜举，山西汾阳人，心理学家、教育家。
⑤ 原文有误，应为雷海宗。雷海宗（1902—1962），原名得义，字伯伦，河北永清人，历史学家。
⑥ 李右人（生卒年不详），字幼诚，江苏无锡人，机械工程学家。
⑦ 邝寿堃（1898—1990），广东台山人，采矿专家、教育家。
⑧ 书名页。

理事会第35次会议记录（1924年12月5日）

民国十三年十二月五号下午七时在社所开会。

到者：任叔永、过探先、王季梁、胡刚复、竺可桢。

（一）通过黄晃①、邝嵩龄②为本社普通社员。

（二）本社社所所保火险于本月拾二号满期，当议决仍照前订条件继续一年。

（三）议决：于寒假中开理事大会。

（四）本年度经费通知书虽已发到三月，但实际取到者尚只一千八百元，银行不肯发款，通知书等于废纸，故决定推过探先、竺可桢二君于明日见韩省长，商拨经费以资维持。

---

① 黄晃（生卒年不详），广东台山人，农学家。
② 邝嵩龄（生卒年不详），广东香山（今中山）人，农学家。

理事会第 36 次会议记录（1924 年 12 月 19 日）

十二月十九日下午六点半在社所开理事会。

到者：秉农山、胡刚复、过探先、王季梁、竺可桢。

通过陈汉卿①、任嗣达②二君为本社普通社员。

---

① 原文有误，应为陈汉清。陈汉清（1898—1987），名嗣业，以字行，浙江定海人，法学家。
② 任嗣达（生卒年不详），字稷生，云南昆明人，经济学家。

理事会第 37 次会议记录（1925 年 1 月 9 日）

民国拾四年纪事

一月九日下午五时在社所开会。

到者：任叔永、秉农山、王季梁、叶企孙、过探先、柳翌〔翼〕谋、竺可桢。

（一）通过美国分社转来新社员沈在善、江元仁、李家骥、夏彦儒、杨汝梅①、高长庚、李育、季警洲、黄景康、萨本栋②、余子明、李运华③、王瀚④、吴贻芳⑤、任倬、刘剑秋、王禹俩、郑世蘷⑥、陆启先等十九人为本社社员。

（二）会员高铦⑦来函退出本社，结果照准。

（三）过探先君报告社中经济状况。

（四）讨论向中华教育文化基金董事会请款问题，当以该委员会在五月间支配款项用途，而孟禄于本月十六抵沪，届时当开一预备会，本社急应将计划拟就。决请各委员从速草定计划。

---

① 杨汝梅（1899—1985），字众先，河北磁县人，会计学家。
② 萨本栋（1902—1949），字亚栋，福建闽侯人，物理学家、电机工程学家、教育家。
③ 李运华（1900—1971），广西贵县人，化学家、教育家。
④ 原文有误，应为王之翰。王之翰（生卒年不详），字君幹，直隶（今河北）丰润人，工程学家。
⑤ 吴贻芳（1893—1985），女，号冬生，原籍江苏泰兴，生于湖北武昌，生物学家、教育家、社会活动家。
⑥ 郑世蘷（1901—1982），字虞生，安徽广德人，机械工程学家、电力专家。
⑦ 高铦（生卒年不详），化学家。

理事会第38次会议记录（1925年2月14日）

民国拾四年二月拾四号下午六时在科学社社所开会。

到会者：秉农山、胡刚复、任叔永、过探先、王季梁、赵石民、竺可桢。

（一）江苏官产处二月二日来函转致财政部训令，本社社长呈请将文德里社所改为永远营业，核与定案仍难变通，应准租用，期满续租四年，仍免租金云云。

议决：函复官产处，声明该函已接到（民国十八年满期）。

（二）南京国民会议促成会筹备处函请本会加入。

议决：暂缓答复。

（三）生物研究所助理王家楫①赴美游学，聘请东南大学三年级生张椿龄②为生物研究所助理。

（四）议决：以后社中所雇请之职员，每年得请例假一月，如有特别事故，至多不得过六星期。

（五）金陵大学农业特科主任章君之汶（鲁泉）③著《植棉学》书稿一册，由过君探先介绍，欲作本社"科学丛书"出版。

讨论结果：请本社社员王君善佺④审查，如有出版之价值，应请章君先入社为本社社员。

（六）议决：本社文牍白伯涵自本年二月起月薪增至每月三拾五元。

（七）议决：函询丁在君君本社对于英国退款办法应取之态度。

---

① 王家楫（1898—1976），乳名德璋，号仲济，江苏奉贤（今属上海）人，动物学家。
② 张椿龄应为张春霖。张春霖（1897—1963），字震东，河南开封人，鱼类学家、教育家。
③ 章之汶（1900—1982），字鲁泉，安徽来安人，农学家。
④ 王善佺（1895—1988），字尧臣，四川石柱人，农学家。

理事会第 39 次会议记录（1925 年 3 月 26 日）

三月念六号下午三时在社所开理事会。

到者：丁在君、胡刚复、秉农山、任叔永、王季梁、竺可桢。

（一）本年年会地点暂定北京，于八月下旬举行。

（二）苏省津贴通知书虽发至去年九月，但除去年年底先后领到二千六百元以外，今年仅在交通银行支取三百元，以致经济极为拮据。

议决：请过探先、竺可桢二君往见韩省长，请共转致银行拨给。

（三）章鲁泉君所著之《植棉学》，决作为"科学社丛书"出版，但须章君入社，并须将书中所有序除自序外概行删去。

（四）本年年会如在八月举行，离今不过四月，急应催促司选委员会着手进行。

（五）生物研究所著作品为向教育文化基金委员会请款起见，急应出版。

议决：与商务印书馆交涉，由社中酌量出费，但须于六月以前印就。

理事会第 40 次会议记录（1925 年 4 月 10 日）

四月拾号下午七时在社所开理事会。

到者：王季梁、秉农山、任叔永、竺可桢、胡刚复、过探先。

（一）通过美国分社转来林继庸①、潘慎明②、顾翌东③、谢玉鸣④、王箴⑤、周志宏⑥、李之常、赵修鸿、钟利、张江树⑦、杨风十一人为普通社员。

（二）决定本年年会于阳历八月廿三号至廿七号在北京举行。

（三）议决：在上海《申报》《新闻报》及北京《晨报》登广告，通知社员如有愿提出候选理事者，须依社章于年会三个月以前提交司选委员。

（四）去年大会修改社章，以人数不足，且依章须于开大会以前两个月通告社员，否则须通讯表决，此两层亦未办到，故所修改者尚不能发生效力，今年尚须重新提出。

当议决：于原有委员杨铨、胡明复、任鸿隽、竺可桢、王琎五君外，再加入胡刚复、过探先二君，将社章应修改之处重新厘定，于年会开会两个月以前通知各社员。

（五）本社请款计划须于六月以前交教育文化基金委员会，急应将中英文均行拟就。

议决：请胡明复、曹梁厦、周子竞诸君在沪上先将中文计划于本月拟就，同时并催生物研究所之报告、图书馆所编之中西文书籍目录从速编就，以便付印。

---

① 林继庸（1897—1958），号仲庸、荷达，广东香山（今中山）人，化学家。
② 潘慎明（1888—1971），江苏吴县（今苏州）人，生物化学家、教育家。
③ 原文有误，应为顾翼东。顾翼东（1903—1996），名大荣，江苏吴县（今苏州）人，化学家。
④ 原文有误，应为谢玉铭。谢玉铭（1893—1986），字子瑜，福建晋江人，物理学家、教育家。
⑤ 王箴（1899—1994），字铭彝，江苏江阴人，化学家、教育家。
⑥ 周志宏（1897—1991），字伟民，江苏扬州人，冶金学家、教育家。
⑦ 张江树（1888—1989），字雪帆，江苏常熟人，物理化学家、教育家。

理事会第41次会议记录(1925年4月22日)

四月念二日下午四时在社所开会。

到者:任叔永、王季梁、秉农山(竺代)、杨杏佛、过探先、胡刚复、竺可桢。

(一)本城青年会于本星期六行新屋奠基典礼,邀派代表出席。

决推王季梁君前往与会。

(二)本年年会地点、时期业已指定,年会委员急须推定。

当推定翁文灏、丁在君、丁燮龄[①]、张轶欧、饶树人五君为年会委员,以翁君为委员长,将来函嘱年会委员指定各股委员时,加入宋梧生、叶企孙二君。

(三)美国赔款请款事急不容缓,函催上海急速进行。

---

① 原文有误,应为丁燮林。丁燮林(1893—1974),又名西林,字巽甫,江苏泰兴人,物理学家、剧作家。

理事会第 42 次会议记录（1925 年 5 月 8 日）

五月八日下午七时在社所开会。

到者：任、过、秉、竺。

（一）通过留美社员郑泗君为本社正式社员。

（二）中国名辞〔词〕审查会函告，本年度定于七月五号起在杭州开会，请本社推定各组代表。

当推定各组代表如下：

有机化学、生理化学、药理学组：曹梁厦、沈溯明①、吴谷宜三君。

植物学组：钱雨农、戴芳澜、陈宗一②三君。

动物学组：陈席山、郑章成二君。

算学组：姜立夫、段抚群、熊迪之③三君。

外科组及生理组：吴谷宜君。

（三）中美文化教育基金委员会已定于六月五日在京开会，本社计划急应拟就，现时各种报告均在沪上。

议决：派竺君可桢赴沪征求意见，集合各方材料拟定一计划，同时并向商务印书馆催其赶印报告，最迟于本月底印好。

---

① 沈溯明（生卒年不详），浙江吴兴（今湖州）人，化学家、教育家。
② 陈嵘（1888—1971），字宗一，祖籍福建漳州，生于浙江安吉，林业学家、教育家。
③ 熊庆来（1893—1969），又名庆莱，字迪之，云南弥勒人，数学家。

理事会第 43 次会议记录（1925 年 5 月 16 日）

五月十六号下午七时在社所开会。

到者：秉农山、王季梁、过探先、任叔永、叶企孙、竺可桢。

（一）通过孟心如①、祁天锡②二君为普通社员。

（二）北京欧美同学会（会所南河沿二十五号）函请交换招待社员办法，凡本社社员往北京者可以两星期为限，享欧美同学会会员之权利；北京欧美同学会会员来宁，本会亦照办。

议决：照准。

（三）通过本社发展计划，计分三部：研究所、图书馆及科学教育部。

（四）讨论修改章程，由修改章程委员会起草，通告社员。

（五）决定推任叔永、竺藕舫二君于明日往见本社社董马相伯③先生。

---

① 孟心如（1903—1947），江苏武进人，化学家。
② 祁天锡（Nathaniel Gist Gee，1876—1937），美国生物学家，时任洛克菲勒基金会（又称罗氏基金会）中华医学董事会（China Medical Board of the Rockefeller Foundation）医预科教育顾问，中国科学社外籍社员。
③ 马良（1840—1939），原名建常，学名斯臧，字相伯，又作湘伯、芗伯，江苏丹阳人，教育家。

理事会第44次会议记录（1925年5月20日）

五月二拾号下午四时在社所开会。

到者：任叔永、叶企孙、王季梁、过探先、竺可桢、秉农山。

（一）北京新成立之中国教育学术团体联席会议议决，发宣言反对日本文化侵略政策，函征本社同意。

当议决：本社赞成此等宣言，列名加入。

（二）正式通过本社发展中国科学计划书，即日交锡成公司印刷。

（三）推定翁咏霓、丁在君、任叔永、胡明复、秦景阳、杨杏佛、竺可桢为年会会程委员，翁文灏、秉农山、曹梁厦三君为论文委员。

理事会第45次会议记录（1925年6月5日）

六月五日下午八点半在社所开理事会。

到会者：叶企孙、胡刚复、秉农山、王季梁、过探先、任叔永、竺可桢。

（一）通过卢景肇①君为本社社员。

（二）本社社员向哲濬②君在美国假耶卢③学校教授名义向艮〔银〕行借款，发觉拘狱，现将被遣回国，由美国分社书记曾昭抡④君报告。

当议决：以与本社名誉攸关，依照社章第十五条将向君除名。

（三）南京方面代理会计过探先君将于两星期内赴蒙古调查农业，于年会时始克东返，此间会计事务不可无人维持，当推叶企孙君为代理会计。

（四）中美文化教育基金董事会在津应于今日开会，本社请求津贴事虽有社长丁在君先生可为代表，但以丁君亦为董事之一，未便多说话，故议决：电丁君询问，如需派专人与会，当即派人北上。

---

① 卢景肇（生卒年不详），字季始，广东顺德人，化学家。
② 向哲濬（1892—1987），原名哲文，别号明思，湖南宁乡人，法学家。
③ 耶卢即耶鲁，向哲濬曾在耶鲁大学就读。
④ 曾昭抡（1899—1967），字隽奇，又字振鍫（一说振馨），号俊奇，又号叔伟，湖南湘乡人，化学家、教育家。

理事会第 46 次会议记录（1925 年 6 月 19 日）

六月拾九日下午四时在社所开理事会。

到者：任叔永、王季梁、叶企孙、过探先、竺可桢。

（一）通过熊祖同①、黄俊英②二君为本社社员。

（二）修改社章草案业已印好，于月内发出，以期在本年年会讨论。

（三）美国分社无线电委员会倪尚达、张绍忠、周兹绪三君提议在南京社所设立无线电台，开办费定美金一千元，百分之六十在国内募集，百分之四十在美国募捐。

议决：请叶企孙君召集南京方面于无线电素有研究者讨论办法。

（四）竺可桢君报告：董事马相伯先生于六月十七【日】晨八点三十分来社参观，以时间匆促，不及通知各职员，当日招待者为秉农山、胡刚复及竺可桢三君，在生物研究所阅览一周，于十点左右即离社，日后当再来云。

（五）年会委员长翁文灏君以年会定在八月二十三【日】星期日开始诸多不便，决定请其酌斟更改。

（六）议决：请任叔永君于下星期内往晤邓邦造政务厅长，接洽社款。

---

① 熊祖同（生卒年不详），四川成都人，化学家。
② 黄俊英（生卒年不详），字子硕，福建兴化（今莆田）人，化学家。

理事会第47次会议记录（1925年6月28日）

六月廿八日下午五时在社所开理事会。

到者：秉农山、竺可桢、任叔永、王季梁、叶企孙。

（一）通过美国分社介绍庄秉权、林天骥、华凤翔①三君为本社社员。

（二）本届本社所推出席科学名嗣〔词〕审查会诸人，一切来往旅费照例应由社中担负，现因省中津贴不发，社款支绌，所有费用拟请各人暂时垫付。

（三）美国分社建议在南京本社社所设无线电台。

议决：推定李熙谋、方子卫、叶企孙、朱其清、胡刚复五君为建设无线电台筹备委员会【委员】，以李君为委员长。

（四）今日上午过探先、竺可桢二君往晤省长郑鸣之②、教育厅【长】蒋竹庄及省署第三科科长朴仲厚，始悉苏省津贴本社经费每月二千元（九折一千八百元），已于前次政务会议时指定缓发，但同时指定缓发之职业教育社津贴，与指定取消之自治学院经费，则已拨归教育经费管理处得一着落，似急应设法。

议决：通知各理事磋商办法。

---

① 华凤翔（1897—1984），字毅如，天津人，造船、航空工业学家。
② 郑谦（1876—1929），字鸣之，号觉公，江苏溧水人，时任江苏省长。

理事会第 48 次会议记录（1925 年 7 月 18 日）

七月十八号下午五时在社所开理事会。

到者：任叔永、杨杏佛、秉农山（竺代）、竺可桢。

议决事项如下：

（一）通过美国分社转来社员曹凤山、贺闿。

（二）本社经费据政务厅长邓邦造复任叔永先生函谓，已陈明省长转行财、教两厅，会同江苏教育经费管理处妥议复夺云云。

议决：函财、教两厅，请依职业教育社津贴费前例，拨归教育经费管理处。

（三）本社社长自津来函谓，尚志学社有津贴费本社生物研究所二千元。

议决：交会计胡明复君。

（四）本社年会在即，急应函丁在君君，嘱熊秉三先生接洽津浦各路来往免票事。

（五）嘱无线电委员会指定宣传委员及筹款委员。该委员提议本社呈明中央政府准人民以递传无线电音息及向外洋购买无线电之便利。即嘱委员会拟具草案，于大会时提出。

理事会第 49 次会议记录（1925 年 8 月 25 日）

八月二十五号下午五点半在北京中央公园来今雨轩①开理事会。

到者：任叔永、秦景阳、丁在君、秉农山、胡明复、赵元任②、王季梁、竺可桢（记录）。

（一）通过钱保琮③、顾翌群④、邓传、章元善⑤、白敦庸为本社社员。

（二）丁在君提议将编辑部移往北京，推任叔永为编辑部长，并推定秉农山、王季梁、赵元任、竺可桢、翁咏霓、叶企孙、叶元龙⑥、鲍国宝八人为编辑员。

讨论结果：以向例编辑部员由社务会推举，部长由部员选举，丁君提议须提出二十七号社务会讨论。

（三）目前投稿《科学》杂志者，不特无酬劳，且单行本亦多有要求而不能照办，同时不出社费之社员则仍源源接有《科学》杂志，当由竺可桢君提议办法两条：

（甲）凡社员不纳社费满一年者，于寄《科学》杂志时通知该社友，如不纳社费则将杂志停寄，发信后一月中如仍不将所欠社费缴清，则即实行停寄。

（乙）依近年统计，社友纳费者不达二百人，《科学》杂志由商务印刷，每期送与本社三百份，是则除分送出社费之社友外，如厉行第一项办法，尚可多一百份，该一百份即印成单行本，五十份送给著者，其余五十份留存社中。

以上两项办法讨论后通过。

---

① 来今雨轩是北京中央公园（后改称中山公园）内的茶楼和饭馆。
② 赵元任（1892—1982），字宣仲，又作宣重，原籍江苏阳湖（今属武进），生于天津，语言学家、哲学家、作曲家。
③ 原文有误，应为钱宝琮。钱宝琮（1892—1974），字琢如，浙江嘉兴人，数学史家、教育家。
④ 原文有误，应为顾翊群。顾翊群（1900—1992），字季高，江苏淮安人，银行学家。
⑤ 章元善（1892—1987），字彦驯，江苏苏州人，慈善家。
⑥ 叶元龙（1897—1967），乳名桐，又名卫魂，安徽歙县人，经济学家、教育家。

理事会第 50 次会议记录（1925 年 9 月 6 日）

九月六日在南京社所开理事会（中午十二时）。

到者：王季梁、过探先、杨杏佛、竺可桢。

（一）通过社员金绍基①、孙云铸、袁复礼、邹邦元、陈传瑚②、王元康（美）、冯树铭（美）、袁丕烈（美）。

---

① 金绍基（1886—1949），字叔初，又作叔础，号南金，浙江吴兴（今湖州）人，地质学家、实业家。
② 陈谨庸（生卒年不详），字传瑚，化学家。

理事会第 51 次会议记录（1926 年 2 月 18 日）

十五年二月十八日下午三时在上海福州路振华旅馆 143 号开理事会。

到会者：过探先、胡步曾、王季梁、胡明复、杨杏佛、竺可桢（记录）。

议决事项如下：

（一）教育改进社、中华职业教育社与本社在苏省国库项下均得有津贴，但依据报载，截至本年一月二十二号为止，三社所得数目按照预算额有出入，计改进社得原预算百分之二七•二七，职教社得百分之二四•七九，而本社仅得原预算之一六•六六。三社性质相同，而拨款时显分轩轾。当由过探先君提议：由社中函陈陶遗①省长及教育经费管理处钟叔进君，嘱将以前欠款及以后经费均须按照成分拨给，并推杨杏佛君往见陈省长面达一切。

讨论后一致通过。

（二）阳历去年十二月间任叔永君提议：推王季梁君为本社干事，月薪乙百元，驻宁管理图书馆及编辑《科学》杂志事，同时王君可以在他校兼课。当通讯函各理事表决，已得大多数同意。

过探先君以社务纷繁，非有专人办理不可，且熟计本社经费颇有把握，故提议聘王季梁先生为本社总干事，作为专任职，月薪二百四十元。

讨论后议决：兼任、专任两种办法，由王君自择。王君允于一星期后答复。（王季梁君已允依兼任办法主持社务。）

（三）秉农山君自厦来函提议：聘东大毕业生欧阳翥②为图书馆管理员，月薪二十五元。

当由过探先、胡步曾二君说明，欧阳翥近日已应东大附中之聘，图书馆事恐不能兼顾，此议案遂打消。

（四）翁咏霓君自北京来函谓：清华学校、改进社、洛氏医社等三团体发起于本年暑假中在京办理中等学校科学教员研究会，请科学社加入团体，渠与任叔永、赵元任二理事商榷后应允加入，请理事会追认。

讨论后通过。

（五）本社与商务订有契约，编辑"科学丛书"。本社得百分之十五版税，但著作

---

① 陈公瑶（1881—1946），更名剑虹，字陶遗，又作陶怡、淘夷，号道一，江苏金山（今属上海）人，时任江苏省长，中国科学社赞助社员。
② 欧阳翥（1898—1954），字铁翘，号天骄，湖南望城人，生物学家、神经解剖学家。

人版税若干向无明文。

当议决：著作者应得百分之十五。

（六）本社生物研究报告，向例社员须照价购买，竺可桢君提议，为优待社员起见，凡社员购买生物研究所报告，应得折扣。

讨论后议决：

（a）凡社员直接向社中购买生物研究所报告，照定价五折，但以一份为限。

（b）生物研究所报告每种送著作者五千份。

（c）如国内外学者或团体因交换出版品或他种关系，著作者认为应赠送，可提出研究所出版委员会通过后，由社中赠与。

理事会第52次会议（理事大会）记录（1926年3月15日）

民国十五年理事大会记录

三月十五号上午十时一刻在南京社所开会。

到会者：翁咏霓（主席）、王季梁、胡步曾、胡明复、杨杏佛、过探先、竺藕舫（记录）。

议决事如左：

（1）本社本年年会地点，虽在北京年会时曾经一度之商榷，但未经决定，是以急应选择地点、时间。

讨论后决定在广州举行，如因时局关系广州地点不便举行，则临时可改至杭州举行，期间决定在阳历八月底九月初。

推定本年年会委员汪精卫、孙哲生①、张君谋、黄昌榖②、邓植仪。

（2）本社图书馆藏有旧杂志，急应装订，由胡刚复君书面介绍曾任职上海义兴印刷所之周梅根君堪以充任，惟须先由社派周君往上海商务印书馆学习装订两三月后来图书馆任职。

当推竺可桢君与商务方面接洽，周君薪水由图书馆主任酌量数目，交理事会通过。

（3）国际植物学会本年夏间在美国绮色佳③城开会，胡步曾提议派美国芝加哥大学植物科博士张景钺④代表本社出席。

讨论后决定：如国际植物学会已有正式公函致我国政府邀请与会，则由本社呈请政府指派张君，若无此等公函，则由社中函请张君代表本社出席，并请翁咏霓君赴教育部调查是否接有此等公函。

（4）翁咏霓君报告去年年会所推定之联太平洋科学会委员会进行近况，对于动物、植物、地质、气象业已请人预备论文，俾得于九月间提出于该会，并谓最好届时本社能派三人参与该会。

（5）本社社所附近蘧园系梅光远⑤之产业，现有出售之意，如价格相当，本社似

---

① 孙科（1891—1973），字哲生，广东香山（今中山）人，时任广州市长。
② 黄昌榖（1890—1959），字富廷，号诒孙，又作贻荪，湖北蒲圻人，矿冶学家，时任广州国民政府秘书长。
③ 绮色佳（Ithaca），又译倚色佳，现译伊萨卡，位于纽约州，是康奈尔大学所在地，也是中国科学社诞生地。
④ 张景钺（1895—1975），字岘俦，原籍江苏武进，生于湖北光化，植物学家。
⑤ 梅光远（1881—1940），谱名光蕴，字斐漪，又作斐猗，江西南昌人，时任北洋政府教育部国史编纂处处长。

可收买,以为扩充社址地步。

当推定王季梁、杨杏佛、胡步曾三君为委员,调查蓬园状况及售价。

(6) 编辑部与图书馆事应合共添聘一人,月薪以五十元为度,由王季梁君物色。决定社中职员薪水应酌量增加,自本年度阳历七月起月薪如左:

张春霖君五十五元,王凤岐君四十五元,白伯涵君四十元,常继先君三十元,孙维兰君十五元。

(7) 任叔永君提议:本所每年所领江苏省补助费,应向省政府省补助费乃由国库项下指拨,可以无庸向省政府报销。

(8) 本社图书馆主任胡刚复君在沪,无从照拂,代理主任杨杏佛不能常川驻宁,亦难兼顾。

议决:图书馆主任由总干事王季梁君兼任,《科学》杂志总编辑请任叔永君继续担任。

(9) 胡明复君提议,本社关于交换书籍以及布发通告,应制一通讯地址目录(Mailing List),本社出版中英书籍杂志报告等,应制一出版品目录,均由图书馆编纂讨论通过。

十二点散会。(下午记录因事极重要,已另纸征求各理事同意。)①

---

① 所说的下午记录,在原件中并未发现。

中国科学社南京社所图书馆

理事会第 53 次会议记录（1926 年 6 月 4 日）

六月四日下午五时在上海爱多亚路九如里开理事会。

出席理事：任鸿隽、秉志（竺可桢代）、胡先骕、王琎、丁文江、胡明复、杨铨、竺可桢。

议决事项如下：

一、通过张正平①、孙佩章②、林可胜③三君为普通社员。

二、本年科学名词审查会已定于七月三日在上海举行，年会当推定出席代表如下：内科，宋梧生、吴谷宜、周仲琦④；药学，赵石民；植物学，钱雨农、戴芳澜、钟心煊；动物，秉农山、陈席山、胡经甫；数学，姜立夫、胡明复、靳荣禄；生理学，林可胜、蔡无忌⑤。

三、对于中国科学教育提倡不遗余力美国推士⑥博士所著之《科学教授法》，已由本社总编辑王季梁君译成中文，不日在商务出版。去年夏间曾决定在南京开办暑期中等教育科学研究会，后以时局不靖中止，本年夏间在北京清华学校与中华教育改进社等机关开办暑期科学研究会，其详情已见各报。至于苏省科学教育计划，本社早拟有办法，徒以所有经费只供现有事业如生物研究所、科学图书馆、《科学》杂志之用，是以不克举行。现因美国庚款教育文化基金董事会于本年春间议决，拨助款项为本社专事研究生物之用，研究事业得以稍资挹注。调查苏省中等学校科学教育，拟即着手办理进行，办法先自中学师范入手，于数学、物理、化学、动物、植物、矿物、地文、地质、教育、心理、农艺、工艺各科均指定委员商酌办法，然后由委员会派专家轮流赴苏省各属中学师范，考查科学教育之现状及应改良之处。当推定委员如下：（甲）数学部，段抚群、胡明复、何奎垣；（乙）物理部，胡刚复、颜任光⑦、吴有训；（丙）化学部，王季梁、张子高、曹梁厦；（丁）动物部，秉农山、郑章成、蔡无忌；（戊）植物部，胡步曾、过探先、陈宗一；（己）地矿部，竺可桢、丁在君、孙佩章；（庚）教育心理部，朱经农、唐擘黄、董任坚；（辛）工艺部，周子竞、杨允中、杨杏佛；（壬）农艺部，过探先、何尚平、唐启宇。又公推江恒源⑧、徐兰墅⑨两厅长为名誉委员。

---

① 张可光（生卒年不详），字正平，江苏江宁人，矿冶学家。
② 孙多蕙（生卒年不详），字佩章，地质学家。
③ 林可胜（1897—1969），祖籍福建海澄，生于新加坡，生理学家。
④ 周仲琦应为周仲奇。
⑤ 蔡无忌（1898—1980），原籍浙江绍兴，生于北京，兽医学家。
⑥ 推士（George Ransom Twiss, 1863—1944），美国科学教育专家，俄亥俄州立大学教授，中国科学社外籍社员。
⑦ 任颜光（1888—1968），又名嘉禄，字耀秋，广东崖县（今属海南）人，物理学家、教育家。
⑧ 江恒源（1885—1961），字问渔，号蕴愚，别号补斋，江苏灌云人，时任江苏省教育厅长，中国科学社赞助社员。
⑨ 徐兰墅（生卒年不详），江苏崇明（今属上海）人，时任江苏省实业厅长。

四、议决:着手撰编《中国科学史》,分为天文、地学、数学、理化、博物、医药、工程、发明等八章,每章均请专人主持,俟编竣后译成英文,使外人得以洞悉我国古代之科学。

五、万国工艺化学会于本年十月间在比利时京都开大会,来函请科学社派遣出席代表,当以社款支绌,作函婉谢。

六、任鸿隽君报告赴粤接洽本年年会筹备经过情形:在粤委员孙哲生、褚民谊①、张君谋等方在积极筹备此事,已商定借公立医学专门学校招待赴粤社员,该校风景及建筑均为广州各校之冠,又国民政府已议决拨粤币三千元,为招待科学社赴会社员之费用。

七、竺可桢君报告:已将本社发展中国科学计划书译成英文,寄英国赔款委员会,并登上海《大陆报》。

八、议决:购置装订书籍仪器,以一千元为度。

---

① 褚民谊(1884—1946),原名明遗,字重行,浙江吴兴(今湖州)人。

理事会第 54 次会议记录（1926 年 9 月 22 日）

九月廿二日下午六时在本社社所开理事会。

到者：秉志、王琎、过探先、胡先骕、路季讷①（新聘总干事）。

（一）秉志君自九月下旬赴厦门大学组织生物院及动物系之课程，约五个月后返宁，研究所事由胡先骕君照料。此五个月薪水捐入生物研究所为添置设备之用款，归过探先君保管。

议决：照办。

（二）苏省理科指导事，前与教育厅议定，小学一部由教育厅聘人，现吴家煦君（系教育厅聘请担任小学理科指导者）意谓，中小学理科指导不能分开。

议决：仍照原议，中小学理科指导事分开。

（三）联太平洋第三次科举〔学〕会议②东京出席代表，本社推举竺可桢君（文化基金会资助五百元）、沈宗瀚③君（自费）、胡先骕君（本社资助二百元）、吴蕙④君或赵石民君（本社资助二百元）四人。

（四）装订书籍事。

议决：由原委员会与周梅根商定服务条件，至宁就职，所需机件价值一千一百元，照现在经济状况可购。

（五）《科学》编辑员。

除在年会已举出者外，添推任鸿隽君、杨铨君、秉志君、过探先君四人。

（六）理事选举票函邮局查究。

---

① 路敏行（1889—1984），字季讷，原籍江苏宜兴，生于浙江东阳，化学家。
② 即第三次泛太平洋科学会议。
③ 沈宗瀚（1895—1980），字海槎，号克难居士，浙江余姚人，农学家。
④ 原文有误，应为吴宪。吴宪（1893—1959），字陶民，福建侯官人，生物化学家、营养学家。

中国科学社第二任总干事路敏行(季讷)

1926年社员选举理事记录（日期不详）

十五年选举理事记录①

共收到选举票一百〇四张。

开票结果为：任鸿隽84，丁文江80，胡明复75，秉志73，周仁51，何鲁38，胡先骕34，姜立夫29，李仲揆②26，丁燮林23。

故此次当选理事为任鸿隽、丁文江、胡明复、秉志、周仁五人，合旧理事翁文灏、赵元任、竺可桢、杨铨、王琎、过探先共十一人，新聘总干事路敏行照章亦为理事。

---

① 原件后来被标记为"54"，但从内容上看，似不应作为理事会第54次会议记录。
② 李四光（1889—1971），字仲揆，湖北黄冈人，地质学家、教育家。

理事会第 55 次会议记录（1926 年 10 月 2 日）

十五年十月二日下午七时在上海法租界宝德西菜馆开理事会。

出席者：杨铨、周仁、胡明复、竺可桢、王琎（路敏行代）、路敏行。

一、通过中国科学社建设服务委员会细则，于第二条"推举之委员"字下添"至少十二人至多"七字。

各地被推定之委员如左：

北京二人：翁文灏、任鸿隽。

广州二人：孙科、许崇清①。

上海三人：竺可桢、杨端六②、杨铨。

南京一人：路敏行。

英国一人：叶元龙。

欧洲大陆一人：严济慈③。

美国一人：杨念先④。

杨铨为建设服务委员会书记，其余委员以后可络续推举至少一人至多九人。

二、广州生物学院议决由法国科学院与本社合办，本社推定孙科、张乃燕、褚民谊为筹备委员。

三、议决：北京、上海、南京由各该地理事推举常务委员一人，执掌理事会通信事。

上海理事当推定竺可桢。

四、议决：接受王琎捐助编辑部用款四百一十元，作函道谢。

五、十五年度预算暂定如左：

收入：

社员费六百元。

基金利息一千二百元。

国库补助一万七千〇六十四元。

杂收入二百元。

---

① 许崇清（1888—1969），字志澄，又作芷澄，广东番禺人，教育家。
② 杨端六（1885—1966），原名勉，后改名超，小名端六，祖籍江苏苏州，生于湖南长沙，经济学家。
③ 严济慈（1901—1996），谱名泽荣，学名寓慈、济慈，字慕光、华庭，浙江东阳人，物理学家、教育家。
④ 杨念先（1893—1953），字敬堂，山西阳城人，教育家。

共计洋一万九千〇六十四元。

支出：

社所：薪金150元、工食50元、旅费50元、购置20元、工程20元、印刷70元、保险35元、杂支50元，每月共支445元。

上海事务所：薪金20元、邮费30元、杂支10元，每月共支60元。

图书馆：薪金160元、购置20元、书报300元，每月共支480元。

编辑部：薪金160元、文稿酬金50元，每月共支210元。

科学教育：薪金160元、旅费100元、印刷20元，每月共支280元。

理化研究所筹备费50元。

每月总计一千五百廿五元，十二个月共一万八千三百元，余七百六十四元为添筑社屋用费。

预算关系重要，征求未到各理事意见。

理事会第 56 次会议记录(1926 年 10 月某日)

十五年十月理事选举社长及会计记录

理事十二人,共投票十二,结果为:

社长:翁文灏七票,竺可桢三票,任鸿隽一票,秉志一票。

会计:周仁六票,过探先六票。

结果社长应为翁文灏,但十月十三日翁文灏曾有函致理事会声明不愿被选,函各理事征求意见。会计周仁、过探先同票,拈阄决定。

中国科学社理事会第二任会长翁文灏(咏霓)

理事会第 57 次会议记录（1926 年 11 月 21 日）

十五年十一月廿一日下午二时在上海四川路青年会开理事会。

出席者：竺可桢、周仁、杨铨、胡明复、过探先、王琎、路敏行。

一、竺可桢报告：参与第三次泛太平洋学术会议各国人员有转道来华游历者，中国科学社对于此会既代表吾国学术团体，自应予以相当之招待，商务印书馆已允补助一二百金为招待费。

议决：招待费除商务印书馆补助者外，由科学社支付，路君季讷为本社招待员，函请商务印书馆委竺君藕舫代表该馆协同招待。

二、理事会选举事。

议决：函请翁君咏霓就社长职，会计现由过君探先担任，俟明春过君去国后，由周君子竞继任。

三、中华教育改进社来函，请反对日本庚款东方文化委员会事。

议决：中国科学社应依据以前对于英国庚款宣言，发表相类之意见，推杨君杏佛起草。

四、十月廿一日过探先、路敏行所拟之社所规则、物品购置及保管细则、职员任用规则、职员服务规则、管理社役规则、开放研究所规则六种均经正式通过，即函请各主任负责执行。

五、上海购置社所地基事。

推胡君明复、何君尚平、周君子竞为购地委员会【委员】，从速进行。

六、胡明复报告：周梅根对于装订书报技术欠精。

议决：周君梅根技术不精，前议应即取消，另聘技术精熟者充任。

理事会第58次会议（理事大会）记录（1927年2月10日）

十六年二月十日下午二时在南京社所开寒假理事大会。

出席者：竺可桢、任鸿隽、周仁、胡明复、过探先（早退）、秉志、王琎、杨铨（胡明复代）、路敏行。

一、理事会议事细则案。

推路敏行拟定草案，俟下次理事会通过以后，每月各地理事通信均寄社所，油印后分致各理事。

二、科学奖金应即成立案。

推举秦汾、姜立夫、叶企孙、李宜之①、王琎为奖金委员会甲组委员，李四光、唐钺、秉志、竺可桢、胡先骕为奖金委员会乙组委员，由社通信各委员筹备一切，定期宣告成立。

三、本社与中华教育改进社联合发起本年继续开办科学教育暑期研究会案。

议决：续办，推翁文灏、任鸿隽、路敏行为本社委员。

四、调查及刊行英文本中国科学机关及其刊物目录案。

议决：由社拟定格式，寄各机关，调查各机关名称、事业、刊物目录等。

五、刊行英文科学著作提要案。

议决：暂缓。

六、呈请政府设立中国学术研究委员会案。

议决：不呈请。

七、编印本社英文概况及章程案。

通过，并推秉志、王琎、路敏行为委员。

八、速派定工程学会、化学会、科学社美国联会科学社代表案。

推纪育沣②、萨本栋为本社美国分社年会委员，函美通知。

九、本社职员薪水标准案。

议决：新聘职员如为大学毕业者，薪水最高月四十元，最低二十元；非大学毕业者，最高月二十元，最低月十元。至少一年以上。各主任可根据职员之成绩酌加薪水。提出理事会通过。职员如愿读书时，须由各主任核准。加聘职员，须经理事会通

---

① 李协（1882—1938），字宜之，又作仪祉，陕西蒲城人，水利工程学家。
② 纪育沣（1899—1982），字星昀，浙江鄞县人，化学家。

过。辞退职员如不及通过理事会时,须由理事会追认。每年六月底致送各职员聘书并服务规则。

十、自二月起,耿以礼月薪五十五元,叶宏舒月薪五十元,孙维兰月薪二十元,刘其燮十元。

十一、本社图书馆应即装订书报案。

议决:以包工包料为最宜办法,由胡明复购机聘人,各种书面式样由图书馆集齐寄沪。

十二、社员证书及社章均应制定,分寄社员。

十三、各种特别捐款(如秉志、王琎所捐之薪)均归会计管理。

十四、各职员服务时间,规定为上午九时至十二时,下午一时至五时。

十五、周梅根学习装订书籍未曾认真,除已津贴六十元外,不再津贴。

十六、胡先骕提议:今春东南大学植物系入川采集标本,本社如出资八百元加入采集,可得标本全份,此款即由十五年秋间植物部与标本室、实验室薪金杂用项下移拨。又,耿以礼往浙北采集,需款约六百元。

议决:照支,名义上应为东南大学、科学社合采。

十七、动物部入川采集费四百金。

照支。

十八、本年年会地点议决在青岛,不便时在庐山。

十九、本社丛书由商务书馆出版,除送著者规定册数外,应送本社十册,推胡明复与商务书馆接洽。

二十、商务书馆代印《科学》杂志,向章赠送本社三百份外,凡本社订购,每份每年价洋二元五角再打六折,现商务书馆欲加价,每份每年为三元再打六折。

议决:推胡明复与商务书馆接洽,允加价为三元,惟赠送及订购之杂志,均须送交南京本社社所,不另取费。

二十一、推秉志、胡先骕、王琎、过探先、路敏行为社所委员会委员,路敏行为委员会长,委员会细则另定。

二十二、由本社发函调查社员地址、职业,预备介绍职业之用。

二十三、会计、生物研究所主任、总干事报告各部现状。

二十四、通过新社员二十三人。

二十五、通过奉天社友会会章。

理事会第 59 次会议记录（1927 年 9 月 16 日）

十六年九月十六日下午三点在南京社所图书馆开理事会。

出席者：杨杏佛、过探先、秉农山、周子竞、路季讷。

一、推定过探先、秉农山、路季讷为预算委员会委员，起草预算，呈送中央教育机关请求补助。

二、通过路季讷起草之理事会办事细则，以后通信表决时由社所发出明信片，该片上载明议案条数，理事接到后只需写明赞成或不赞成，以省时间。

三、推定任叔永、翁咏霓、赵宣重为北方审查新社员委员会委员，周子竞、过探先、路季讷为南方审查新社员委员会委员。

四、印行科学社月讯，以资联络。

五、上海事务所事务，函请曹梁厦先生指导。

六、上海事务所计划预算，推定朱少屏①、曹梁厦、何尚平、杨杏佛、竺藕舫起草。

七、十六年上半年胡明复理事经手之款项，请胡刚复先生调查。②

八、秉农山、胡步曾两先生，均自八月起支全薪。

九、图书馆馆员暂聘王敬盦先生，月薪四十元，如欲辞职时，须一个月前声明。

十、秉农山先生至厦门采集标本时，应请代理人指导动物部研究。

十一、朱文荣自九月起加薪五十五元，刘其燮九月起十四元。

以上议案后经竺藕舫、王季梁二理事同意。

---

① 朱少屏（1882—1942），名葆康，以字行，上海人，时任寰球中国学生会总干事（或称干事长）。
② 胡明复于 1927 年 6 月 12 日在无锡不幸溺水身亡，年仅 36 岁。

中国科学社理事胡明复遗像

理事会第 60 次会议记录（1927 年 10 月 28 日）

民国十六年十月二十八日下午七点在社所图书馆楼上开理事会。

到会者：竺藕舫、杨杏佛、周子竞、王季梁、过探先、路季讷。

一、议决：派路季讷与南京下关美丰祥①接洽从速装订书报事，暂以五百元为限。

二、关于秉农山致胡步曾函内所提议者，讨论结果如下：（此函由胡步曾交路季讷，嘱提出理事会讨论，函附后。）

（一）照办，惟商务书馆售出图谱时，所得版税应归第四中山大学及科学社均分。

（二）维持原案，仍由八月份起支全薪。

（三）例假仍定六星期。

（四）研究所职员至第四中山大学读书支全薪者，以五学分为限；支半薪者，以十学分为限。

三、任叔永提议：以前在北京募集之奖章基金（一千元尚未满）为数有限，不便制造奖章，改为《科学》月刊悬赏征文之用。

通过，即请以前奖章委员会担任审查论文。

四、粤、汉二地社友至南京者为数不少，尽三星期内开欢迎到宁社友会，并请杨杏佛先与到宁社友接洽。

凡社所内客厅及标本室床铺均须移出，未经本社总干事允许住宿者，请于五日内移出社所。

五、上海事务所具体计划，函请何尚平从速拟议。

六、商务书馆函请《科学》每份每年加价为三元，请竺藕舫先查看以前合同后再议。

附秉农山致胡步曾函提出各条如左：

（一）言明冯澄如②可从速起首工作。（二）吾二人之月薪，应由七月起补付全部。（三）吾二人每年应有例假四个月。（四）所中与大学继续合作，以后所中研究生须在大学补读时，生物系应容纳之，请社中向大学交涉此事。

---

① 美丰祥是南京的一家印书馆。
② 冯澄如（1896—1968），江苏宜兴人，中国植物科学画奠基人。

理事会诸同人大鉴：

敬启者，现在生物研究所中进行研究诸生，其成绩较有可观者为方君炳文、欧阳君翥、谢君淝成、喻君兆琦，此数人皆东大毕业，上学年方、谢、欧阳三君曾受本所之补助，得在所中从事研究而无生活之忧，今补足之期将行告完，而此数人之研究方进行未已。志恐其一旦无助，所研究者或受影响，愿将志今秋所捐之四个月薪水提出一部，以维持此数人之研究。此四人皆属寒畯，志切向学，而从事研究又颇有成绩，吾社以提倡科学为志职，宜对于此种有志之青年有以奖励之也。特此敬请会中同志斟酌施行，无任感荷。此上

大安

秉志顿首

九月十六日

再者，欧阳、谢、喻三君皆任大学助教之职，倘开课之后，彼等受大学薪水，则社中补助即行取消，亦彼等所情愿也。

理事会诸同人大鉴：

敬启者，生物研究所目下除做实验室内各种研究之外，仍对于沿海动物作总括之调查，此事自五年前已起首进行。今夏志为照料所中各研究生之功课及为年会预备论文，终日在所内工作，未得外出，今拟于十月初旬往海滨调查海产动物，兼为本社采集标本，大约在海滨四阅月可以竣事，然后回所从事室内之研究。当此调查采集期内，志已另筹他法维持此项工作及个人之生活，请将四个月之薪水捐入社中，做为生物研究所维持各研究生之费及增购书籍或仪器之用，似此于所中之事业既有裨益，而于经费一方亦毫不发生困难。且泛太平洋科学会数年后将在南洋开会，志之调查海产，届时或有报告，亦于吾社名誉上有益也。特此敬请会中同志酌量情形，准其成行，无任感荷。又，此次志之外出，研究所中一切普通事件，托步曾兄照料。至于各生之研究进行，志于未动身前先为规画大纲，以后仍可通信，以策其前进，想亦不至发生困难也。此上

大安

秉志顿首

九月十七日

1927年社员选举理事记录（日期不详）

十六年选举理事记录

共收到选举票七百二十五票。

开票结果为：

竺可桢，八十票。

杨杏佛，七十四票。

胡刚复，六十七票。

翁文灏，五十八票。

过探先，五十三票。

赵元任，五十二票。

王琎，四十一票。

李熙谋，三十七票。

何鲁，二十八票。

张君谋，二十五票。

李石曾，二十五票。

朱经农，二十七票。

姜立夫，二十票。

朱少屏，十八票。

唐钺，十九票。

钟荣光①，十四票。

李仲揆，十六票。

饶树人，十五票。

吴宪，十三票。

丁燮林，十票。

金湘帆②，十票。

段育华，九票。

郭任远③，九票。

熊庆来，五票。

---

① 钟荣光（1866—1942），字惺可，广东香山（今中山）人，教育家。
② 金曾澄（1879—1957），字湘帆，祖籍浙江绍兴，生于广东番禺，教育家。
③ 郭任远（1898—1970），广东潮阳人，心理学家。

理事会第 61 次会议记录 (1927 年 11 月 11 日)

十一月十一日社所图书馆楼上开理事会。

到者：周仁、王琎、路敏行。

一、商务书馆来函请求《科学》加价。

议决：以前与商务代印《科学》合同，原归胡明复收藏，一时不易检得，现当函询商务，措辞大致如下：加价事大，须经理事会通过，原合同请抄寄一份，《科学》销售近况亦请提及，俟提出下届理事会讨论后再复。

二、周仁提议：总干事可兼他项职务，兼职时每天办公半天支半薪，其节省之费称作上海事务所办事经费。

通过。

三、新印西书目录，只永久社员及一年内已交社费之社员可得一册，其未交社费之社员，应先由会计发信收费，如两个月内仍不交费，应由编辑部于《科学》内附发通告，暂停寄《科学》及他项印刷品。

理事会第62次会议记录（1927年12月9日）

十六年十二月九日社所图书馆楼上开理事会。

到者：周仁、王琎、竺可桢、任鸿隽、过探先、路敏行。

一、中华国际兴业有限公司请求本社向交通部解释白林氏电机之功用，以期推行于江南各省案。

议决：本社可与中华国际兴业有限公司来京讲演或试验白林氏电机借用本社所之便利，非俟研究后不便介绍与交通部。

二、商务书馆抄寄代印《科学》原合同，并报告现在每期约销二千份，仍请求加价案。

议决：准加价为每年三元，俟本社清查社友住址后，开单交商务迳寄各社友，以省邮费，并函请履行合同第十五条（每三个月后发行人应将所销册数按地点报告著作人。）

三、总干事可兼职办公半日支半薪。

四、上海事务所急待改组，由周仁至沪于上海社友中择相当社友负责进行。

五、本社基金向由胡敦复保管，现胡敦复远处北京，恐有不便，推任鸿隽至北京面商一切。

六、李俨①有《算学史稿》一件，拟由本社收买付印，推任鸿隽接洽。

---

① 李俨（1892—1963），原名禄骥，字乐知，福建闽县（今福州）人，数学史学家。

理事会第63次会议记录（1927年12月29日）

民国十六年十二月二十九日在大学院①开会。

到会者：杨杏佛、周子竞、过探先、王季梁、路季讷（王季梁代）。

一、理事会选举结果：社长，竺藕舫七票，翁咏霓三票，杨杏佛一票，任叔永一票，竺藕舫当选；会计，过探先六票，周子竞四票，王季梁二票，过探先以已任会计二年，不允续任，周子竞当选。

二、推过探先为常务干事。

三、图书馆馆员王敬鑫请求加薪。

议决：暂缓。

四、周子竞报告：上海事务所已与上海各社员接洽，决移至亚尔培路②三百号，事务所主任已推定何尚平先生，由理事会出函委托。

通过。

五、南京社所急应修理，惟修理费以三百元为限。

六、议决：由社备函致南京市政府工务局陈子英先生，请求建筑围墙（现在社所大门外为本社所有菜园，均当围进），执照归中国科学社理事杨杏佛领执。

七、议决：由社备函致文化基金董事会请款，说明南京政府对于本社在上海建筑科学图书馆及南京生物研究所之用费已允拨助四十万元，请求照数补助。

八、本社社所保险于年底满期，急应续保。

---

① 大学院即中华民国大学院，成立于1927年10月1日，是国民政府掌管全国学术及教育行政的最高行政机构，相当于北洋政府教育部、国民政府教育行政委员会，首任院长是蔡元培，首任副院长是杨杏佛。1928年10月24日，大学院裁撤，恢复教育部。

② 亚尔培路即今陕西南路。

中国科学社理事会第三任会长竺可桢(藕舫)

理事会第 64 次会议记录（1928 年 2 月 16 日）

十七年二月十六日下午七点在南京成贤街大学院开理事会。

到会者：周子竞、过探先、王季梁、竺藕舫（主席）、杨杏佛、胡刚复、路季讷（记录）。

一、过探先报告：社中各项经费及账目，已于今日移交周子竞。

二、竺藕舫提议：每次开理事会前，应将上次理事会议决案记录朗读，以昭郑重。通过。

三、王季梁提议：朱文荣调任上海事务所职务后，此间编辑部员拟聘柳大刚（前东南大学毕业生）充任，月薪六十元。

通过。

四、议决：王仁修月薪五十元，孙维兰月薪三十元，均自二月份起。

五、推举曹惠群、过探先、周子竞、任叔永、胡敦复为清查胡明复先生经手各账及基金存放情形委员会委员，并函任叔永务偕胡敦复南下，以便着手进行。

六、关于出席四届太平洋学术会议事，由本社先函中央研究院请主持一切，如本社承中央研究院委托进行时，由本社太平洋学术会议委员会尽二个月内召集学术团体代表商议进行办法。

七、推举何尚平、宋梧生、周子竞、杨杏佛、胡刚复为上海社所委员会委员，将讨论结果报告于理事大会。

八、议决：本社上海科学图书馆定名为中国科学社明复纪念图书馆，胡明复先生纪念捐款用途由上海社所委员会及图书馆委员会议定，建议于理事大会。

九、议决：购置上海亚尔培路三百○九号①房产为本社上海社所，价二万四千两。

十、南京社所常驻职员，俟物色相当人才，月薪以一百元为限。

十一、议决：函复科学名词审查会，本社赞同该会执行部之议决案，即俟大学院译名统一委员会正式成立后，即将科学名词审查事业及科学名词审查会现存经费自动移交大学院接办。

十二、日本东京万国工业会议（一九二九年十月），本社应派代表与会。

十三、范静生先生在北京逝世，推举孙哲生先生为本社董事，请年会追认。

---

① 门牌地址又先后改为亚尔培路 533 号、陕西南路 533 号，今为陕西南路 235 号。

十四、议决：于三月初开理事大会时，本社发起为本社董事范静生先生开追悼会，推举过探先、任叔永、路季讷为追悼会筹备委员会委员。

十五、以下议案均归三月二日理事大会讨论：

（一）范旭东①先生前曾允以每月一千元津贴办一《科学周刊》，此事社中可担任，由编辑部请专人主持，以后通俗文字及社员通讯、社闻等即可登周刊上。（竺藕舫提议）

（二）二五库券之处置。（竺藕舫提议）

（三）图书馆添购书籍。（竺藕舫提议）

（四）呈请大学院每年补助本社生物研究所六万元。（秉农山、胡步曾提议）

（五）本社呈请大学院行文川黔当局，请保护本社生物研究所人士四月间至川黔二省采集植物标本案。（胡步曾提议）

（六）聘前东南大学植物系毕业生金维坚为本社生物研究所植物部助理案。（胡步曾提议）

（七）本社社章第十五章应即取消案。（路季讷提议）

（八）本社职员薪水标准应再审定案。（路季讷提议）

---

① 范旭东（1883—1945），原名源让，字明俊，后改名锐，字旭东，范源濂之弟，湖南湘阴人，化工实业家。

中国科学社上海社所（亚尔培路309号）旧屋

理事会第 65 次会议（理事大会）记录（1928 年 3 月 17 日）

十七年三月十七日下午四点在南京成贤街本社社所开理事大会。

到会者：周子竞、过探先（早退）、秉农山、竺藕舫（路季讷代表）、杨杏佛、王季梁、翁咏霓、胡刚复、路季讷、任叔永（翁咏霓代）、赵元任（翁咏霓代）。

主席：路季讷，记录：王季梁。

一、路季讷朗读二月十六日理事会会议议决事项。

二、翁咏霓交到胡敦复先生致理事会函，述明一时不能南下，基金存放情形止可俟日后南下时查明。

三、周子竞报告：上海事务所已迁入亚尔培路三百〇九号，改造计划已请吕古愚①先生拟订。

四、呈请大学院每年补助生物研究所六万元案。

议决：通过。

五、北京理事提议：设立基金保管委员会案。

议决：推举董事一人、银行家二人为保管基金员，举定董事蔡子民先生，银行家宋汉章②先生、徐新陆③先生为基金保管员，基金存放方法由理事会共同解决，基金保管存放条例推过探先、周子竞、路季讷三人拟定。

六、本年年会地点决定南京或庐山。

七、北京理事提议：上海仅设招待所，图书馆仍设南京案。

议决：为需要起见，本社书报除属于生物者外，移置上海。

八、竺藕舫提议：图书馆添购书籍案。

议决：暂缓添购。

九、议决：《科学》杂志商务印书馆不愿代印时，即收归自办，归华生印刷，先订半年合同。

十、任叔永提议：奖章基金如何处置案，又编辑部应有的款为征文经费案。

议决：奖章基金拨作编辑部征文奖金基金，推定秉农山、胡刚复、王季梁三人起草

---

① 吕彦直（1894—1929），字仲宜，别号古愚，祖籍山东东平，生于安徽滁县（今滁州），建筑学家。
② 宋汉章（1872—1968），原名鲁，以字行，浙江余姚人，银行家，曾任中国银行上海分行经理，中国科学社赞助社员。
③ 原文有误，应为徐新六。徐新六（1890—1938），字振飞，浙江杭县（今杭州）人，财政金融学家、银行家，时任浙江兴业银行总经理。

征文奖金条例。

十一、议决：收买李俨所著《中国数学大纲》,稿价为五百元。

理事会第 66 次会议记录（1928 年 4 月 4 日）

十七年四月四日下午四点在南京成贤街本社社所开理事会。

到会者：竺藕舫、王季梁、秉农山、周子竞、过探先、路季讷。

主席：竺藕舫，记录：路季讷。

一、科学名词审查会三月三十日函请推定代表一人至三人，于十七年五月二十日在上海西藏路五四五号开会，公决将名词审查事业移交中华民国大学院译名统一委员会详细办法。

议决：推曹惠群先生代表与会。

二、竺藕舫报告：商务印书馆已不愿代印本社《科学》杂志，遵照三月十七日本会议决案，已与华丰接洽，据称稿件交去后半月即可出版，每期约需印价三百元，本社应推定数人组织经理部，主持《科学》杂志发行一切事务。

议决：《科学》杂志自十三卷起即由华丰印刷，推定朱少屏、曹惠群、程瀛章三人组织经理部，分任发行事务。

三、路季讷报告：中央研究院及农矿部用机关名义前来接洽，已借出图书多册。

议决：本社图书借出阅览应仍照向章办理，欢迎来社阅览。

四、秉农山报名〔告〕：美国动物学家 Needham[①] 即将来宁，中华教育文化基金董事会曾来函介绍。

议决：Needham 来宁后，本社加入招待。

五、中华文化基金董事会来函，请款时应缮具中文请款书十二份、英文请款书六份。

议决：照办。

六、秉农山报告：大学院发起之广西科学旅行团来社接洽派人参与，已派动物部常麟定、方炳文参加，旅行期约六个月，薪水照原数发给。

七、议决：聘钱雨农为生物研究所植物部研究教授，月薪三百元，本年七月起。

八、议决：聘金维坚为生物研究所植物部助理，月薪二十元，本年四月起。

九、通过李孤帆[②]为永久社员，胡步川[③]、徐善祥[④]、陈剑脩[⑤]为普通社员。

---

① 即李约瑟（Joseph Terence Montgomery Needham，1900—1995），实应为英国动物学家。
② 李孤帆（生卒年不详），浙江鄞县人，地理学家、出版家。
③ 胡步川（1893—1981），谱名尔林，名正国，字竹铭，号步川，浙江临海人，水利学家。
④ 徐善祥（1882—？），字凤石，上海人，化学家、工程学家。
⑤ 陈宝锷（1897—1953），字剑脩，又作剑修，江西遂川人，心理学家、教育家。

理事会第67次会议记录（1928年5月12日）

十七年五月十二日下午三点在南京成贤街本社社所开理事会。

到会者：王季梁、周子竞、秉农山、路季讷。

一、曹惠群先生提议：加推宋梧生先生代表本社出席五月二十日名词审查会。

通过。

二、竺藕舫先生提议：泛太平洋学术会议应急进行案。

议决：查明以前举出泛太平洋学术会议委员，函请从速筹备。

三、中华文化基金董事会来函，商请借调秉农山先生北上主持静生生物调查所，暂以四个月或半年为期案。

议决：俟下次开会再议，先函复中华文化基金董事会。

四、何尚平先生送到上海社所每月支出预算表，计每月二百元。

议决：存查。

五、通过许植芳为本社普通社员。

六、路季讷报告：本社图书馆馆员王仁修现已他就，急待觅人。在未聘定馆员以前，拟先请中央大学四年级学生王雪华暂代，每星期来社办事十二小时，月薪十元。

议决：照办。

以上议案因人数不足，须征求未到会各理事意见。

理事会第 68 次会议记录（1928 年 5 月 31 日）

十七年五月卅一日下午四时在南京成贤街本社社所开理事会常会。

到会者：过探先、王季梁、竺藕舫（主席）、周子竞、秉农山、杨杏佛、路季讷（记录）。

一、谢家荣声请：伊所著之《地质学》现须改正之处甚多，改正后拟收一部分之版税。

议决：俟调查本社已收得关于该书之版税数目后再定办法。

二、中华教育文化基金董事会来函，商请借调秉农山先生北上主持静生生物调查所，暂以四个月或半年为期案。

议决：秉农山先生可北上主持静生生物研究所，惟至多以二个月为期。

三、拟订数理化研究所计划案。

议决：推周美权、王季梁、颜任光、宋梧生、曹梁厦五人为起草数理化研究所计划委员会委员。

四、周美权先生将其历年所收中英日文数学书籍及旧杂志等约值万金以上捐赠本社。

议决：由本社函谢，并作新闻登各报。

五、社所应添筑浴室案。

议决：添筑浴室以二百元为限，请过探先先生主持其事。

六、年会地点暂定庐山、无锡或苏州。

七、议决：聘请蒋世超为本社图书馆馆员，月薪五十元。

八、议决：张震东、张宗汉各加月薪十元。

九、议决：白伯涵加月薪十元，惟每星期至少须住社五天。

十、社所内应酌量装置纱窗案。

议决：照办。

理事会第69次会议记录（1928年6月21日）

十七年六月二十一日下午四时在南京成贤街本社社所开理事会。

到会者：王季梁、周子竞、秉农山、过探先（路代）、路季讷。

一、议决：华丰代印《科学》杂志费由经理部支付，每三个月将详细账目报告会计一次。

二、议决：数理化研究所计划委员会旧委员俟查明，加入五月卅一日所推定之委员会，由曹梁厦召集会议。

三、推定叶企孙、饶育〔毓〕泰、钱雨农、薛良叔①、胡步曾、秉农山、胡刚复、王季梁、何奎垣、陈慕唐②、曹梁厦、段调元③为整理已审定及已审查之科学名词（医学除外）委员会委员。

四、科学名词审查会函请于最短期间延聘专家，整理已审定及已审查之科学名词出版，并请于一个月内先将经费预算开出案。

议决：函复科学名词审查会，本社现已推定叶企孙等十二人担任整理名词出版，请函中华博物学会接洽一切，决定开会日期、地点（以上海为最相宜），函告本社，推定各人赴前与会，与会人应给以相当川资，无他种费用。

五、周美权先生主张数学研究应与理化研究分离以利进行案。

议决：数学研究可与理化研究分离。

六、议决：年会地点决定苏州，请理事中有友人在东吴者，先函借东吴大学为开会地点，再由本社正式函商，开会日期定八月二十日左右，开会五天。

七、通过钱宗贤④、蔡翘⑤为普通社员。

以上议案因开会时人数不足，须征求未到会各理事意见。

---

① 薛德焴（生卒年不详），又名德育，字良叔，江苏江阴人，生物学家。
② 陈庆尧（生卒年不详），字慕唐，上海人（一说浙江镇海人），化学家。
③ 段调元（生卒年不详），字子夑，四川江津人，数学家。
④ 钱宗贤（生卒年不详），字海如，浙江人，理工科学家。
⑤ 蔡翘（1897—1990），族名义忠，字卓夫，广东揭阳人，生理学家、教育家。

理事会第 70 次会议记录（1928 年 8 月 18 日）

十七年八月十八日下午五时半在苏州东吴大学林堂开理事会。

到会者：任叔永、杨杏佛、王季梁、周子竞、胡刚复、翁咏霓、过探先、竺藕舫、路季讷。

竺藕舫主席。

一、修改社章。

广东年会修改社章记录今已遗失，去年年会所推举之修改社章委员会又未着手进行，议决由理事会提出以下之修改，请年会通过：

（甲）社章第七十三条"四分之三"四字改为"过半数"三字。

（乙）社章第七十五条"本社社员"四字改为"本年度出费社员"七字。

二、议决：先卖去基金二五库券三分之一，即券面十万元之库券，其余三分之二之库券，如卖价在券面八成以上时，亦得卖去。

三、议决：地产、房屋可作基金，以后如欲动用基金建筑房屋时，以五分之一为限。

理事会第 71 次会议记录（1928 年 8 月 19 日）

十七年八月十九日上午十一时在苏州东吴大学林堂开理事会。

到会者：杨杏佛、任叔永、周子竞、过探先、胡刚复、翁咏霓、竺藕舫、曹惠群、路季讷。

竺藕舫主席。

一、对于清理胡明复经手之基金有以下之议决：

（甲）基金现金部分以一个月为清理期间。

（乙）推定曹惠群、胡刚复、周子竞三人清理。

（丙）基金股票部分请胡敦复于二个月内清理。

（丁）现金部分于最短期间以地产作抵。

（戊）大同大学为中国科学社上海社所塾〔垫〕款与会计结算。

二、曹惠群报告数理化研究所筹备委员会议决先办数学研究所之经过。

议决：先办数学研究所，推定周美权、秦景阳、姜立夫、严济慈、钱琢如、高均、曹惠群为数学研究所筹备委员，由曹惠群召集开会。

三、议决：明复图书馆建筑费为五万元，推定周子竞、何尚平、宋梧生为明复图书馆建筑委员会。

四、议决：由现金中拨还基金一千元。

理事会第 72 次会议记录（1928 年 8 月 23 日）

十七年八月二十三日下午八时在上海功德林①开理事会。

到会者：任叔永、赵元任、胡刚复、竺藕舫、周子竞、叶企孙、杨杏佛、丁绪宝②。

主席：竺藕舫，记录：杨杏佛。

一、议决：十七年度预算收支各三万五千八百五十六元（详另表存会计处）。

二、本年度聘专任总干事一人兼《科学》杂志经理，月薪二百五十元。

三、改聘路季讷为南京图书馆馆长兼社所管理员，月薪一百五十元。

四、推举征求新社员委员：

北平叶企孙，广州陈宗南③、朱庭祜，南京徐善祥，上海程叔时、何尚平，杭州李振吾，成都罗世嶷，奉天孙国封，天津饶树人，汉口刘树杞，厦门钟心煊。

---

① 功德林是位于派克路（今黄河路）上的一家素菜馆。
② 丁绪宝（1894—1991），安徽阜阳人，物理学家、教育家。
③ 陈宗南（1886—1962），字伯熙，广东增城人，化学家、教育家。

理事会第 73 次会议记录（1928 年 9 月 12 日）

十七年九月十二日下午五时在南京社所开理事会。

到会者：王季梁、秉农山、过探先、竺藕舫（主席）、路季讷（记录）。

一、竺藕舫报告：二五库券现已出卖十万元，得现款八万余元，除偿还上海社所地屋款外，尚余六万余元。

二、路季讷报告：广西省补助费五百元已如数领到。

三、议决：从基金中提出一万五千元为南京建筑博物院之费用。

四、议决：就旧有浴室建筑女厕所。

五、议决：柳大纲自十月起兼半月刊编辑，月薪八十元。方文培自十八年一月起月薪八十元。张宗汉自十月起月领研究补助费五十元，由秉农山捐款内支付。蒋世超自十八年一月起月薪六十元。

六、议决：张春霖赴法留学后，聘前东南大学农科毕业生王钦福为生物研究所动物部助理，月薪五十元，十月起支付。

七、通过新社员张一志、朱物华、杨道林、翟俊千、胡范若、徐仁铣、徐景韩。

以上议决案因到会人数不足，须征求未到会诸理事意见。

理事会第 74 次会议记录（1928 年 11 月 2 日）

十七年十一月二日下午六时在南京本社社所开理事会。

到会者：王季梁、秉农山、过探先、竺藕舫。

一、议决：购社址南首顾姓地，每方十二元，先丈量再付价，于明春建设博物院（【一】万五千元）及楼房三座，每座六千元，为出租及社员住所。

二、呈教育部请款一万元，为出席泛太平洋学术会议之用。

三、秉农山提议：生物研究所植物部绘图员冯澄如月薪三十元。

议决：照办。

四、胡刚复提议：中央研究所〔院〕与科学图书馆可以团体名义互借书报案。

讨论后无决议。

五、通过郑礼明、徐学桢、乐森珣、张鸣韶、王义珏、蒋士彰、王恭睦、吴南薰、陈鼎铭为普通社员，杨絜夫为仲社员。

以上议决案因到会人数不足，须征求未到会各理事意见。

翁咏霓来信赞成。

叶企孙来信赞成。

理事会第 75 次会议记录（1928 年 11 月 30 日）

十七年十一月三十日下午六时在南京成贤街文德里社所开理事会。

到会者：过探先、竺藕舫（主席）、周子竞、王季梁、杨杏佛、任叔永、秉农山、路季讷（记录）。

一、曹惠群函辞清理胡明复先生经手本社基金现金部分委员。

议决：仍请担任委员进行清理。

二、翁咏霓订定本社考古学奖金办法三条：(a)中国科学社为提创考古学及其关系学科（如人类学等）之研究起见，特设奖金每年一百元。(b)每年应给奖金者，由理事会推定三人决定之，受奖者以中国人为限。(c)受奖论文或其提要应在《科学》发表，至其详细条例，应由理事会核订。

议决：原则通过，(a)条除去"每年一百元"五字，各奖金条例由奖金委员会拟定，分送各学校等发表。

三、通过高君珊①为永久社员。

四、议决：高君韦纪念奖金论文不限定化学论文。

五、议决：生物研究所本年度印刷费，如文化基金董事会补助费不足，可透用若干，以一千三百元为限。

六、议决：聘杨允中为本社总干事。

七、本年度理事会职员选举结果：社长，竺可桢五票，杨铨三票，任鸿隽一票；会计，周仁六票，过探先二票，竺可桢一票。社长竺可桢当选，会计周仁当选。

八、议决：本社博物院建筑费，除本社之一万五千元外，再函请文化基金董事会与中央研究所〔院〕协助，计划书由秉农山起草。

九、议决：本社社址全图应先画就，各大建筑地点亦当预先计划规定，再行建筑。

十、通过徐瑞麟、沈宜甲为普通社员。

---

① 高君珊（1893—1964），女，福建长乐人，教育家。其妹高君韦是翻译家，亦是中国科学社社员，但英年早逝。1928 年，高君珊捐款给中国科学社设立高君韦女士纪念奖金。

中国科学社第三任总干事杨孝述(允中)晚年照

理事会第76次会议（理事大会）记录（1929年1月9日）

十八年一月九日下午五时在南京成贤街文德里社所开理事大会。

到会者：王季梁、竺藕舫、胡刚复、任叔永、翁咏霓、杨杏佛、秉农山、过探先、路季讷。

主席：竺藕舫，记录：路季讷。

一、建筑博物院及社员住所应从速进行案。

议决：博物院建筑费定四万元，由本社筹措二万元，函请中央研究院及文化基金董事会协助二万元，俟博物院及上海图书馆落成后，腾空之一部分社所，即为社员住所。

二、上海图书馆应从速建筑案。

议决：上海图书馆建筑费增为七万元，由原委员会从速建筑。

三、议决：尽二月九日（阴历年底）前将文德里口大门改筑完竣，推定过探先、王季梁、路季讷为委员。

四、聘请杨允中为总干事及《科学》杂志经理案。

议决：照聘，即致送聘书。

五、撤销请愿警改雇传达案。

议决：请愿警保留，添雇传达一人。

六、议决：由图书馆购书委员从速照预算购置书籍。

七、美国分社宜指定社员负责整理案。

议决：推定金国宝[①]、梅光迪[②]、涂治、阎开元、王家楫、赵宗尧、孙宗彭为美国分社整理委员，金国宝为委员长。

八、议决：特社员可不收社费，仲社员入社费应减少，俟年会时提出讨论。

九、议决：生物研究所添设研究生名额，动物部及植物部各四人，每月津贴三十元。

十、通过赵琴风、黄伯易、吴树阁、胡焕庸、黄国璋[③]、张文湘、黄景新、刘运筹为普通社员。

---

① 金国宝（1894—1963），字侣琴，江苏吴江人，统计学家。
② 梅光迪（1890—1945），字迪生，又字觐庄，安徽宣城人，文学家。
③ 黄国璋（1896—1966），字海平，祖籍湖南湘乡，生于上海，地理学家、教育家。

理事会第 77 次会议（理事大会）记录（1929 年 2 月 17 日）

十八年二月十七日下午六时在上海亚尔培路三○九号社所开理事大会。

到会者：杨杏佛、秉农山、过探先（路季讷代）、路季讷、竺藕舫、王季梁、周子竞、胡刚复、赵元任（迟到）、杨允中。

主席：竺藕舫，记录：杨允中。

一、王季梁提议：编辑员柳大纲改就中央研究院职，本社应另聘编辑员案。

议决：编辑员月薪八十元以上，用考试方法选人，由王季梁主持考试。

二、议决：本社编辑部从早移沪。①

三、议决：《科学》杂志以通俗为原则，实行酬稿制。

四、议决：沪社所北面阳台改造房间。

五、议决：通知出版处，将本社定购杂志除属于生物者外，直接寄沪社所。

六、议决：本年年会地点暂定北平、杭州或庐山，推定筹备员北平任叔永、庐山杨杏佛、杭州李熙谋。

七、推定秉农山、赵元任、翁咏霓、王季梁为年会论文委员会委员，年会论文摘要于六月底前交到，以便付印。

八、通过孙贵定、杨克纯、王和、张其濬为普通社员。

九、秉农山推举钱雨农为生物研究所所长案。

议决：生物研究所所长仍由秉农山担任，请钱雨农兼生物研究所秘书，协理所中事务。

十、杨杏佛提议：生物研究所所长薪水自十八年三月起改为每月四百元。

通过。（《科学》上不发表）

十一、推定王季梁、胡刚复、杨允中起草本社职员薪水标准。

十二、议决通知基金保管委员：（一）基金最少限度不得少于三十万元，现在以善后公债与续发二五库券为标准。（二）每二个月由基金保管委员会交付本社会计基金息洋四千元。

十三、图书馆建筑委员何尚平已赴法，推定杨允中补充。

十四、董事梁任公逝世，改推吴稚晖为董事。

十五、选定图书馆建筑式样。

---

① 中国科学社编辑部于当年 3 月 15 日起在上海社所办公。

理事会第 78 次会议记录（1929 年 4 月 28 日）

十八年四月二十八日下午六时在上海社所开第七十八次理事会。

到会者:竺藕舫（主席）、翁咏霓、王季梁、胡刚复、杨杏佛、周子竞、杨允中（记录）。

一、议决:本年年会在北平举行,日期自八月十二日至十六日。

二、推定任叔永、赵元任、翁咏霓、章元善、吴旭丹①、胡经甫、叶企孙、杨光弼②、袁同礼等九人为年会筹备委员,竺藕舫、任叔永、赵元任、翁咏霓、杨允中为会程委员,招待及演讲两委员会由筹备委员会推定。

三、通过孙光远③、余青松、陈纳逊、萨本铁、陈懿祝、李英标、张颐、黄汉和、宋文政、陈兼善、杨曾威、王世杰、李殿臣、李赋京、陈总、孟宪民等十六人为普通社员。

四、杨允中提议:本社创议自办印刷所已历多年,迄未实行,现沪上印刷所虽见林立,而事实上供不应求,本社如能自办印刷所,不独便利本社,抑且便利其他学术机关之出版,对于发展文化关系甚大,又经详细调查印刷事业,利息甚优,本社经营此事,实为良好之投资,惟宜与商股合办,取其监督较严。

杨杏佛赞成其说,并谓印刷之外尚可经营图书及仪器,俾本社对于文化事业得尽量服务。

议决:(1) 本社先创办印刷所,资本暂定三万元,由本社投资一万五千元,其他一万五千元招募商股,惟先尽社员认购。

(2) 每股定为一百元,商股投资每人以三十股为限,以后如须出售,本社有优先权收买之。

(3) 推举杨杏佛、周子竞、杨允中草拟组织及招股章程。

五、议定推广《科学》杂志办法:(1)赠送《科学》于全国中学以上之科学教员,每人送阅三期,而后请其订购,先从江、浙二省入手。(2)凡由社员绍介定报全年者,得以九折缴费,以示优待,即制印定报减价券,分送各社友。

六、议决:本社《科学》杂志交换从宽,赠阅从严。

七、职员孙维兰自五月起加薪五元。

八、考古学奖金照第七十五次会议订定之三项原则,请翁咏霓拟定给奖办法,公

---

① 吴旭丹（1892—1988）,江苏吴县（今苏州）人,医学家。
② 杨光弼（1892—1949）,字梦赓,江苏人,化学家。
③ 孙鏞（1900—1979）,字光远,浙江余杭人,数学家。

布施行。

九、高君韦纪念奖金给奖办法,公推竺藕舫、王季梁、杨允中拟定公布。

十、周美权所捐算学书籍,俟上海图书馆落成后,专辟一室庋藏,并于室中镌铜牌,以资纪念。

十一、万国禽鸟保护会欲请中国科学团体成立一支会以便联络,由任叔永提议本社加入。

议决:赞成,俟该会寄到章程,再请政府颁布办法。

十二、杨允中提议:新社员入社应颁给入社证书,以资郑重。

议决:请杨允中拟定式样,于下次会议时提出决定。又,特社员另制证书式样,以资区别。

十三、本社聘任职员请假在一个月以上者,应向理事会请假。

基金保管委员会理事会联席会议暨理事会第79次会议记录
（1929年6月19日）

十八年六月十九日下午五时在上海社所开基金保管委员会理事会联席会议记录

出席者：蔡子民、宋汉章、胡敦复、竺藕舫、任叔永、秉农山、翁咏霓、周子竞、杨杏佛、杨允中、胡刚复。

主席：竺可桢，记录：杨允中。

一、周子竞报告建筑上海图书馆情形谓：本社已决定在上海建筑一钢骨混凝土三层楼图书馆一所，图样说明均经建筑师拟就，惟以建筑费约需十万元，恐须动用基金，故工程方面尚未进行，一俟筹有的款即可动工。

二、宋先生报告：本社基金项下至本月底止存有现款二万三千余元，库券票面三十四万元。

三、秉农山谓：生物研究所添建研究室，前经议决拨款二万元，此次筹款应一并计入，是二处建筑费共需十二万元，除有现款二万元外，尚须筹足十万元。

四、众询筹款之法，蔡先生谓暂以基金典押如何，杨杏佛、任叔永均主张除典押基金外应积极继续募捐。

议决：暂以基金押款十万元为建筑上海图书馆及南京生物研究所之用，并公推杨杏佛、周子竞、宋梧生为理事会代表，与基金保管委员会接洽借款事宜。

五、杨杏佛提议：本社以前所得捐款，应作一报告附入概况。

议决：本社每次编辑概况时，应将历年公私捐款详细列表刊入。

六、竺藕舫提议：募捐即须进行。

议决：通过。

同日续开第七十九次理事会。

一、杨杏佛提议：本社董事会现有缺额，拟请宋汉章先生为董事，提交下届大会追认。

议决：通过。

二、杨杏佛提议：添建南京生物研究所，应设一建筑委员会。

议决：推定周子竞、秉农山、杨杏佛、任叔永、竺藕舫为委员。

三、杨允中报告：本社发起之中国科学图书仪器股份公司印刷所业已筹备就绪，本社应推举代表，以便出席股东大会。

议决:推定周子竞、杨杏佛、竺藕舫为本社代表;又本社前认股份一百五十股占全股额之半打,公司全体议决权上不无发生困难,不得不减少若干股以救济之,前暂认一百股,公司章程中议决权本社主张每股一权,以求大小股东平等待遇。

四、路季讷提议:南京无线电接受器无人管理,搁置不用,应如何处置案。

议决:移至上海社所装设。

五、杨杏佛提议:现本社事务集中上海理事会,文牍应移驻沪社所,南京社所既专供生物研究所之用,应聘专职人员管理全所事务。

议决:生物研究所另聘一大学毕业之事务员,负责管理全所事务,薪水以一百元为限。

六、秉农山提议:生物图书馆书籍杂志繁多,应专聘一管理员案。

议决:俟预算增加后再添。

七、主席提出:上次会议议决生物研究所所长加薪一百元,应由何种款项下支给。

议决:由社款支给。

八、公推孙哲生为本届年会名誉会长,任叔永为年会委员长。

理事会第80次会议记录（1929年7月21日）

七月二十一日下午二时在杭州烟霞洞①开第八十次理事会。

出席者：杨杏佛、周子竞、胡刚复、王季梁、秉农山、竺藕舫、杨允中。

主席：竺藕舫，记录：杨允中。

一、秉农山报告：生物研究所经费已由中华教育文化基金董事会议决继续补助三年，计十八年度五万元，余二年每年三万元。并说明研究所进行计划：拟将研究员及助理略增，计动物部增至九人，每月薪水约共四百五十五元，植物部增至六人，薪水约三百〇五元，动物部拟请王家楫为兼任教授，植物部亦拟目标添请一位。

二、秉农山提议：科学图书馆移沪后，南京社所全部房屋当归生物研究所之用，并须自设生物图书馆，拟请钱雨农兼研究所管理及生物图书馆馆长。

议决：通过。

三、议决：生物研究所植物部主任钱雨农薪水自本年七月起每月加给五十元，由该所经费项下支给。

四、议决：生物研究所研究结果凡关于经济方面者，用国文作成论文发表。

五、生物研究所建筑从速进行，并请范文照打样。

六、路敏行所开图书，依购书单照单购办，计一千三百美金，直接运沪；以后上海图书馆购书，以择较普通而最新者为标准。

七、竺藕舫提出本社下年度预算案。

议决：俟详细计划后再议。

八、议决：胡明复博士社奠费以五百元为度。

九、议决：本年年会费仍照前例实支实报。

十、议决：本社存大同大学之基金，请大同大学于二年内分四次还清。

---

① 烟霞洞是位于杭州西湖西南面的一个石灰岩溶洞风景区。

理事会第 81 次会议记录（1929 年 8 月 23 日）

八月二十三日下午一时在北平燕京大学第一宿舍开第八十一次理事会。

出席者：翁文灏、秉志、周仁、竺可桢、王琎、赵元任、胡刚复。

主席：竺可桢，记录：路敏行。

一、议决：南京生物研究所新建筑，请中央大学建筑科打样，由周理事仁转托。

二、生物研究所所长秉志报告：明年可聘陈焕镛为研究教授。

三、秉志报告：以后生物研究所应支各款，由钱崇澍负责签字支付。

四、议决：聘顾翊群为本社会计师，由翁理事文灏征求同意，本社供给旅费。

五、议决十八年度收支如下：

收入门：

江苏教育经费管理处补助：一三、六五六元

基金利息：二二、〇〇〇元

社费：一、〇〇〇元

杂志等销售：一、〇〇〇元

共计：三七、六五六元

支出门：

上海社所：八、五〇〇元

图书馆：一〇、〇〇〇元

南京社所：六、〇〇〇元

编辑部：六、〇〇〇元

图书馆移书自宁至沪费：一、〇〇〇元

新图书馆用具购置费：五、〇〇〇元

数学书购置费：二、〇〇〇元

共计：三八、五〇〇元

六、议决：故理事过探先[①]先生坟墓纪念建筑费，本社捐赠二百元。

[①] 过探先于 1929 年 3 月 22 日在南京病逝，年仅 43 岁。

中国科学社理事过探先遗像

理事会第 82 次会议记录（1929 年 9 月 8 日）

九月八日在上海社所开第八十二次理事会。

出席者：杨杏佛、周子竞、竺藕舫、王季梁、杨允中。

主席：竺藕舫，记录：杨允中。

一、通过新社员彭鸿章、许应期、杨荩卿、朱学锄、刘拓、陈彰棋、高崇熙、黄炳芳、魏嵒寿、余光烺、薛培元、曾义①、孙国华、蒋德寿、张宗汉、刘复、辛树帜、陶烈、李士林、宋希尚。

二、重庆社员函请组织社友会案。

议决：来函未经发起人盖章，章程亦未送会核准，碍难备案，俟手续完备再行核准。

三、致函梅贻琦②君，请其整理美国分社。

四、杨允中拟定新社员入社证书式样。

议决：通过施行。

五、杨允中报告：图书馆建筑费将超出预算七万两，现计房屋四万九千五百两，钢书架连书目柜一万七千〇二十八两，钢窗三千七百两，电灯装置约一千二百两，卫生设备约六百两，合计已达七万二千余两，暖房设备尚不在内。其中可酌减者，钢窗如用中国出品，可减一千九百两，惟不免有翘弯漏水之弊，又暖房可多设烟突，用平常火炉或于冬季装置电炉，则节省不少也。

经众讨论后，议决：钢窗用英国货，暖房设备用阿尔可拉热水法，兼装电炉插头，以资伸缩，超出预算之款另筹。

六、请杨允中整理所有历年捐款人姓名及捐款数，刊印报告册。

七、杨允中报告：

1. 西班牙发起国际文化联谊会，函请本社加入合作。

2. 工商部来函，一九三〇年六月开第二次世界动力协会于柏林，嘱变〔交〕论文。

3. 工商部来函，组织万国动力协会中国分会，本社为分会会员，请查照。

4. 教育部来函，比国工业专门教育国际研究会请中国学术团体加入，请查照。

5. 中央研究院来函，出席东京万国工业会议经费已由行政院转饬财政部照拨，请查照。

---

① 曾义（生卒年不详），四川人，化学家。
② 梅贻琦（1889—1962），字月涵，祖籍江苏武进，生于天津，教育家，时任清华大学留美学生监督处监督。

理事会第 83 次会议记录（1929 年 11 月 27 日）

十八年十一月二十七日在上海言茂源①楼上开第八十三次理事会。

出席者：竺可桢、杨杏佛、周仁、杨孝述、胡刚复、王琎。

主席：竺可桢，记录：杨孝述。

一、讨论南京社所购地及建筑案。

主席报告：南京社所全部大计划业由永宁建筑事务所拟具图样，拟造新屋一所，亦由该事务所打样二种，以资选择，惟欲实行大计划，非将北面空地十余亩购入不可，任理事鸿隽来函，亦以速购空地为嘱。

经众详加讨论，佥谓：宁社现有房屋仍须利用，为管理便利起见，新屋不可离开太远，现拟社屋图样长而狭，系依据大计划而定，似不合用，应请建筑师视目前急需而重拟。至于空地，确应速购，当与市政府接洽进行。

二、选举理事会会长、会计，开票结果如左：

会长：秉志一票，杨杏佛一票，竺可桢七票，任鸿隽一票。

会计：王琎一票，周仁九票。

竺可桢当选本年度会长，周仁当选为会计。

三、周仁报告：本社发起之中国科学图书仪器公司，现因添置排字机扩充营业，业经该公司董事会议决，续招股本一百股，计乙万元。本社前所因所执股权太多，曾让去五十股，现值续招股期内，是否再认若干。

议决：再认四十股。

四、通过刘敦桢、卢树森为普通社员。

五、议决：定期为本社董事马相伯先生举行九十寿庆。

六、议决：仲社员照章每年纳社费三元外，不收入社费。

---

① 言茂源是开设在上海四马路（今福州路）上的一家酒楼。

理事会第84次会议记录（1929年12月5日）

十二月五日下午六时在飞霞菜馆①开八十四次理事会。

出席者：任叔永、竺藕舫、杨允中、杨杏佛、周子竞、王季梁、胡刚复。

一、通过陈友琴、周培源、赵燏黄、吴屏、杨武之、张宗文、郭霖为普通社员。

二、教育部函送科学咨询处办法六条，并请在本社附设咨询处案。

议决：照办，由总干事主持其事，所有问答每月在《科学》内发表。

三、北平理事翁咏霓、赵元任、秉农山、胡步曾、叶企孙、任叔永提议：

（1）科学社建筑生物研究所案。（原提议人任叔永）

（甲）生物研究所建筑，决在中华教育文化基金董事会所定之期限内动工，至迟明年三月内必须动工。

（乙）研究所尽在社中已买之地址内建筑。

（丙）张姓地仍须从速购买，如社中无经费，得先向研究所经费内借用一千元。

（丁）此次三万元之建筑，认为全所建筑四分之一。

议决：通过。

（2）关于科学社编辑建议案。（原提议人翁咏霓）

《科学》总编辑事务过多，拟另聘一编辑主任，辅助总编辑，专任编辑《科学》及论文专刊事宜，月薪二百五十至三百元。

议决：原则通过，从速物色人才，本社拟发行周刊及科学教材等书，概归编辑主任负责办理。

（3）科学文〔稿〕件一律送单行本二十份，另作者特别要求，可送四十份，如须再多，可酌收印刷费。（原提议人赵元任）

议决：科学稿件不受现金报酬者，一律送单行本四十本。

（4）在社友众多之处另组编辑分部，辅助总编辑部搜集审查《科学》稿件。

议决：通过。

四、杨允中提议：广州社友会久已无人负责，应重行组织案。

议决：函请陈宗南、张耘②、何衍璿③、朱庭祜四社友为重组广州社友会委员，由陈

---

① 飞霞菜馆在上海大世界游乐场对面。
② 张耘（1889—1973），字照若，又作奚若，陕西大荔人，政治学家、教育家。但是张耘当时在北平清华大学任教，并不在广州，疑为张云之误。张云（1897—1958），字子春，广东开平人，天文学家，当时在广州中山大学任教。
③ 何衍璿（1901—1971），字敬问，广东高明人，数学家、教育家。

宗南召集委员会。

五、竺藕舫提议：本社对于故理事过探先，除捐助各团体发起之墓前纪念物二百元外，本社同人应另筹款协助案。

杨杏佛谓：过墓远在汤山，人不易见，且照各团体计算，工大款少难于完成，不如本社自行纪念，如纪念奖金等类。

周子竞谓：可在本社社所内壁上造像。

议决：组织过探先先生纪念物募捐委员会，除今日列会者全体为委员外，并加入钱安涛、邹秉文①、张轶欧，由杨杏佛作募捐启。

六、周子竞提出：生物研究所前以经费不裕，经理事会通过，每年由总社拨助薪水及印刷费数千元，现在总社经费渐行困难，生物研究所以文化基金会增加补助尚能自给，以后薪水及印刷费两项是否应继续拨助案。

议决：生物研究所薪水与印刷费，概由所经费项下开支。

七、周子竞提议：本社基金公债时有抽签还本，若不善投资而以现金存行，利息甚微，应如何办理案。

议决：（1）由本社付予基金保管委员会以代社投资之权。

（2）本社以利息还债，如有现款余存，亦须依照本年二月十七日理事会大会议决本社基金限度不得少于三十万元一案行之。

---

① 邹秉文（1893—1985），字应崧，原籍江苏吴县（今苏州），生于广东广州，农学家、植物病理学家、教育家。

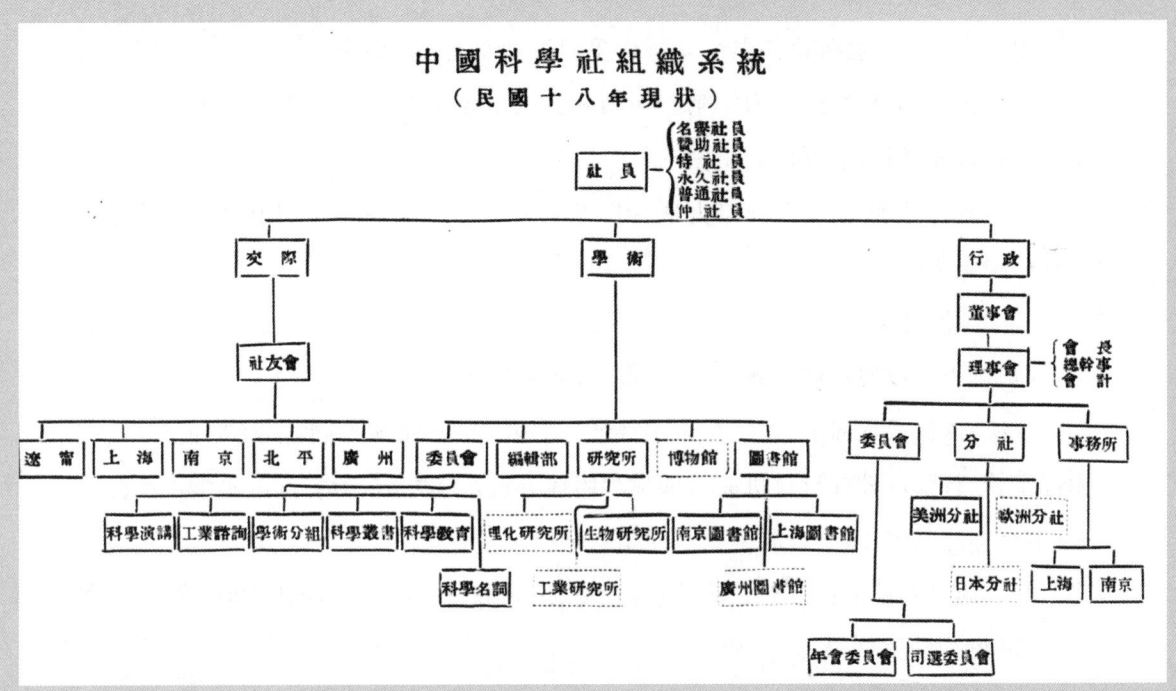

中国科学社组织系统(1929年)

理事会第85次会议记录（1930年2月9日）

民国十九年二月九日下午六时在上海杭州饭庄开第八十五次理事会。

到会者：任叔永、翁咏霓、赵元任、竺藕舫、周子竞、胡刚复、王季梁、杨允中。

主任：竺藕舫，记录：杨允中。

一、杨允中报告：

甲、广州社友会陈宗南君来函报告重组该社友会经过情形。

乙、教育部令知，应用力学第三届国际会议定于一九三〇年八月二十五日至二十九日在瑞典举行，应派代表出席。

丙、教育部令知，牛乳业第九次国际会议定于一九三一年七月在丹麦举【行】，饬社征集关于牛乳业论著送部。

二、上海特别市教育局第四科来函，为举行全市社会教育文化团【体】登记起见，嘱填调查表以便整理一案，二次函催，应否登记案。

议决：依据教育部电，本社系全国性质，与地方学术团体不同，前经呈报有案，应由部主管，且部颁教育行政机关管理学术团体办法八条之后，附有认可之学术团体名单，本社即此项团体之一，故不必再向市教局登记。

三、通过新社员：黄柏樵、沈怡、吴定良、宋春舫、唐恩良、王应伟、胡庶华①、王绳祖、王世毅、李先闻十人。

四、秉农山介绍祝廷菜译《初等微分方程式》一书，是否可列入本社丛书案。

议决：该书全系算式，印费浩繁，本社无力出版，可送商务印书馆代印，列入本社丛书。若商务不收，应将原稿退回原人。

五、竺藕舫提出：德国楷门（Karman）②先生来函谓，据德政府之意，拟请中国科学家一人至四人赴德参观，所有旅费德政府可供给全部或大部分，嘱本社派员开送名单，以资接洽，本社应如何答复案。

议决：先函复道谢盛意，是否有人前往，容考虑后再复。

六、翁咏霓提出考古学奖金办法：（1）由理事会推举三人组织考古学奖金委员会。（2）此项奖金为现款一百元，并附金质奖章一枚。（3）每年举行一次，由委员会

---

① 胡庶华（1886—1968），字春藻，湖南攸县人，冶金学家。
② 楷门现译卡门。西奥多·冯·卡门（Theodore von Kármán，1881—1963），匈牙利籍犹太人，航天工程学家，当时在德国亚琛工业大学（Rheinisch-Westfaelische Technische Hochschule Aachen）从事研究，1930年移居美国，1936年入美国籍。

就国内研究考古学成绩最良之一人推荐于理事会给予之。

议决：通过，并公推翁咏霓、丁在君、章鸿钊三君为考古学奖金委员。

七、任叔永提议：重刊本社概况案。

议决：通过，重刊时英文部分应再加详细，并公推赵元任、任叔永担任英文编辑，概况资料及中文部分由上海社所担任。

理事会第86次会议记录（1930年3月17日）

十九年三月十七日下午五时在上海社所开第八十六次理事会。

出席者：秉志、周仁、胡刚复、竺可桢、王琎、杨孝述。

主席：竺可桢，记录：杨孝述。

一、通过邬保良、高露德、赵进义、金剑清、梁梦星、阎敦建为普通社员。

二、生物研究所建筑费预算原定三万元，今承造投标最低额为三万六千五百【元】，再将水电设备等计入，不敷约一万元，应如何办理案。

议决：该项建筑准由朱森记承办，一面请杨允中与朱森记商减造价，所缺一万元由本社向中华教育文化基金董事会请求补助。

三、社员宋梧生先生介绍，拟将其亡姨妹谢女士遗产约一千元捐助本社，作一永久纪念，其目的在提倡科学及奖励科学人材，应请指定用途案。

议决：仿高女士纪念奖金办法，专款存储，逐年取息，作征文之奖金，并在图书馆内奖金题名碑上题名，藉留纪念。

四、竺可桢提议：本社已故名誉社员张季直①先生前为本社赞助甚力，应如何永久纪念案。

议决：生物研究所开幕时，本致献于张先生者，俟该所新馆落成，植碑纪念。

五、秉农山提议：本社生物研究所拟规定，凡本所教授在所服务每阅七年，得修养一年，在休养期内仍支原薪，惟以出洋研究者为限，其川资自备，请公决案。

议决：通过，自本年起算实行。

六、王季梁提出：本年度高女士纪念奖金征文，应即指定学科，并推选征文委员案。

议决：本年度征文学科指定物理学，公推胡刚复、丁巽甫、叶企孙为征文委员。

七、留法社员张作人②提议：本社每年所出论文专刊，应分送社员案。

议决：论文专刊分送，以该年度纳费社员为限。

---

① 张謇（1853—1926），字季直，号啬庵，江苏通州（今南通）人，实业家、教育家、中国科学社名誉社员。
② 张念恃（1900—1991），字作人，号觉任，江苏泰兴人，动物学家、教育家。

理事会第87次会议记录（1930年4月26日）

十九年四月二十六日下午六时在上海陶乐春①开第八十七次理事会。

出席者：杨杏佛、竺藕舫、胡刚复、王季梁、周子竞、杨允中。

主席：竺藕舫，记录：杨允中。

一、通过伍伯良、傅斯年②、褚凤华、周鼎培、黄希声、陈友琴、刘朝阳为普通社员。

二、议决：本年（第十五次）年会在青岛青岛大学举行，会期定八月初，起讫日由筹备委员会酌定。

三、公推杨振声③、何思源④、蒋丙然、宋春舫⑤、凌道扬⑥、周锺岐⑦、杨孝述为年会筹备委员，杨振声为委员长，蒋丙然、杨孝述为常务委员。

四、公推赵元任、秉农山、翁咏霓、叶企孙、杨梦赉、李仲揆、丁燮林、王季梁为年会论文委员会委员，赵元任为委员长。

五、杨杏佛提议：过探先生家属欲将过先生遗稿编集付印，可否由本社托由科学公司出版案。

议决：由本社出版，照商务印书馆例，过先生家属得抽版税百分之十五。

六、胡明复墓建筑事，乏专人办理，拟推杨允中负责进行案。

议决：通过。

七、周子竞提议：本社房地捐税应请政府免纳案。

议决：推何尚平先与法公董局接洽，再行呈请政府核办。⑧

---

① 陶乐春是开设在上海三马路（今汉口路）浙江路的一家川菜馆。
② 傅斯年（1896—1950），字孟真，山东聊城人，历史学家、教育家。
③ 杨振声（1890—1956），字今甫，又作金甫，笔名希声，山东蓬莱人，教育家、作家。
④ 何思源（1896—1982），字仙槎，山东菏泽人，教育家。
⑤ 宋春舫（1892—1938），别署春润庐主人，浙江吴兴（今湖州）人，剧作家、戏剧理论家、藏书家、海洋科学家。
⑥ 凌道扬（1888—1993），广东新安（今深圳）人，林学家、教育家。
⑦ 周锺岐（生卒年不详），山东单县人，工程学家、教育家。
⑧ 本次会议记录在《科学》杂志第十四卷第九期（1930年5月1日出版）发表时，在其后补加一个事项："杨允中报告：据任叔永来函，中华教育文化基金董事会已通过增拨本社生物研究所建筑费一万元。"

理事会第 88 次会议记录（1930 年 6 月 24 日）

十九年六月二十四日在上海大加利①开第八十八次理事会。

出席者：翁咏霓、赵元任、任叔永、杨杏佛、王季梁、胡刚复、周子竞、杨允中。

主席：任叔永，记录：杨允中。

（一）任叔永提议：本年年会日期原定八月一日至五日，但为便利各处教暑期学校者到会起见，应将会期略予延迟，特提请复议案。

议决：本年年会日期改为自八月十二日至十六日。

（二）杨允中提出：本社上海图书馆建筑费、器具费至少须超出预算约一万四千元，应如何弥补案。

经原提议人说明：原定预算为十万元，因添置热水、暖房等设备，工程项下已超出预算七千七百余元，出〔此〕外尚须购置电器、木器、幻灯等设备，约需六千余元。

议决：超过一万四千元，设法筹垫，于必要时得以基金作抵。

（三）通过何思源、郑肇经、杨振声、凌炎、唐焘源为普通社员。

（四）杨杏佛提议：本社所有历年捐款人姓氏，应在图书馆内植碑题名，以资纪念案。

议决：通过。

（五）竺藕舫提议：留英社员刘咸②愿以本社名义出席本年九月间葡萄牙国际人类学会议，应否照准案。

议决：派刘咸代表本社就近出席。

---

① 大加利菜社是开设在上海北京路的一家苏菜馆。
② 刘咸（1901—1987），字重熙，江西都昌人，人类学家。

理事会第 89 次会议记录（1930 年 7 月 3 日）

七月三日下午七时在南京中央饭店开第八十九次理事会。

出席者：任叔永、杨杏佛、翁咏霓、胡刚复、秉农山、周子竞、竺藕舫、钱雨农、路季讷。

主席：竺藕舫，记录：路季讷。

一、钱雨农报告：生物研究所建筑、监工、修道路、筑门房、装电灯等，除包工三万六千元外，至少尚须〔需〕六千元，已指定四万元不敷应用。

议决：由十九年度经常费预算内拨付二千元。

二、年会地点更改问题。

议决：先电询现在青岛情形，如有变更必要，则改镇江焦山。

三、议决：图书管理员蒋逸群、文牍兼事务白伯涵均服务本社有年，自七月起均月支薪七十元。

四、议决：国际交换图书及与生物学有关之图书（如农学等）是否移沪，交图书馆委员会议定。

五、通过张纳川①为普通社员。

---

① 张度（生卒年不详），字纳川，江苏人，经济学家。

理事会第 90 次会议记录（1930 年 8 月 13 日）

八月十三日下午九时在青岛大学开第九十次理事会。

出席者：秉农山、叶企孙、竺藕舫、杨杏佛、任叔永、王季梁、周子竞。

主席：竺藕舫，记录：王季梁。

（一）议决：本社办公时间以上午九时至十二时、下午二时至五时为原则。

（二）议决：本社职员事假每年不得过一个月，详细办法由总干事、研究所主任及图书馆主任商定之。

（三）议决：本社总干事薪金自本年八月起加至三百五十元（其兼科学公司经理夫马费每月五十元归本社接受）。

（四）预算：

收入		支出	
基金息	二五、〇〇〇元	上海社所	一二、〇〇〇元
苏经费	一三、六〇〇元	南京社所	五、〇〇〇元
大同息	一、〇〇〇元	编辑部	一二、〇〇〇元
科学公司息	一、六〇〇元	图书馆	一五、〇〇〇元
社费	一、八〇〇元	特别费	七〇〇元
刊物	二、二〇〇元	会计	二〇〇元
广告	八〇〇元	杂项	一、一〇〇元
共计	四六、〇〇〇元	共计	四六、〇〇〇元

（五）议决：蒋士超①、白伯涵调上海，南京另寻一事务员。

（六）聘路季讷为专任编辑兼图书馆长，月薪三百元。

（七）通过新社员如下：

胡竞铭、段续川、裴鑑②、赵访熊、赵以炳、李克鸿、周荣条、梁恩永、卢于道③、林恂④、汤佩松、彭光钦、蔡镏生、杨伟、刘椽、马杰、熊学谦、高志、张志琪、周田、周同庆、高济宇、黄育贤、熊大仕、张洪沅⑤、翟念浦、区嘉炜、刘瑚、袁翰青⑥、吴鲁强、闻亦齐、

---

① 蒋士超应为蒋世超。
② 裴鑑（1902—1969），字季衡，四川华阳人，植物学家。
③ 卢于道（1906—1985），字析薪，浙江鄞县（今宁波）人，解剖学家。
④ 林恂（1903—1966），字伯遵，四川富顺人，数学家，曾长期在中华文化教育基金董事会任秘书、执行秘书。
⑤ 张洪沅（1902—1992），字佛宁，四川华阳人，化学工程学家、教育家。
⑥ 袁翰青（1905—1994），江苏通州（今南通）人，化学家、教育家。

张鸿基、葛敬应、王崇植、萧庆云、程其保、葛敬恩、杨津生、赵恩赐、朱耀芳、刘克定、任之恭、汪元起,共四十三人。

理事会第 91 次会议记录（1930 年 10 月 13 日）

十月十三日下午七时在上海共乐春①开第九十一次理事会。

出席者：杨杏佛、周子竞、王季梁、胡刚复、杨允中。

主席及记录：杨允中。

一、杨允中提议：图书馆业已落成，总办事处及编辑部均可移入新屋，以资集中办事，嗣后老屋应如何处置案。

议决：将老屋照青年会、俭德会等办法，改为社员俱乐部及宿舍，嗣后社员及本社职员住宿概须纳费，俟装修完竣，分别房间，编订宿舍价目后施行。

二、理事会选举本年度会长、会计。开票结果：会长票：王季梁五票，杨杏佛二票，任鸿隽二票，竺藕舫一票；会计票：周子竞九票，杨杏佛一票。王季梁当选会长，周子竞当选会计。（选举票存）

三、杨允中报告：本年十月二十五日为本社成立十五周纪念日，已分函北平、沈阳、南京、上海、广州各社友会及社员众多之杭州、青岛、苏州等地同时举行庆祝会。

四、议决：十五周纪念日下午三时，在明复图书馆举行庆祝会，除演讲外，预备茶点、游艺助兴。

五、议决：明复图书馆开幕典礼，俟内部一切布置妥当后，再行定期举行，惟至迟不得过一月一日。

六、议决：图书馆开幕时，同时举行中国工艺美术展览会，公推蔡子民、叶誉虎②、狄楚青③、吴湘帆④、周子竞、李毅士⑤、江小鹣⑥、杨杏佛、王云五⑦等九人为筹备委员。

七、杨允中提议：本社社闻向附在《科学》内刊布，惟《科学》为纯粹学术刊物且读者不限于社员，拟自《科学》十五卷起不再在《科学》内刊布，另印单张发行，以资灵通消息而利社务进行案。

---

① 共乐春是上海的一家酒家。
② 叶恭绰（1881—1968），字裕甫，又作玉甫、玉虎、玉父，又字誉虎，号遐庵，原籍浙江余姚，生于广东番禺，书画家、收藏家。
③ 狄楚青（1873—1939），名葆贤，字楚青，号平子，江苏溧阳人，报业家。
④ 吴湖帆（1894—1968），本名万，又名倩，字通骏，号倩庵、东庄，别署翼燕、丑簃，书画署名湖帆，江苏苏州人，书画家、收藏家。
⑤ 李毅士（1886—1942），名祖鸿，号毅士，江苏武进人，画家。
⑥ 江小鹣（1894—1939），原名新，江苏吴县人，画家、雕塑家。
⑦ 王云五（1888—1979），原名之瑞，字日祥，号云五。后以云五为名，又号岫庐。祖籍广东香山（今中山），生于上海，出版家、社会活动家，中国科学社赞助社员。

议决:照办,此项社闻专刊定名为《社友》。

八、通过新社员如下:

刘廷蔚、聂光堉、毛康山、曹简禹、谭仲约、管家骥、关富权、张道藩①、王长平、徐公肃、杨俊阶、胡纪常、陈维、徐宗谏、张乃凤、许振英、黄辉、李沛文、丁燮和、周承钥、厉德寅、顾毓泉②、杨守珍、安立绥、陈裕华。

九、周子竞提议:本社接到科学公司通告,发给股息一千余元,惟该公司现在续招新股二万元,此项股息应否提出现款,抑再购新股,请公决案。

议决:尽数再购新股。

中国科学社理事会第四任会长王琎(季梁)与其家人1920年合影

附新社员学科及住址:③

顾毓琼	机械工程、工业管理	美国康乃尔大学④
杨守珍	工业化学、有机化学、理论化学	同上
刘廷蔚	昆虫学、生物学	同上

---

① 张道藩(1897—1968),字卫之,贵州盘县人,美术教育家、文艺理论家。
② 原文有误,应为顾毓琼。顾毓琼(1905—1998),号一泉,江苏无锡人,机械工程学家。
③ 该附件发表在《社友》第1号(1930年10月25日刊行),档案原件中并无,兹予增补。
④ 今译康奈尔大学。

毛康山	化学、工业管理	同上
聂光堉(守厚)	铁路工程、实业工程	同上
黄辉(则辉)	电汽〔气〕工程、水力工程	同上
关富权	土木工程(铁路及构造)	同上
谭仲约	植物养育、土壤学	同上
管家骥(慕阳)	植物养育、菜圃学	同上
曹简禹(女士)	有机化学、理论化学、植物生理	同上
李沛文(质生)	果树学	同上
许振英	畜牧	美国华盛顿留美学生监督署转
周承钥	育种学、植物病理学、农业管理	美国康乃尔大学
张乃凤	农科	同上
安立绥	农业	同上
陈裕华(蕴辉)	建筑工程、土木工程	同上
陈维(系常)	化学、微菌学	同上
厉德寅	统计学、算学	美国威士康辛大学[①]
杨俊阶(少轩)	病菌学、免疫学、生理化学	同上
张道藩	美学	青岛大学
丁燮和	土木工程	东北大学
王长平(鸿猷)	心理学	北平西直门后桃园二十五号
胡纪常	经济学	上海中央研究院社会科学研究所
徐公肃	国家法、外交史	上海西爱咸斯路[②]恒爱里五号
徐宗谏	化学工程、物理化学	东北大学

[①] 今译威斯康星大学。
[②] 西爱咸斯路即今永嘉路。

理事会第92次会议记录（1930年11月25日）

十一月二十五日下午七时在上海共乐春开第九十二次理事会。

出席者：竺藕舫、王季梁、周子竞、胡刚复、杨允中。

列席者：路季讷、曹梁厦、何伊榘、朱少屏。

主席：王季梁，记录：杨允中。

报告事项：

一、杨允中报告：第五次太平洋科学会议已定于一九三二年五月二十三日至六月四日在坎拿大①温哥华及维多利亚开会，本社已接到该会总干事非正式通知，正式请函定于两个月内送到。

二、本年青岛年会对于理事会名额，连总干事为十一人，抑为十二人，发生疑问，曾推路季讷、钱雨农、杨允中三君为调查苏州年会记事录委员。兹据该委员会报告：苏州年会并无是项议案提出，惟查民国十四年八月在北京欧美同学会开第十次年会时，曾由修改章程起草委员会任鸿隽、竺可桢、王琎、胡明复、杨铨、胡刚复、过探先等七君提出修改章程第一章定名、第三章社员、第八章理事会、第十章选举、第十一章分社。其第八章第二十七条修改文为"理事会以理事十人及总干事一人组织之"；第二十八条修改文为"理事任期各二年，每年改选五人，由司选委员提出，经全体社员投票选决"。是项提案在大会中讨论之后，均照修改文通过，惟当时以不足修改章程法定人数，故议决将大会讨论结果以通讯法征求会员之同意，征求之结果，英文名称一章差一票否决，其余第八章至十一章均通过。此当时修改章程之经过情形也。自第十一次年会至现在，遍查各年会记录，对于第十次年会所修正之各章并未经再度之修改，是理事会实为十一人也。

议决事项：

一、本社发起之工业美术展览会，原定于一月一日明复图书馆开幕时同时举行，兹据各方来函，均以时间匆促为虑，且开会经费尚未指定数目，亦难着手筹备，究应如何进行。

议决：展览会延至明春外国清明节②左右开会，由展览会筹备委员会酌定日期，希望于会期内能有讲演数次，本社担任开会费用一千元，倘有不敷，请筹备委员会酌

---

① 今译加拿大。
② 外国清明节大概是指耶稣受难日（Good Friday），复活节的前一个星期五。

量筹募。

二、杭州、青岛两社友会各函送会章,请核准设立案。

议决:准予设立杭州社友会,会章照原文通过。青岛社友会会章第五条删,第五条改为"本会为办理会务,得设立各项委员会",加第八条"本章如有未尽事宜,应照社章办理",修正后通过。

三、苏州社友会函请设立案。

议决:准予设立;附寄杭州社友会会章一份,以供参考。

四、明复图书馆开幕典礼应如何筹备进行案。

议决:1.图书馆定于一月一日开幕。

2.同时举行书版展览会,公推蔡子民、王云五、陈乃乾[①]、柳翼谋、杨杏佛、周子竞、杨允中、王季梁、路季讷九君为展览会筹备委员,由王季梁召集。

3.公举曹梁厦、何伊榘、朱少屏、路季讷、杨允中五君为图书馆开幕典礼筹备委员,由杨允中召集。

4.开幕日晚间举行上海社友会新年同乐会。

五、通过戴安邦、谢吉士、程华灿三君为普通社员。

十时散会。

---

① 陈乃乾(1896—1971),名乾,字乃乾,浙江海宁人,文献学家、编辑出版家。

中国科学社明复图书馆及上海社所新屋

理事会第 93 次会议记录（1931 年 1 月 7 日）

二十年一月七日中午在上海本社明复图书馆会议室开第九十三次理事会。

出席者：任叔永、王季梁、胡刚复、周子竞、杨允中。

列席者：路季讷。

主席：王季梁，记录：杨允中。

一、南京社所贴近有张姓菜园，地约一亩余，与社地相错，为完成宁社预定建筑计划计，久应收买，兹闻张姓急于出售，本社应否立即收买案。

议决：请杨杏佛、竺藕舫、钱雨农三君办理购地事宜，以每方价十五元为准，立即收买。

二、苏州及沈阳社友会会章照原文通过。

三、钱雨农提议：请于本年度宁社预算盈余项下，拨作修建门房、篱笆、筑路之用案。

议决：准拨，惟以一千元为限。

四、威海卫管理公署来函请本社于本年前往威海卫开年会案。

议决：本年年会地点已有预定，应提出下次年会讨论，先函声谢。

五、通过新社员二十六人：

田世英、谢汝镇、施仁培、武崇林、赵修乾、刘正经、郦恂立①、唐家装、张佶、童隽、李亮、梁思成、许本纯、郑法五、王化启、汤彦颐、邱培涵、蔡方荫、戴增祥、陆志安、吴诗铭、田锡民、顾燮光、邹赓峥、江榕②、关贵禄。

六、明复图书馆演讲室将来有人借用应如何限制案。

议决：请杨允中君草拟借用章程，提交下次理事会核议。

七、图书馆阅书规则应添二条：

（一）除社友外凡来阅书者应存款二元，取得阅书证方可入览。（二）阅书者携带物品概须寄存寄物处，不得携入阅书室。

八、中华教育文化基金董事会现在沪开会，兹值明复图书馆落成，定本星期六午后略备茶点，招待该会全体董事来社参观。

九、任叔永报告：重庆社友对于社务颇见热心，久有组织社友会之趋势，可函致重庆黄伯易③君着手办理。

---

① 郦恂立（生卒年不详），字心莲，浙江嘉兴人，化学家。
② 原文有误，本次会议记录在《社友》第五号（1931 年 1 月 12 日刊行）发表时改为"汪榕"。汪榕（生卒年不详），字冬生，化学家。
③ 黄伯易（生卒年不详），四川巴县（今属重庆）人，生物学家。

理事会第 94 次会议记录（1931 年 3 月 26 日）

民国二十年三月二十六日下午八时在上海社所开第九十四次理事会记录

出席者：竺藕舫、王季梁、胡刚复、周子竞、杨允中。

列席者：路季讷。

主席：王季梁，记录：杨允中。

一、决定本年年会地点及筹备委员会与论文委员会人选案。

议决：本年年会在沈阳东北大学开会，推定孙国封、丁绪宝、萧纯锦、庄长恭①、任鸿隽、杨孝述、钱崇澍为年会筹备委员，孙国封为委员长，又推定翁文灏、秉志、王琎、何衍璿、何育杰、竺可桢、鲍国宝为年会论文委员，翁文灏为委员长。

二、建筑出租住宅以裕收入案。

（说明）本社事业加增，预算入不敷出，亟宜善治投资，以裕经费。查宁沪二社所【均有余地，可建出租住宅。沪社所】②内可将老屋拆除，沿爱麦虞限路③造上等住宅四宅，每宅造价三千两，月租可七十五两。宁地④所余地尤多，宁地住宅，需要尤殷，每宅造价一千二百两，月租可四十五元，利息均达三分。若拨基金二万元为建筑之费，每年收入六千元，以一半还基金，七年即可偿清。

议决：先委托杨杏佛、钱雨农二君调查南京社址内以何处为适当，并与市政府筑路计划有无不合之处。

三、中国科学公司董事会商请本社担保建筑借款案。

（说明）科学公司慕尔鸣路⑤厂址租期仅存一年，且该屋业已易主，地方逼仄，久感不敷应用。公司董事会已议决另行租地造屋，预计约三万元。目前公司所付房租，每年亦三千元，将来付款能力，不成问题，惟造费一时无从筹措。公司董事会以本社系创办人，股份独多，特商请本社担保银行借款，俟收足股本尽先偿还。

议决：准予担保银行借款二万元，余由公司董事会另行设法。

四、本社生物研究所教授裴鉴博士著有 *The Verbenaceae of China*⑥ 一书，请本社出版列入研究丛刊案。

---

① 庄长恭（1894—1962），字丕可，福建晋江人，化学家。
② 【 】内的文字系根据《社友》第八号（1931 年 4 月 15 日刊行）发表的本次会议记录增补，下同。
③ 爱麦虞限路即今绍兴路。
④ 《社友》第八号将"宁地"改为"宁社"。
⑤ 慕尔鸣路即今茂名北路。
⑥ 中文译名为《中国之马鞭草》。

（说明）该书经秉农山、钱雨农二先生审查，认为极有价值之著作。全书约三百面，插图数十帧。精装一千本印费，约需二千元。在国外销售，每本可售美金五元，以售去一百部计，即可收回印费。国内售价可大为折减。稿酬为书一百册。

议决：由本社出版。

五、社员顾世楫①著《空气中湿度之测定》一书送请本社出版案。

（说明）该书已经竺藕舫先生审查，认为可用，且有曲线图解，极便检查。全书三十二面，图一大张。一千本印费约九十元。稿酬赠书。

议决：由本社出版。该书名称改为《空气湿度测法指南》。

六、本社职员请假规程案。

（说明）此案由第九十次理事会推秉农山、路季讷、杨允中三君起草，兹附规程草案五条。

议决：照原文通过施行，规程附。

七、本社演讲室及展览室借用办法案。

（说明）此案由第十三次理事会推杨允中君起草，兹附办法草案八条。

议决：修正通过，章程附。

八、本社宿舍出住〔租〕办法案。

（说明）上海社所老屋，经上次理事会议决，照青年会等办法分租于社员居住。兹拟陈设卧室四间，每间设备自一百元至一百五十元。房金每间每月四十元。点日每客一元半。楼上新增之一间，拟作为职员卧室，俾晚间有人照料。

议决：照办，惟房金应视位置大小分为等第，自四十元至二十八元，不加折扣，非社员不租。

九、选认新社员：

王守竞、姬振铎、何文俊、许希林、陈思义、胡泽、王季眉、徐调均。

十、议决：南京生物研究所新馆内为故社员过探先先生立碑纪念。

十一、本社单独捐募之探先纪念金，现收到者仅二百余元，无济于前，而各团体发起之探先墓前纪念物建筑费，不敷亦尚巨，【请将本社单独捐款，】一并移作墓前建筑费案。

议决：尽数移并。原定探先纪念金，日后再行设法另募。

---

① 顾世楫（1897—1980），字济之，江苏吴县（今苏州）人，水利工程学家。

中国科学社职员请假规程

一、办公时间

本社各部办公时间,除例假外,每日上午九时至十二时,下午二时至五时,每日签到于簿。

二、放假

规定放假日如下:一月一日民国成立纪念,三月十二日总理逝世纪念,三月二十九日革命先烈纪念,五月五日革命政府纪念,七月九日国民革命军誓师纪念,十月十日国庆纪念,十一月十二日总理诞辰纪念。

三、请假

每年自七月一日至次年六月三十日,事假及夏季休假,共计不得过三十六日,例假不计在请假期内,本人职务应托同事一人代理。

四、请假逾期

凡职员请假超第三条规定日数外,按日扣薪。

五、请假概用书面

写明事由及日数,各部职员向各部主任请假,各部主任向理事会请假。夏季休假以轮流为原则。

演讲室及展览室借用办法

一、本社沪宁二处演讲室及展览室,得因学术上之需要,借与各学术团体或个人讲学展览之用。其非学术性质之集合,概行谢绝。

二、凡欲借用者,应于开会前二星期,用正式公函声明集会宗旨、人数、时间及负责人之姓名、住址,向本社接洽。

三、借用时期非经本社理事会之特别许可,不得逾三日。

四、会场布置如有须变动之处,须先经本社同意。

五、如有用茶点食物者,应于本社指定之处行之。

六、用水电热汽者,本社得酌收费用。

七、展览会场内如兼贩卖物品者,应将售价百分之二十归本社作房租费。

八、展览会期内本社除照常防守门户外,不负保管会场之责。

九、损坏本社房屋物件,应由借用人负责赔偿。

十、开会期内所有到会人员应一律遵守本社社所规则。

中国科学社生物研究所新屋

理事会第95次会议记录（1931年6月12日）

六月十二日下午七时在上海古益轩①开第九十五次理事会。

出席者：杨杏佛、王季梁、周子竞、胡刚复、杨允中。

列席者：路季讷。

主席：王季梁，记录：杨允中。

报告事项：

（一）本社所接第五次太平洋科学会议案卷，已悉数移交中央研究院办理，并已正式函达该会议执行委员会，声明依据第四次大会议案录，嗣后我国出席代表由中央研究院名义担任。

（二）收到上海市教育局奉教育部令，转发社会团体图记刊制章程及式样。

（三）上海社所宿舍已定三十六元、三十二元、十六元三等房间实行出租。

讨论事项：

（一）本届年会原定在沈阳举行，兹以东北大学方面发生不安定事情②，在沈筹备委员以进行困难，纷纷来函辞退，并请另易年会地点，应如何办理案。

议决：本年年会改在镇江举行，以八月廿二日至二十六日为开会之期，另推筹备委员九人如下：吴稚晖（委员长）、邓福培③、茅唐臣、杨允中（以上三人常务委员）、孙揆伯④、陈孟钊⑤、柳翼谋、俞庆棠⑥、周厚枢⑦。

（二）考古学奖金委员会丁在君、翁咏霓、章鸿钊三委员函荐斐文仲⑧先生为十九年度考古学应奖人，请核准案。

议决：通过。

（三）实业部函送工业标准委员会简章，请查照选派代表案。

议决：请薛绍清⑨、陆志鸿⑩为代表。

---

① 古益轩是开设在上海三马路（今汉口路）的一家川菜馆。
② 本次会议记录在《社友》第十一号（1931年6月27日刊行）发表时，将"不安定事情"改为"意外变动"。
③ 邓福培（生卒年不详），字栽岑，江苏无锡人，电机工程学家。
④ 孙鸿哲（1876—1937），字揆伯，又作揆百，号寒松，江苏无锡人，教育家，时任江苏建设厅长。
⑤ 陈和铣（1893—1988），字孟钊，江西九江人，法学家、教育家。
⑥ 俞庆棠（1897—1949），女，字凤岐，祖籍江苏太仓，生于上海，教育家。
⑦ 周厚枢（1899—1967），字星北，江苏扬州人，化学家、教育家。
⑧ 原文有误，《社友》第十一号改为"裴文仲"，应为裴文中。裴文中（1904—1982），直隶（今河北）丰南人，考古学家、古生物学家。
⑨ 《社友》第十一号将"薛绍清"改为"徐乃仁"。薛绍清（1897—1976），字宇澄，江苏江阴人，电机工程学家、教育家，中国科学社第353号社员。徐乃仁，字南驹，江苏震泽人，工程学家。
⑩ 陆志鸿（1897—1973），字筱海，浙江嘉兴人，工程材料学家、金相学家、教育家。

（四）留英社员刘咸来函,愿代表本社出席本年在法国举行之国际人类学会议,请酌给旅费案。

议决:本社经费支绌,实无款可拨,此次人类学会议不派代表。

（五）社员谢家荣来函,拟将原著《地质学》(上编)一书修订再版,俾成一单体,要求少数稿费并抽版税案。

议决:该书初版本由本社酌酬稿费,修订再版之后,本社愿将版税百分之十五分出一半以酬作者。

（六）本社拟于下秋在上海举行科学演讲,应组织演讲委员会以资主持进行案。

议决:公推王季梁、胡刚复、周子竞为委员,先期筹划主持进行。

（七）编辑部助理姚国珣薪水自八十元加至九十元,图书馆助理兼编辑部缮写孙维兰自四十元加至五十元,总办事处编辑兼图书馆编目于星海自六十元加至七十元,请追认案。

议决:通过。

（八）通过新社员十四人[①]如下:

普通社员:黄绶、张肇骞、罗河、唐家珍、王孝华、周岸登、张世杓、(陈和铣、张鸿哲[②]、俞庆棠)(年会筹备员,先通过后征求)。

仲社员:万宗玲、张贤、陈为桢、王敏、陈可培、曲桂龄[③]。

---

① 《社友》第十一号将"十四人"改为"十六人"。
② 原文有误,《社友》第十一号改为"孙鸿哲"。
③ 曲仲湘(1905—1990),字桂龄,河南唐河人,生态学家、环境科学家、教育家。

理事会第 96 次会议记录（1931 年 8 月 7 日）

八月七日下午四时在上海本社开第九十六次理事会。

出席者：王季梁、周子竞、胡刚复、杨允中。

列席者：路季讷。

主席：王季梁，记录：杨允中。

一、议决：二十年度高女士纪念奖金征文学科为生物学，公推秉农山、胡经甫、钱雨农三君为征文委员。

二、旅沪高丽人安昌浩①商借本社演讲室于九月三、四日开兴士团大会年会案。

议决：该会虽以修养人格、神圣团结为目的，但究非纯粹学术性质之集会，本社演讲室碍难借用。

三、中国科学公司股本尚未招足，经股东大会建议，每老股四股添认新股一股，本社系股东之一，应否添认案。

议决：照比例标准添认三十八股。

四、竺藕舫理事提出：社员谢家荣君对于增订《地质学》一书上次开会议决之抽版税办法表示不满，请复议案。

讨论之下，归纳下列　②点：(1)著作人既抽版税，即不能再付稿费。(2)该书版权属于本社，发行权属于商务印书馆，该书之推销有赖本社宣传之力甚多，故修订再版之后，本社应当享受一部分版税之利益。(3)百分之十五之版税率，系商务对于本社优给之税率，已不能再加，著作人于原书本无版税，重编之后抽税百分之七·五，如宣传得力，销数必较初版为多，每年亦可得百数十元，不致甚菲，本社宣传广告及一切代劳所费亦大，如此分配揆诸事理似颇公允。

议决：维持原议。

五、生物研究所秉所长提出：为研究所筹募基金启及捐款办法与基【金】保管简章。

议决：筹募基金通过。

捐款办法第二条删。

第三条加"捐款满五百元者，题名纪念碑"。

---

① 安昌浩（1878—1938），字致三，号岛山，朝鲜独立运动领袖，韩国临时政府领导人，新民会、兴士团创立者。
② 此处原文空缺，本次会议记录在《社友》第十三号（1931 年 8 月 10 日刊行）发表时补为"三"。

第五条"基金保管由本社组织基金保管委员会办理之"。

基金保管章程第一条,照上第五条修改。

六、通过新社员九人如下:

俞庆棠、卢恩绪、项志达、武同举、田和卿、汤腾汉、刘仙洲、郝更生、张春霖。

理事会第 97 次会议记录（1931 年 9 月 16 日）

九月十六日下午六时在上海社所开第九十七次理事会。

出席者：竺藕舫、王季梁、周子竞、胡刚复、杨允中。

列席者：路季讷。

主席：王季梁，记录：杨允中。

一、编辑部主任王季梁推荐吴在渊①、尤志迈②、董任坚③、赵燏黄④四君为《科学》编辑，请依据本年年会议决案由理事会聘任案。

议决：通过。

二、通过新社员高振华、彭谦、周彦邦、汪大燧、戴晨、康清桂、管际安、赵武、曾慎、胡品元等十人为普通社员。

三、杨允中提出：二十年度本社预算案

众【以】细核之下收支不能相抵，且事关各部经费，非再从长讨论，未便遽行决定，下次开会拟在南京再提出讨论。

---

① 吴在渊（1884—1935），江苏武进人，数学家、教育家。
② 尤志迈（生卒年不详），字怀皋，江苏吴县人，畜牧学家、实业家。
③ 董时（生卒年不详），字任坚，浙江杭县人，教育家、翻译家。
④ 赵燏黄（1883—1960），又名一黄，字午乔，号药农、去非、老迟、高翁，江苏常州人，本草学家、生药学家。

理事会第 98 次会议记录（1931 年 11 月 17 日）

十一月十七日下午五时在上海社所开第九十八次理事会。

出席者：王季梁、周子竞、胡刚复、杨允中。

列席者：路季讷。

主席：王季梁，记录：杨允中。

一、美国爱迭生①先生于十月十八日逝世，本社以先生毕生从事于科学事业，为人类谋得极大福利，其研究精神之表现，实为吾国人士之良模，当有以留永久之纪念，特于本月八日就社友中召集小组讨论会，讨论结果为，建议于本理事会募集爱迭生纪念奖金基金，奖励范围为论文、演讲、研究发明，或奖一种，或奖多种，视所募基金之多寡，由理事会再定，募捐期于本年底截止，特将此建议提出，请公决案。

议决：照原建议通过，并推定下列五十人为爱迭生纪念金募捐委员会委员：

赵元任、任鸿隽、吴有训、曾昭抡、杨荫卿、杨铨、熊正理、方光圻、徐乃仁、陈裕光、吴贻芳、鲍国宝、裘维裕、曹梁厦、刘鸿生②、黄伯樵③、方子卫、丁燮林、徐作和、胡刚复、邹秉文④、陈茂康、张廷金、杨季璠、朱其清、王琎、郭承志、周仁、顾振、钟兆林、路敏行、杨孝述、赵修鸿、徐韦曼、陈宗南、黄巽、钟荣光、李熙谋、张绍忠、顾世楫、杨振声、蒋丙然、宋春舫、徐景韩、王义珏、沈伯先⑤、桂质庭⑥、王抚五、王锡恩、文澄。

二、杨允中报告：本届理事会选举会长、会计，共收到九票，开票结果如下：

王季梁得六票当选为会长，次多数为翁文灏、杨铨、秉志各一票。

周子竞得八票当选为会计，次多数胡刚复一票。

三、杨允中报告：杭州烟霞洞明社工程项下，尚结欠建筑费二百余元，且玻璃纱、隔窗均未在内，明复墓之顶亦尚未成功。

略加讨论，未得相当办法，应继续募捐以资填补。

四、本社事业头绪繁多，惟精神与经济均属有限，若不确定全社工作计划，择要

---

① 爱迭生即爱迪生。
② 刘鸿生（1888—1956），祖籍浙江定海，生于上海，实业家。
③ 本次会议记录在《社友》第十七号（1931 年 12 月 16 日刊行）发表时误作"黄柏樵"。黄伯樵（1890—1948），原名国祥，后改名异，以字行，江苏太仓人，电工机械专家。
④ 《社友》第十七号误作"邹炳文"。
⑤ 原文有误，《社友》第十七号改作"沈百先"。沈百先（1896—1990），字百先，浙江吴兴（今湖州）人，水利工程学家、教育家。
⑥ 《社友》第十七号误作"桂质延"。桂质廷（1895—1961），又名质庭，原籍湖北武昌，生于湖北沙市，物理学家、教育家。

举行,势必无所成就。且近来股票跌价,基金摇动,金价昂贵,支出倍增,收入少而支出多,经济上亦已发生极大困难,亟宜定期召集理事会全体大会,讨论以后进行方针。

议决:先由社中胪列最近社务进行实况,送请全体理事拟具意见及计划,再行商定日期,召集全体大会。

五、通过新社员二十三人:

李方训、邹曾侯①、曹励恒、刁培然、李良庆、胡梅基、翟鹤程、汪呈因、周明牂、张和岑②、杨善基、楼兆觫③、李庆贤、陶桐、李振翩④、张海澄、汤觉之、冯敩棠⑤、徐荫祺、王葆和、江启泰、梁庆椿、张维正。

---

① 《社友》第十七号误作"邵曾侯"。 邹曾侯(1900—?),字鲁如,江西南昌人,会计学家。
② 张和岑(1898—1985),浙江鄞县(今宁波)人,医学家。
③ 《社友》第十七号误作"楼兆庆"。 楼兆觫(1903—1978),又名兆绵,浙江诸暨人,电机工程学家。
④ 《社友》第十七号误作"李振翩"。 李振翩(1898—1984),字承德,湖南娄底人,细菌学家、病毒学家。
⑤ 《社友》第十七号作"冯敩棠"。 冯敩棠,又名敩棠,江苏无锡人,生物学家。

理事会第 99 次会议记录（1932 年 1 月 9 日）

二十一年一月九日下午六时在上海社所开第九十九次理事会。

出席者：高君珊、胡刚复、任叔永、周子竞、王季梁、杨允中。

列席者：路季讷。

主席：王季梁，记录：杨允中。

一、杨允中报告：基金保管委员会送来二十年底基金结算清单，计存有价证券票面三十五万六千四百元，中国银行股票三千元，兴业银行股票二千九百元，中国银行往来户三万五千七百二十五元，欠中国银行透支五万零三百〇九元，次提议：本社基金前经议决不得少于公债票面三十万元，是该项基金只限公债，在基金保管委员会对于基金之处理自亦不便越此范围，但照目前公债状况而论，基金投资是否以此为最相宜，实有讨论之余地，应否由本会先行决定基金投资之方针，俾保管委员会得便宜处理而益臻基金之稳固，请公决。

议决：（一）本社基金不以前议决案公债票面三十万元一条为限。（二）以后收到证券本息，尽先偿还中国银行欠款。（三）收到证券本息俟积有成数，暂以存入银行八厘生息为原则。（四）仍照十八年二月十七日理事会议决案，每二个月由基金保管委员会拨付本社会计基金息洋四千元。

二、本社理事会照章每月至少开会一次，但诸理事散处各方，每次开会事实上决难齐到，社章中应即规定法定人数或其他救济办法，又去年年会通过理事名额增加四人，但未及改选，办法亦应加以规定。（杨允中提议）

议决：由本会依据社章第十四章，提议下列修改社章草案，交本年年会投票取决：

（一）社章第二十八条："理事任期各二年，每年改选七人（原文五人），由司选委员提出，经全体社员投票选决。"（新增四人之任期，二人为一年，其他二人为二年，由抽签决定之。）

（二）第二十九条后增添一条："理事会设常务理事六人，社长、总干事、会计为当然常务理事，其他三人每年由理事中互选出之。承理事全体大会之命，在闭会期内执行一切社务。"（以下各条顺推后一条。）

【（三）】第四十条（原三十九条）："理事会每年开大会二次，常务理事每月至少开会一次，均以过半数为法定人数，开会日期……"以下与原文同。

三、通过本社二十年度预算书，计收支各为四万七千零五十六元。（另有预算详表①）

---

① 所附预算详表略。

收入之部		支出之部	
基金息	二四、〇〇〇元	总务费及刊物发行部	一三、九〇八元
省补助费	一三、六五六	图书馆员薪、书报、装订	一三、三二〇
存款息及股息	三、一〇〇	编辑部员薪、《科学》及论文专刊印费	一〇、三〇〇
社费	二、〇〇〇	生物研究所事务费、杂志	七、三〇〇
刊物发行	三、七〇〇	预备费	二、二二八
科学公司贴总干事薪	六〇〇		
总计	四七、〇五六元	总计	四七、〇五六元

四、杨允中报告：社友周美权君最近捐助本社明复图书馆《图书集成》一部，共计一千六百十八册，其他国文书五十三种，共计九百三十八册，均已由扬州运到，尚有旧小说数十种，亦将由扬运来。

全体通过，正式接受，并专函向周君道谢。

五、路季讷报告：社友陈伯庄君为纪念其父荜喈先生起见，愿捐入本社其父之遗书，计《粤雅堂丛书》全部及其他国文书一二千册，惟要求有一纪念方法。

议决：欢迎捐书，并可在明复图书馆立碑悬像以资纪念。

六、杨允中报告：邻居吴君挽社友何尚平君商购本社图书馆北首沿亚尔培路三角形狭地一段，可否之处，请公决。

议决：因系公产，不便出让。

七、路季讷报告：本社图书馆馆员孙香亭君于上月二十四日在沪逝世，孙君在社服务十年，工作勤慎，本社应否加以抚恤？

议决：由本社担任丧葬费。

八、路季讷提议：近以研究或著作需用参考图书者渐众，若仅予来馆阅书或借书三册之便利，均不济事。本馆三楼尚有余屋，可否先辟一室为读书室，略置书架、桌椅，租用人可多借图书阅读，惟不得携出馆外，并酌收租金案。

议决：准办。租用人每人付借书保证金二十元，保留书桌一张，月收租金五元，不满一月仍照一月计算。其详细办法由图书馆主任草拟，交会核议通过。

九、通过黄均庆、魏菊峰、李方琮、张铨、韩组康五人为普通社员，朱德和君为永久社员。

十、社友张鸿年君函本会,条陈团结科学家以科学研究作救国准备,请在最短期内召集会议,分别组织从事研究。(原文已载《社友》十七号)

讨论之下,咸以社员散处各方,召集会议事实上一时殊难办到。路季讷君建议,本社已设之科学咨询处,除文字讨论外,并可接受社会人士来社面询。任叔永君建议,在此国难时期,本社社员应多多发表关于军事科学及提倡科学之文字。

十一、社友吴承洛[①]君函送武汉大学教员衷玉纯[②]君汉译德著《波动力学》二册及《向量力学》一册之内容,询本社能否代为出版列入丛书。

先审查译本,如印费太巨本社无力出版者,再由本社介绍商务等代为发行。

[①] 吴承洛(1892—1955),字涧东,福建浦城人,化学家、学会工作活动家。
[②] 原文有误,《社友》第十八号(1932年1月16日刊行)改作"衷至纯"。 衷至纯(1900—1949),曾留学德国,并先后任教于武汉大学、广西大学、安徽大学,亦是中国农工民主党广西组织创始人之一。

理事会第 100 次会议记录（1932 年 4 月 5 日）

四月五日下午七时在新新酒楼①开第一百次理事会。

出席者：翁咏霓、秉农山、杨杏佛、周子竞、胡刚复、王季梁、杨允中。

一、通过陈忠杰、陈邦杰为普通社员。

二、杨允中报告本社经费状况：（一）基金利息已由八厘减至五厘。（二）苏省经费本年度至现在止仅到五个月。（三）刊物收入亦减，故以后各种事业不得不酌予紧缩：(1)秉所长曾经表示，生物研究所各种杂志以后由该所经费项下开支，俟经费充裕，再由总社补助；(2)《科学》月刊近来每期内容甚多，如第十四五卷之页数较之七八卷增加三分之一以上，以后可注重选材，减少数量，则于印费可节省不少；(3)日常购置及消耗减少至最低限度。至如何能收支适合，因目下时局不定，尚无从计划。

众无异议。

三、本年年会地点。

咸以时局未定，目前断难决定，俟下次开会时再讨论。

---

① 新新酒楼是上海南京路上的新新百货公司开设的一家粤菜馆。

理事会第 101 次会议记录（1932 年 5 月 8 日）

五月八日下午七时在上海本社开第一百○一次理事会议记录

出席：王季梁、杨杏佛、周子竞、胡刚复、任叔永、杨允中。

列席者：蔡董事孑民、秉农山、钱雨农、路季讷。

主席：王季梁，记录：杨允中。

（一）杨允中报告：近因国民政府停付外债一年，文化基金会补助本社生物研究所之经费因之发生影响，且该项补助费至本年六月底又届期满，务必设法办到继续，兹事关系重大，务请本会设法救济。

任叔永谓：业与政府当局接洽，大概该会经费照原预算可筹七八成，该会自办事业须加以紧缩，则补助机关之经费当亦不能不打折扣。

秉农山谓：本所补助费为数甚小，而现有事业之进行实不易收缩，故最好设法对于本所经费能维持原数。

议决：由本社函致基金会，请求对于生物研究所补助经费维持原状。

（二）南京生物研究所新屋屋顶漏水，迭次修理无效，若重加白铁屋顶，约须〔需〕款一千元，应如何进行？

议决：从早根本修理或重建。

（三）现在南京地方安靖，沪宁车亦不日可通，宁社房屋不可久令空虚，生物研究所应从早迁回办事。

（四）本社因基金利息减低，苏款欠发，一切收入减少，经费颇形困难，亟应通盘筹划，重做预算，以期收支相抵，如属不得已，得裁员减政。

（五）上海社所寄宿舍无甚用处，而捐税等开支不小。

议决：全部出租，图书馆后面另造小屋，为本社厨房、宿舍之用。

（六）议决：本年年会在西安举行，会期定八月下旬。

（七）推举李仪祉、李俨、许心武、李赋京、寿天章、杨允中、（陕教长）七人为年会委员会委员，李仪祉为委员长，并公推杨虎城①为年会名誉委员长。

（八）议决：为本社各机关便于招待社员起见，由本社发给社员证，于每年收到社费后随同收据发出，永久社员发给长期证。社员证之式样如下：

---

① 杨虎城（1893—1949），原名龢，后易名忠祥，号虎臣，后改虎城，陕西蒲城人，时任国民革命军第十七路军总指挥、陕西省政府主席。

```
           中国科学社社员证
              社号……………
      姓名……………号……………
      凭此证得向本社附设之图书馆研究所,照所定规则借
   用图书、仪器、标本,并享受各社所、各地社友会各种集会
   之招待。
      有效期:民国二十一年一月至十二月。
                            总干事……………
   二十一年    月    日
```

1. 此证除由总干事签字外,并轧本社硬印。

2. 每年换一种颜色。

3. 永久社员写明"永久社员证"字样。

(九)杨允中报告:上海科学仪器馆来函,愿代本社在该馆三楼特设一室,以为招待本社社友休憩晤谈之所。

众意对于该馆盛意十分感谢,可在该室中陈列本社刊物或标本等物以资联络,惟不必用社友招待处等名目。

(十)通过关伯益为普通社员,狄宪为仲社员。

理事会第 102 次会议记录（1932 年 7 月 23 日）

七月二十三日下午七时在上海亚尔培路中央研究院开第一百○二次理事会。

出席者：任叔永、杨杏佛、王季梁、周子竞、胡刚复、杨允中。

王季梁主席，杨允中记录。

一、杨允中报告：昨据年会委员长李仪祉君面告谓，近以潼关一带虎疫①盛行，陇海路车及西潼汽车均不通至潼关，本年年会是否能如期开会成为问题。李君定于本月二十七日返抵西安后，即行电报详情。

杨杏佛谓：潼关一带既发生虎疫，到会人数必不踊跃，且西北无完善医药设备，为安全计，还是另择地点为宜。

周子竞谓：阅今日报载，陇海路已通至潼关。

杨允中谓：一方面固应顾到到会人数及安全，但此次年会筹备经月，陕西省政府杨主席亦有极恳切之欢迎函来社，如非迫不得已，不宜转意改易地点。

任叔永谓：今年不到西安明年还可以去，主张本年改在北平开会。

胡刚复主张：如不能到西安开会，应在上次会议通过之第二地点无锡开会。

主席以本年不到西安去开会付表决，举手者二人。

讨论结果：一方面预备无锡年会，一方面仍候李委员长返陕后来电报告以资定夺，并推定无锡年会委员九人如下：高践四②、胡刚复、俞庆棠、唐焘源、胡敦复、朱觉卿、杨允中、钱天鹤、何尚平。

二、杨允中报告：中国科学图书仪器公司正在建筑新屋，并于本年起发行教科书，因新事业之发展，必须添招股本，但该公司为本社所发起且为大股东，故添招股本之数，须先探听本社之意见，方有若干把握。照该公司目前情形，非再招四万之不可，本社尚可加股若干，请本会酌定一数目。

杨杏佛谓：增加若干股本，想大家都赞成。

任叔永谓：此事须先由股东大会决定后，本社方可考虑数目。

讨论结果：俟该公司股东大会决定添招股本数目后，再由本社认购相当成数。

三、通过普通社员六人：

邓叔群③、崔士杰、杨锺健、徐学禹、赵中天、叶善定。

---

① 虎疫指虎烈拉（cholera），即霍乱。
② 高阳（1892—1943），字践四，江苏无锡人，乡村建设运动领袖人物之一，教育家。
③ 邓叔群（1902—1970），字子牧，福建人，微生物学家。

又仲社员一人:王辅世。

中国科学图书仪器公司新屋(福煦路[今延安中路]649号)

理事会第 103 次会议记录（1932 年 10 月 11 日）

十月十一日下午六日〔时〕在上海本社开第一百〇三次理事会。

出席：秉农山、杨杏佛、胡刚复、王季梁、周子竞、杨允中。

主席：王季梁，记录：杨允中。

会议事项：

（一）议决：爱迭生纪念奖金给奖办法五条（附后），并推举任鸿隽、颜任光、黄伯樵三人为爱迭生纪念奖金委员会委员。

（二）中国科学公司新建房屋扩充营业，经股东大会议决，增加新股四万元，本社为该公司之创办者且为大股东，此次应否酌量认股案。

议决：加认一百股，计洋壹万元。

（三）理事秉志君任期未满，本届又当选为理事，应如何救济案。

议决：援民十九先例，由得票次多数者胡先骕君递补为本届理事。

（四）京社新屋添建屋顶，公请钱君天鹤负责主持。

（五）议决：京社平屋四间出租，租金定为三十四元，电自理。

（六）谢家荣君重编本社丛书《地质学》一书，应如何报酬案。

议决：照竺理事藕舫之建议，请由中国科学公司出版，版税百分之十五，著作者得百分之十，本社得百分之五。如有必要，得由本社转请科学公司预付版税若干于著作人，该书仍列为本社丛书之一。

（七）筹备在沪社举行公开演讲案。

议决：由杨允中君负责主持，广告费及津贴演讲人旅费以五百元为限。

（八）筹划中等学校科学教育研究会案。

议决：先联合上海中等学校理科教员发起，由本社予以图书馆及集会研究上之便利。

（九）本社《社员分股名录》业已编竣，是否可照印案。

议决：照印，将来每股由股员互推股长一人。

（十）通过普通社员十七人如下：

卢作孚①、Dr. Mary N. Andrews、王以康②、戈定邦、张丙昌、寿天章、王慎名、金贤

---

① 卢作孚（1893—1952），原名魁先，别名卢思，四川合川（今属重庆）人，实业家、教育家。
② 王以康（1897—1957），字钦福，浙江天台人，鱼类学家。

藻、孙文青、李国桢、裘开明、张国藩、冯汉骥、丁绪淮、杨树勋①、阴毓章②、顾毓珍③。

附爱迭生纪念奖金给奖办法：

一、此项奖金为金质奖章一枚，并附现款一百元。

二、奖励范围以应用科学上之发明为限。

三、由本社理事会推举专家三人组织爱迪生纪念奖金委员会，主持审查事宜。

四、凡中华民国青年对于应用科学有新发明，由社员二人之介绍，将其新发明品及其图说提交审查委员会审查之。

五、此项奖励每年举行一次，由委员会就国内从事发明者有最良成绩之一人或数人，推荐于理事会核准给予之，但本年如无适当人选，得延归下年度支配。

（十一）理事会选举开票结果如左：

（甲）会长票：王季梁五票当选，秉农山三票，杨杏佛、竺藕舫各二票，任叔永、周子竞各一票。

（乙）会计票：周子竞十一票当选，胡刚复、杨杏佛、竺藕舫各一票。

十一月一日补记，选举票存。

《中国科学社社员分股名录》
(1933 年 1 月刊行)

---

① 杨树勋（1899—？），字建吾，广东揭阳人，药物化学家。
② 阴毓章（1903—1968），山西沁源人，医学家，妇产科专家。
③ 顾毓珍（1907—1968），字敬异，号一真，顾毓琇之弟，江苏无锡人，化工学家、教育家。

理事会第 104 次会议记录（1932 年 12 月 27 日）

十二月廿七日下午六时在本社上海社所开第一百零四次理事会。

出席者：杨杏佛、王季梁、周子竞、胡刚复、杨允中。

列席者：路季讷、曹梁厦、何尚平、朱少屏。

主席：王季梁，记录：杨允中。

一、杨允中报告：任理事叔永来函，收到社中本月八日较重要之社务建议案。任先生对于社事亦颇感有改弦更张之必要，但兹事体大，须略假时日，与在平各理事商洽后，方能正式提出，拟于最短期内约集在平理事开会商定办法。社中业已函复，定于新年一月初间举行理事大会，届时当邀集各地理事来沪开会。

二、杨杏佛报告：现有李君拟租本社上海社所老屋，并请本会酌定租金。

议决：每月租金规元一百五十两，客厅中硬木地板及屋面油毛毡须全部修理，应即动工，草地筑篱笆须带美术式样，本社自用役室、厨房在图书馆后三角地上另建。

三、本年度高女士纪念奖金论文以地学为范围，并公推竺藕舫、李仲揆、张晓峰[①]三君为论文委员会委员。

四、通过新社员二十五人如下：

沈鸿烈、张孝庭、石解人、方际运、鲁波、吴光、翁元庆、吴大猷、袁丕济、李达、高文源、饶钦止、何增禄、周北屏、陈建宜、杜文彪、胡金昌、刘淦芝、严瑞章、罗瑞先、郑西谷、廖温义、王海波、安汉、陈思诚。

五、杨杏佛提议：现今世界各国但知中国有破坏而无建设，其实国内各省如道路、水利、电业等等颇有新建设，可资国际宣传，应由本社出版一种中英文杂志，其名称为《建设的中国》或《科学的中国》之类，每期内容或以省别或以专业分别，而特别注重于照相插图，聘请专人主持编辑及调查。规模既大，开支自必浩繁，其经费可呈请中央政府及各省政府补助。此种宣传事业出之于人民团体之学术机关，自较出之于政府机关为合宜也。

议决：此案作为上海理事方面之重要建议案，并请杨允中先行拟定预算，提交明年一月间理事大会讨论。

六、与上海社友会联席议决：上海社友会新年交谊大会定于一月七日下午六时起在本社社所举行，节目注重音乐，另加演讲影片，并多多征求赠品。

---

① 张其昀（1900—1985），字晓峰，浙江鄞县（今宁波）人，地理学家、历史学家。

七、杨允中提出:本社各部职员平日均极努力,现届新年,各人薪给可否酌加案。

议决:职员薪水不必同时普加,且本社经费亦非充裕,下年一月起择在社资格最老之白伯涵、蒋世超二人,每人各加五元至十元,由总干事酌定。

理事会第 105 次会议记录（1933 年 1 月 7 日）

二十二年一月七日上午十一时在本社明复图书馆开第一百零五次理事会。

出席者：任叔永、竺藕舫、杨杏佛、胡刚复、周子竞、王季梁、杨允中。

列席者：路季讷。

主席：王季梁，记录：杨允中。

一、杨允中报告：此次为本年度之理事大会，年来虽时局阢陧，经费不裕，但以后社务进行及如何对于社会服务，亦应于一年之首拟定计划，以资遵循。本人有议案三件，曾油印分送各理事，略述如下：

（1）举办民众科学化运动案。其办法有：（甲）科学影片巡回演讲；（乙）发行通俗科学画报；（丙）编辑通俗实用科学小丛书三项。

（2）联络中学教师提倡科学教育研究案。其关于设备者有：（甲）图书馆逐年添置关于科学教育之图书杂志；（乙）将明复图书馆三楼改设博物馆，陈列本国动、植、矿标本及其他参考品；（丙）购制关于理科实验表演之仪器。

（3）本社社员分股案。其办法先印发《社员分股名录》，再由各股照分股章程加以组织，以资联络。（以上三案另有油印说明①）

除以上三案外，尚有本年新选理事任期问题案，又叔永先生此次从北平来出席，当有建议发表。

二、讨论第一案——科学化运动。

任叔永谓：本人曾与在平各理事略有接洽，众意民众科学化运动自属重要，但尚系一时期的性质，而经费颇巨，本社应注重关于发展科学上永久的根本的事业。本社《科学》杂志原是宣传科学的工具，近数年来无甚进步，应当根本改革《科学》杂志，必须使与现在国内科学界发生密切关系。目前弊病在无整个计划，其原因由于文章少而选择难，故社员必须担任撰述，北平同人都愿意担任，以后须有一种编辑计划方好。

杨杏佛谓：本人对于任先生的意见狠〔很〕表赞同。凡一种出版物，必须有时代性及地方性，方能引起读者之注意，上次理事会中曾经提议过，现在国内需要一种代表中国文化事业的出版物，即以《科学》杂志改组，亦无不可，总使每期有一个重要目标，例如某种科学事业或某省的建设之类。

王季梁谓：现在应当讨论如何收罗文章。

---

① 所附油印说明略。

竺藕舫谓：做文章必须自认，若编辑员而出于推举，已属勉强。并述京中发起科学通俗化运动之经过。末谓：既有别团体能担任此项事业，且有相当经费，本社自可专力于固有之事业。

杨杏佛谓：每一期可指定一种专门题目，请一人负责担任编辑，该期封面上可注明"本期由某人主编"字样，以示负责。

胡刚复谓：若逐期为专号，性质未免偏枯，不如每期以一二篇专著为本期之重要标题，其余仍为普偏〔遍〕性质，俾人人能读。

任叔永主张：编辑部应根本改革，每期本身文字须指定专家撰述，此外宜多选关于科学之进步及能予中学生鸟瞰之文章，另加有地方性之调查。

竺藕舫谓：例如中央钢铁厂之计划及纠正《李顿报告书》①中对于间岛②在地理上之错误与 Nature③ 上骂中国不许外人进去调查自己又不肯做等题目，均可为有时间性的绝好文章。

最后任叔永提议：推举委员参照今日所有意见，讨论切实改组办法，并拟定具体进行计划。

议决：通过，并推定竺藕舫、杨杏佛、任叔永为委员，王季梁当然出席。

三、讨论第二案——科学教育。

议决：（1）由本社派员先考察苏省各中等学校科学教育状况，以资研究。

（2）明复图书馆三楼设立博物院，陈列本国动、植、矿标本及其他参考品（但以目前平津危急，文化机关都预备南迁，应暂留三楼地位，供危险区域各文化机关寄储重要标本及古物之用），推定秉农山、李仲揆为征集陈列标本委员。

（3）各地采集标本，得送本社代为鉴定。

（4）本社生物研究所及其他研究所、调查所如有剩余标本，请其整理送社，委托科学公司发售。

---

① 《李顿报告书》（Lytton Report），又名《国联调查团报告书》或《李顿调查团报告书》。根据国际联盟理事会决议，在1932年1月正式成立了一个由英、美、法、德、意五国代表组成的国际联盟调查团，以英国人李顿为团长，故亦称李顿调查团。其任务除调查日本在中国发动"九一八"事变而形成的满洲问题外，也调查中国的一般形势。李顿调查团在中国东北活动了一个半月，于1932年9月完成调查报告书，10月2日正式在东京、南京和日内瓦同时发表。1933年2月24日国联大会投票通过了19委员会关于接受《李顿调查团报告书》的决议，重申不承认伪满洲国。同年3月28日，日本以抗议该报告书为由，宣布退出国际联盟。

② "间岛"即吉林延边地区。

③ 英国《自然》杂志，周刊，创刊于1869年11月4日，早期由麦克米伦公司（Macmillan & Co.）出版。

四、第三案——社员分股办法。

议决：将《社员分股名录》分送各社员，每股如何组织，暂缓办理。

五、本年新理事任期问题案。

杨允中说明：本年度起已实行修改章程，理事名额自十一人增至十五人，故本年度除改选五人外另加四人，共计举出新理事九人。若照每年改选七人之规定，则其中七人之任期应为二年，二人应为一年，可否即以抽签法定之。

议决：用抽签法，并指定竺藕舫、杨允中当众代行抽签。其结果如下：

任期二年者：丁在君、李仪祉、胡步曾、胡庶华、任叔永、王季梁、周子竞。

任期一年者：竺藕舫、孙洪芬。

六、杨杏佛提议：本社图书馆建筑费浩大，且平日纳税开支费用亦巨，以后如遇有借用或寄储物品者，可否收取相当租金以资弥补案。

议决：（1）照三楼会议室大小之房间即四百平方呎面积，每月收取租金五十元。

（2）书籍存库每月租金以西书每本洋五分、中书每册洋二分为标准。

（3）非关文化之物品一概不代收储。

依照上列三项原则，由总干事会同图书馆主任拟订章程实行。

理事会第106次会议记录（1933年2月20日）

二月二十日下午七时在上海中国青年会新会所①开第一百零六次理事会。

出席者：竺藕舫、秉农山、王季梁、周子竞、胡刚复、杨允中、杨杏佛（杨允中代）。

列席者：路季讷。

一、讨论年会地点问题：由杨允中报告川闽二省当局及社友欢迎前往开会情形。

议决：本届年会在四川重庆举行，会期定八月十八日起，并推定任叔永（鸿隽）、卢作孚（委员长）、何奎垣（鲁）、段调元、傅有周（骕）②、温嗣康③、曾德钰④、曾义、杨孝述为年会委员会委员，竺藕舫（可桢）（委员长）、秉农山（志）、翁咏霓（文灏）、饶育〔毓〕泰、王季梁（琎）、钟仲襄（心煊）、张子春（云）为论文委员会委员，其他会程、招待、交际三委员会⑤由年会委员会推举，并议决上海为本届年会预备地点。

二、通过以下八人为普通社员：

王恒守⑥、江泽涵、周家彦、李惠伯、包永可、邓振光、祁开智、孙云台。

三、沪社老屋年久失修，客厅地板及屋顶油毛毡全部均须换新，所费甚巨（约须千元），应否彻底修理案。

议决：该屋目前尚无翻造机会，应予切实修理，费用由租房收入抵支。

四、秉农山提议：本社生物研究所现赖文化基金补助费发展事业，但该项补助终有停止之日，故不可不未雨绸缪，兹拟发起筹募基金，以垂永久。近来该所职员已有零星捐款，积数百金存在中国科学公司，藉为基金之起点。范旭东先生曾助奖学基金五千元，存在金城银行，亦为基金之一部。今更拟以本社名义向外募捐，以期有所成就。是否可行，请予公决。

议决：通过，惟不必照普通募捐之形式，亦不限定时间。先印成该所概况一小册，以资宣传，另备募捐启，由本社董事出名，藉便接洽。

五、自一·二八沪战发生，国内公债利息减低，故本社基金利息亦自八厘减至五六厘，经去年四月间第一百次理事会议决，一切开支应采紧缩政策，图书馆方面因生

---

① 中国青年会即中华基督教青年会（YMCA），其上海新会所在法租界八仙桥敏体尼荫路（今西藏南路）123号。
② 傅骕（1886—1965），字友周，又作有周，重庆人，工程学家、公用事业专家。
③ 温嗣康（1888—1968），字少鹤，四川巴县（今属重庆）人，教育家、实业家。
④ 曾德钰（生卒年不详），字金璧，电机工程学家。
⑤ 本次会议记录在《社友》第二十九号（1933年3月6日刊行）发表时，将"其他会程、招待、交际三委员会"改为"其他会程、演讲、招待、交际四委员会"。
⑥ 王恒守（1902—1981），字咏声，浙江海宁人，物理学家、教育家。

物学杂志部分占全馆全年杂志费三分之一,为数颇巨,故除英、美、法三国生物杂志仍由图书馆经费项下支出外,其德文杂志每年四期约美金三百余元,暂归研究所经费项下支付。现因研究所经费亦感竭蹶,声请本会将该项德文杂志费仍由图书馆经费项下支付,特提请公决。

  议决:年来本社经济状况未见进步,图书馆经费是否能仍照民国二十一年以前之数支给,应请会计及总干事详核收支状况全盘统筹,俟图书馆经费确定后,杂志方面如何伸缩,可由图书馆自行酌定。

  六、杨允中报告:依照上次议决案,在明复图书馆三楼添设博物馆,业已着手进行,并由秉农山、王以康二君布置一切。公开演讲亦于本月十八日开始举行矣。

理事会第107次会议记录（1933年4月3日）

四月三日下午五时在明复图书馆会议室开第一百零七次理事会议。

出席者：王季梁、周子竞、胡刚复、杨允中。

主席：王季梁。

（一）杨允中报告：

1. 选接年会委员会报告：重庆方面已组织社友会；年会筹备正在积极进行，并已推定曾义为年会秘书，主持事务；年会之后，决定往成都游览；成都华西协合〔和〕大学中西校长及社员均有正式来函欢迎招待。

2. 北平地质调查所赠送本社中国猿人头骨模型一具。

3. 生物研究所新屋，【前】托慎昌洋行重做油毛毡屋顶，业已完成，但以屋顶围墙不佳，仍有漏水，近又托该行拆砌，墙下亦铺油毛毡，以资完密。沪社老屋全部屋顶，依据上次议决案，由慎昌包工重做油毛毡，亦已完工矣。

4. 上海博物馆布置标本，由王以康君办理，已完成约三分之一。

（二）中华留德机械电工学会来函，该会发行期刊绌于经费，拟与本社合作，每年四月、十一月二期《科学》作为该会专号，由该会负责编辑，由本社出版发行。是否可行，请公决案。

议决：欢迎合作，其办法如下：(1)每年预定两期作为工程专号，每期中指定一大部分专登该会文稿，并于封面上注明"本期编辑与某某学会合作"字样。(2)稿件应经本社审阅，最后取舍之权属于本社编辑部。

（三）通过本社二十二年预算案

1. 收入

苏款　　　　　　一一、〇〇〇元

基金息　　　　　一八、〇〇〇元

大同利息　　　　一、五〇〇元

公司股息　　　　一、八〇〇元

存款利息　　　　五〇〇元

社费　　　　　　一、六〇〇元

售刊物　　　　　三、〇〇〇元

广告　　　　　　四〇〇元

宿舍租金　　　　六〇〇元

总干事兼职薪　　　　　六〇〇元

共计三九、〇〇〇元。

2. 支出

总社及总务费　　一三、〇〇〇元(《科学》以外之刊物费在内)

图书馆　　　　　一一、四〇〇元

编辑部　　　　　一〇、〇〇〇元

研究所事务费　　三、六〇〇元

预备费　　　　　一、〇〇〇元

共计三九、〇〇〇元。

（四）加推胡先骕为年会筹备委员会委员。

（五）通过下列三十一人为普通社员：

伍连德①（医学）、袁税伯（物理）、张道宏（军事）、柳高藹鸿（动物）、张希陆（算学）、万树焜（算学）、杨述祖（病理）、郭庆云（纺织）、刘孝基（物理）、李博文（电机）、刘耀翔（矿冶）、张兆麟（化工）、姚启钧（物理）、俞德浚（生物）、彭先荫（算学）、李方桂（语言）、蔡乐生（心理）、朱鹤年（生理）、陈祖炳（物理）、高学中（生物化学）、Cora D. Reeves②（生物）、鲁淑音女士（物理）、王锺麒（地学）、高禩瑾（机械）、钱颐格（机械）、李慕楠（机械）、秦玉麒（航海）、林翊春（机械）、陈廷辉（机械）、张澍霖③（文学）、徐兆瑞（机械）。

又周榕仙④一人，俟审查后再提出。

又通过下列三人为仲社员：

孙基昌、祝绍祖、杭庆元。

---

① 伍连德（1879—1960），字星联，祖籍广东新宁（今台山），生于马来亚槟榔屿，医学家、公共卫生学家。
② 黎富思（Cora D. Reeves），女，美国生物学家，时在南京的金陵女子文理学院任教，中国科学社外籍社员。
③《社友》第三十二号（1933年5月10日刊行）误作"张树霖"。
④ 周榕仙（生卒年不详），科普出版家。

理事会第108次会议记录（1933年6月13日）

六月十三日下午四时在明复图书馆三楼大厅开第一百零八次理事会。

出席者：杨杏佛、王季梁、胡刚复、周子竞、杨允中。

主席：王季梁。

一、杨允中提议：发行通俗科学杂志案。

略谓：本社求普及科学知识起见，数年来迭有发行通俗科学杂志之拟议与计划，社内外各方面亦多发表此种主张，只以编辑人才难得，经费浩繁，不易实现。迩来本社创办之中国科学公司，基础渐臻巩固，在印刷与发行方面均无问题。同志中热心于此种科学化运动而肯实力担任者亦渐众。鄙人对于编辑、印刷、发行以及垫款等各方面，均有详细之考虑与计划。编辑内容图画为主①，以介绍最新之世界科学智识。印刷力求精美，以引起读者之观感。发行预定每半月一期，于一年以内能销至每期一万册。经济必求自立，以资维持永久。现在科学公司董事会已通过，愿担任印刷发行，并可垫款二千元。倘本社决定办理，亦应予以垫款，以资开办。现估计第一期先印六千册，印刷费约须七八百元②，加以广告、编辑、推销等费，共须垫款一千四百元。六个月之后，经济上似可逐渐自立。是否有当，敬请公决。

经众详细讨论之后，议决如下：

（1）本刊由本社主办，由中国科学公司印刷发行，取合作方式。

（2）本刊定名为《科学画报》。

（3）聘社友冯执中君担任本刊经理编辑。

（4）另设常务编辑四人至六人，聘徐宽甫、卢于道、周子竞、王季梁四君担任。其余二人由本社总干事物色定当，随时加聘，提出追认。

（5）本刊设特约编辑若干人，由总干事接洽聘请。

（6）本刊一切进行方针，由编辑部会同总干事决定之。

（7）在本刊经济未自立以前，编辑员概尽义务。经理编辑酌送夫马费每年五百元。至相当时期以后，编辑员酌送稿费，其办法另定之。

（8）本刊编辑部暂设美术编辑一人，办事员一人，为有给职。

---

① 本次会议记录在《社友》第三十三号（1933年6月20日刊行）发表时将"图画为主"改为"图文并重"。
② 《社友》第三十三号将"七八百元"改为"七百八十元"。

（9）本社认垫本刊开办费二千元。

（10）本刊有盈余时，其分派利益办法另议定之。①

（11）本社为联络中外商家、备工商界咨询②起见，设立科学情报处，西文名为Science Information Service，以冯执中君前办之科学情报社改组，并为《科学画报》招登广告之机关，即请冯君为主任。每月提广告费净收入之十分之一，为广告部之开支及经手人之酬劳。

二、通过下列八十六人为普通社员：

陈世璋③（化学）、吴蕴初④（化工）、陈思明（化学）、E. Sperner⑤（算学）、王宗和（化学）、卞松年（化学）、叶葆定（土木）、葛毓桂（化学）、叶云樵（海军建筑）、杨威仁（化学）、马孟强（算学）、丁佶（工商管理）、林觉世（算学）、马仁堪（物理）、张克忠（化工）、张登三（化工）、李荫桢（植物）、薛永莱（矿冶）、郑愈（物理）、刘世楷（物理）、李季伟（化学）、高沛郁（法律）、郑璧成（商业）、杨培英（银行）、胡国猷（造纸）、黄勤生（化工）、宋师度（商业）、胡助（算学）、刘志先（语言）、沈在铨（化工）、廖天祥（文学）、周泰岳（化学）、丁缉熙（化学）、张世勋（算学）、高毓嵩⑥（社会）、甘绩镛⑦（工程）、胡民翼（政治）、丁骕（地质）、郭恕（经济）、魏嗣銮（算学）、杨秀夫（化学）、陈尔康（算学）、刘同仁（机械）、刘淑兰女士（化工）、杨悫（化学）、陈学池（化工）、杨月然（化工）、何廷述（法政）、冯执中（电工）、李奎安（商业）、魏嗣镇（机械）、黄子裳（生物）、陈家慤（电机）、甘南引（心理）、顾升骎（化工）、何北衡（法律）、何兆青（商科）、陈得一（电工）、刘雨若（农科）、常隆庆（地质）、张博和（银行）、徐崇林（制革）、苏孟守（地质）、刘芥青（算学）、王嘉猷（矿冶）、李琢仁（物理）、喻正衡（哲学）、曹宅麻（数学）、周榕仙（物理）、甘明蜀（经济）、刘航琛⑧（法政）、任师尚（商科）、李乐元（化学）、唐之瀛（商科）、吴蜀奇（数学）、罗世襄（电机）、季宗孟（法政）、胡学渊（化学）、叶树声（文科）、范道鹆（物理）、曹观澜（矿冶）、胡汝航（法律）、张国权（农产）、

---

① 此条未在《社友》第三十三号发表。
② 社友第三十三号增补一句"或代办调查计划等事"。
③ 陈世璋（1886—1963），字聘丞，江苏嘉定（今属上海）人，化学家。
④ 吴蕴初（1891—1953），名葆元，以字行，江苏嘉定（今属上海）人，化学家、化工实业家。
⑤ 斯柏纳（Emanuel Sperner, 1905—1980），又译斯伯纳，德国数学家，中国科学社外籍社员。
⑥ 《社友》第三十三号作"高毓崇"，均误，应为高敏嵩。高敏嵩（生卒年不详），字申甫，四川宜宾人，社会学家。
⑦ 甘绩镛（1914—1982），号典夔，四川荣昌人，工程学家，时任国民革命军第21军（军长刘湘）军部政务处长。
⑧ 《社友》第三十三号误作"曹航琛"。刘航琛（1896—1975），四川泸县人，实业家、政治家。

任筱庄（农学）、黄次咸（社会）、杨声（化学）

  又仲社员一人：刘勳美（化学）。

  三、图书馆主任路敏行因肺病疗养请假三月，自四月二十七日起，照准。

  四、推刘澄甫[①]先生为本届年会名誉会长。

  五、本社生物研究所募集基金办法及基金保管办法，修正通过。

  六、通过重庆社友会简章并准予备案。

[①] 刘澄甫应为刘甫澄，即刘湘。 刘湘（1888—1938），又名元勋，字甫澄，四川大邑人，川军首领，时任四川善后督办。

理事会第109次会议记录（1933年6月23日）

六月二十三日下午四时在明复图书馆开第一百〇九次理事会。

出席者：王季梁、周子竞、杨允中。

主席：王季梁。

周子竞提议：杨杏佛先生于本月十八日遇害逝世，杨先生为本社创办人，毕生致力于本社事业始终不懈，厥功甚伟，应如何纪念之处，敬请公决。

议决：(1)照胡明复先生例，以本社名义公葬，并提拨治葬费二千元；(2)公推任叔永、唐擘黄二君及本日出席三理事为葬事委员；(3)墓地已择定上海霍必兰路①永安公墓，业经其家族同意，由本社购置六穴面积；(4)安葬日期已由其家族决定于七月二日举行，本社同人定于七月一日下午在万国殡仪馆公祭，公推柳翼谋先生拟祭文；(5)由本社编辑杨杏佛先生纪念刊，公推唐擘黄先生主持；(6)在明复图书馆悬挂杨杏佛先生油像。

杨杏佛与其子杨小佛1932年在上海
兆丰公园（今中山公园）合影

---

① 霍必兰路即今古北路。

理事会第110次会议记录（1933年7月14日）

七月十四日下午八时在上海本社开第一百十次理事会。

出席者：孙洪芬、秉农山、任叔永、王季梁、杨允中。

主席：王季梁。

甲、报告事项：

一、杨允中报告年会筹备情形，年会专轮定于八月五日由上海出发。

二、又报告《科学画报》筹备情形，创刊号定于八月一日发行。

三、全国度量【衡】局函送特种度量衡标准及名称草案，请审核修正答复。

乙、讨论事项：

一、通过下列【十五】①人为普通社员：

刘恩兰女士（地学）、杨敷典（化学）、沈璿②（理论天文学）、刘之介（教育）、张明俊（生物）、Morse（莫尔司）③（人类学）、Kilborn（启真道）④（生理）、彭子富（生物）、郑集（生理化学）、施肇祥（机械）、方文培（植物）、冯大然（药化学）、陶英（蚕桑）、王士仁（化工）、叶麟（心理）。⑤

二、二十一年一月九日本会通过理事会设常务理事六人建议案一件，去年年会因不足法定人数未经提出，应于本年年会重行提出。

三、议决：本社存在大同大学之基金，应即提出，并入总基金而便保管。

四、议决：由本社发起募集杨杏佛纪念基金，其用途暂拟二种：（一）为图书基金，每年取利息购置关于社会科学一类之书籍，存入明复图书馆；（二）为奖学基金，补助清寒有志之大学生。

---

① 原文空缺，本次会议记录在《社友》第三十四号（1933年8月1日刊行）发表时补为"十五"。
② 沈璿（1899—1983），字义舫，江苏江阴人，数学家。
③ 莫尔司（Morse），美国医学家，时在成都华西协和大学解剖学系任教，中国科学社外籍社员。
④ 《社友》第三十四号误作"启真通"。启真道（Leslie Gifford Kilborn，1895—1967），加拿大生理学家，时在华西协和大学任教。其父启尔德（Omar L. Kilborn）是华西协和大学创办人之一。
⑤ 上述名单在《社友》第三十四号发表时，人名次序有所调整。

《科学画报》创刊号封面

理事会第 111 次会议记录（1933 年 8 月 12 日）

八月十二日下午二时在赴年会途中民贵轮内开第一百十一次理事会。

出席者：胡步曾、秉农山、杨允中、周子竞、王季梁、胡刚复。

主席：王季梁。

（一）爱迪生纪念奖金委员会任叔永君，交来对于应征人王邦椿所著《豆腐培养基》一文暨审查意见书二件，提请讨论案。

本文附有本品原液一瓶，审查者为曾昭抡、吴宪二君，细菌学专家李振翩亦附有意见。

大众意见对于王君之实在贡献可无问题，惟其论文应加以补充修正，以资完美。

议决：请王君对于《豆腐培养基》一文，参考此审查意见加以补充，再提会讨论。

（二）通过下列十一人为普通社员：

区国著（土木）、杜长明（化工）、张凌高（教育）、郭凤鸣（教育）、马心仪女士（植物）、朱昌亚女士（医）、张湘文女士（医）、马寿徵（农）、彭家元（土壤）、许引明女士（动物）、林绍文（昆虫）。

又下列二人为仲社员：

欧世璜（植物病理）、孙克明（无线电）。

（三）议决：以后通过新社员取严格主义，凡有请求入社者，应先加以调查。[①]

（四）仲社员陈可培建议：本社编辑西文杂志，工作繁重，可与中华医学会合作，以期早观厥成，并可向中华文化基金会或罗氏基金会请款协助。

议决：照办，并向中山文化馆请款协助。

[①] 此条原文有旁注："在《社友》上此条不发表。"但事实上还是在《社友》第三十五期（1933 年 10 月 25 日刊行，从此由"号"改称"期"）发表了。

理事会第112次会议记录（1933年9月16日）①

九月十六日下午七时②在上海一枝香餐社③开第一百十二次理事会。

出席者：竺藕舫、秉农山、杨允中、王季梁、周子竞、胡刚复。

主席：王季梁，记录：杨允中。

（一）图书馆主任路季讷来函，因病续假至十月底为止，请核准案。

议决：路主任在社服务已逾七载，在理本可许其休息半年，现其假期自四月底至十月底适有半年之数，应准给假以资休养，薪水照给。如期满之后犹未复原，当另筹妥善方法，以免荒弃社务。

（二）总办事处职员于星海改任为总办事处秘书，襄助总干事处理社务，仍兼图书馆管理员。

（三）职员于星海、于士元至本年年底各加薪十元。

（四）本社创办人杨杏佛坟墓，由本社会同徐宽甫、江小鹣二先生从事布置。

（五）杭州胡明复墓顶久置未建，应即完成，在捐款未有着落以前，由本社筹垫五百元以资建筑，一面仍设法募集。

（六）通过下列十七人为普通社员：

陈宗蓥（医学）、瞿文琳（土木）、李燕亭（化学）、孙祥正（医学）、张朝儒（遗传）、闻诗（物理）、张怀朴④（化学）、戈福祥（化学）、刘吉筵（算学）、马翼周（航空）、汪长炳（图书馆）、阮冠世（物理）、仲崇信（植物）、陈继善（汽车）、周西屏（算学）、魏寿崑（矿冶）、万绳祖（化工）。

（七）杨允中提议：改革《科学》杂志内容案。

（理由）本社《科学》杂志向采长篇论文政策，关于科学进步及新闻方面资料甚少。长篇文字固各有其价值，但以专门性质居多，不易引起一般读者之兴味，且近数年来各学术团体、各大学、各种研究所均各有其杂志专刊刊行，故长篇文字亦日见难得。综上所述，选材既感不易，且又不能引起一般读者之兴味，改革内容实属必要。本报〔刊〕若能搜集关于各项科学进步之资料，按月刊行，积满一年而整理之，即成每项科学一年来进步之报告，此种资料实为最实在之贡献，而必为学术界所欢迎也。

---

① 《社友》第三十五期发表的理事会第112次会议记录，与原始记录相比，各条事项次序变动较大，但除原文第七条事项文字略改以外，其他内容未作改动。
② 《社友》第三十五期改为"五时"。
③ 一枝香餐社位于四马路（今福州路）上。
④ 《社友》第三十五期误作"张怀扑"。张怀朴（1906—1986），浙江平湖人，化学家。

(办法)(1)本报〔刊〕每期选登长篇论文约六十面,各项科学进步【新闻】约六十面,其余如杂俎、来件等约四十面,每期不得超过一百六十面。

(2) 编辑员除年会中已选出八人外,本年理事会推聘之编辑应顾到各科学门类,又因改革伊始,此次最好就国内各研究所所长中聘任,因各研究所所备专门杂志较为完备且帮手又多,而帮手又多选录各专科进步之资料较易办理,但最后希望仍在全体社员之参加,则每期各科资料更不难搜集而范围更广也。

(议决)照所拟二条办法通过,交编辑部于第十八卷起办理。

(八) 通过下列十人为下年度①《科学》杂志聘任编辑:

沈璿、丁燮林、余青松、翁文灏、竺可桢、周仁、秉志、钱崇澍、李济、唐钺。

---

① 《社友》第三十五期改为"本年度"。

理事会第113次会议记录（1933年10月30日）

十月卅日下午七时在上海本社开第一百十三次理事会。

出席者：秉农山、王季梁、胡刚复、杨允中。

列席者：路季讷。

主席：王季梁，记录：杨允中。

（一）秉农山报告：本届年会推举本人与钱雨农、裴鑑二人处理"河南大学理学院生物系奉部令停办请予援助"一案，现该校生物系已行〔经〕恢复处理事宜，可告结束。

（二）本届年会通过之"请政府对于全国医药须用纯粹科学人才改进及整理"一案，查与此案有关之国医馆条例，业经中政会否决，故本社不必再于此时提呈政府。

（三）本届年会通过之"建议四川当局组织四川富源调查利用委员会"一案，业经遵照议决案，由年会代表团口头向四川当局陈述，但为尊重大会决议、表示本社诚意起见，应再将该议决案抄送川省地方领袖参考，藉资合作。

（四）《科学画报》编辑主任兼科学情报处主任冯执中君因病辞职照准，公推总干事杨允中君暂兼该报编辑主任。《科学画报》为本社永久事业，在社同人均应勉力维持以资发展。

（五）杨允中报告：四川杨军长子惠①捐助本社生物研究所基金大洋壹万元，社友甘典夔处长捐助同项基金大洋贰仟元，业由民生公司于本月一日汇到。该款现暂存上海银行本社活期存款户，在该基金保管委员会未成立以前，应如何保存生息，请公决。

秉农山主张：生物研究所已有少数基金存在中国科学公司生息，此次一万二千元亦拟并存中国科学公司生息。

议决：存入中国科学公司，存款单交本社总基金保管委员保管。

（六）秉农山等提议：修改本社原有社徽式样，将圆内图画易一篆文"科"字似较妥适，请公决案。

众意社徽系创办时拟定，使用已久，不宜更张，遂作罢论。

（七）编辑部职员姚国珣至本年底每月加薪十元，图书馆职员张大瑞试用期满，自本年十月起正式任用，薪水定为每月卅五元。

（八）通过下列八十人为普通社员：

---

① 杨森（1884—1977），字子惠，原名淑泽，又名伯坚，四川广安人，时任国民革命军第20军军长。

欧阳藻(电工)、朱振钧(化学)、柳大纲(化学)、蔡宾牟(物理)、李振南(教育、经济)、王希成(生物)、涂允成(水利)、陈耀真(生物、医科)、龙毓莹(医学)、阎彝铭①(医学)、刘云浦(化学)、郑衍芬(物理)、朱德明(医学)、韩明炬(医学)、谢少文(医学)、胡传揆(医学)、黄屺瞻(土木)、齐植寀(算学)、单誉(医学)、姚文采(解剖)、徐修平(机械)、袁树声(农学)、汪敷昇(农学)、杨世才(生物)、郑奠欧(电工)、杨芳(机工)、段江淮(教育、经济)、曹玉冰(医科)、蒋锡智(化工)、刘仲娃(物理)、刘国华(矿冶)、吴极(物理)、周太玄(生物)、杨重熙(教育)、林次棠(农业)、唐世丞(化学)、徐荣中(算学)、周王耀群(生物)、左绍先(电工)、朱世通(电工)、李胤(化学)、连鼎祥(经济)、冯永年(矿冶)、张精一(社会)、黄罗淑斌(史学)、王介祺(电机)、张俭如(电机)、罗业广(算学)、陈思明(化学)、唐宗申(机械)、邓永龄(化学)、张华(电机)、李焘仪女士(数理)、赖问农(农学)、金初锐②(矿工)、胡家荣(化学)、龙正善(化学)、费宗文(教育)、熊学慧(医学)、李之郁(医学)、唐幼峰(史地)、王季冈(机械)、漆公毅(矿冶)、杨达权③(土木)、岳尚忠(教育)、王德熙(教育)、白美勳(文学)、林恕(美术)、曾广铭(无线电)、李世希(医学)、贾智钦(医学)、刘振书(农学)、冷伯符　④、何应枢(工业)、曹观澜(矿业)、曾健民(药物)、申雪琴(经济)、司子和(电机)、刘啸松(美术)、袁畊(农业)。⑤

通过仲社员一人：

任锡朋(农学)。

中国科学社社徽

---

① 本次会议记录在《社友》第三十六期(1933年12月4日刊行)发表时误作"关彝铭"。
② 金初锐 (W. Max Gentry)，美国医学家，时任重庆宽仁医院院长，中国科学社外籍社员。
③ 《社友》第三十六期误作"汤达权"。 杨达权(生卒年不详)，重庆人，土木工程学家。
④ 原文空缺，《社友》第三十六期补为"(摄影)"。
⑤ 上述名单在《社友》第三十六期刊出时，人名次序略有变动。

理事会第 114 次会议（秋季理事大会）记录（1933 年 11 月 8 日）

十一月八日下午五时在上海社所开第一百十四次理事会（秋季大会）。

出席者：丁在君、任叔永、竺藕舫、杨允中、秉农山（竺代）、胡刚复、王季梁、周子竞、赵元任。

列席者：路季讷。

主席：王季梁，记录：杨允中。

（一）揭晓理事会职员选举票结果如下：

（1）会长票：任叔永三票当选，次多数丁在君、竺藕舫、王季梁、秉农山各二票，周子竞、李四光各一票。

（2）会计票：周子竞十票当选，次多数胡刚复二票，赵元任一票。

（3）常务理事票：王季梁、竺藕舫各十票，胡刚复七票，秉农山六票，以上四人当选。次多数赵元任六票（抽签落选），任叔永四票，翁咏霓二票，杨允中、孙洪芬、李仲揆各一票。

（二）杨允中报告：本社存在大同大学之基金，业由该校当局通知随时可前往提取。

（三）杨允中提议：《科学画报》半月刊虽系本社主办，但该报以自养自给为原则，初无指定之经费，而开支则甚浩繁。数月来社员纷纷来函询问是否可各得一份，若赠送则经费不足，若拒绝则于社章亦有所抵触，此为不敢擅定之问题。又《科学》杂志向持〔恃〕社员之常年社费以维持，但每年除永久社费外，缴费者不过四百余人，对于多年不缴费之社员是否应停止送报以节费用，统请公决。

议决：缴纳常年社费为社员最低限度之义务，照各国学会先例，凡会员不纳费即不能享受权利，又除基本会费外，如欲多享受其他刊物，应附带纳费。本社以《科学》杂志及论文专刊为正式刊物，凡缴基本社费者应各送一份。《科学画报》每年四元八角，对于社员可减为每年三元，即每年纳费共八元者加送《科学画报》全年一份，永久社员缴费已清者，画报按期照送。

（四）本年度高女士纪念奖金征文科目为算学，公推胡敦复、姜立夫、钱琢如三君为征文审查委员，由胡敦复君为主任。

（五）通过下列五人为普通社员：

周允文（物理）、张孝礼（算学）、王迪人（物理）、杨少荃①（教育）、徐文谟（药物）。

---

① 《社友》第三十六期误作"杨少筌"。 杨开甲（1862—1943），字少荃，湖北汉阳人，教育学家。

（六）路季讷提出：增加图书馆经费，以明复图书馆除杂志外已多年未添新书，为充实内容起见，每年应设法增加经费。

讨论多时，未有结果。

理事会第 115 次会议记录（1933 年 12 月 4 日）

十二月四日下午六时在上海本社开第一百十五次理事会。

出席者：秉农山、杨允中、周子竞、王季梁、胡刚复。

列席者：路季讷、丁绪宝。

主席：杨允中。

一、议决：本社论文专刊自第八卷起每面分两柱排，版口可较前略大，即 30 Ems。

二、通过下列十一人为普通社员：

陈义（动物）、陈世昌（物理）、陈世骧（动物）、杨开甲（教育）、黄汝祺（算学）、张鸿德（生理）、臧玉洤[①]（心理）、杨汝楫（物理）、熊子璕（物理）、魏培修（物理）、褚圣麟（物理）。

又仲社员一人：金咸玧（化学）。

三、主席报告：社友尤怀皋允捐助本社生物研究基金大洋壹千元，已收到一部分，计洋四百元。

四、主席报告：美国分社新职员业已选出，计社长由周田当选，吴大猷书记，熊学谦会计。

五、秉农山提议：此项生物研究所募集基金距定额尚远，应请董事会及社友提倡协助。

议决：俟任社长南下时，邀请各董事集议进行，一方面请全体社友协助。

[①] 本次会议记录在《社友》第三十七期（1934 年 1 月 25 日刊行）发表时误作"臧玉淦"。臧玉洤（1901—1964），字伯谭，河北完县人，心理学家、神经解剖学家。

理事会第116次会议记录（1934年2月8日）

二十三年二月八日下午六时在本社明复图书馆开第一百十六次理事会。

出席者：王季梁、胡刚复、赵元任、任叔永、周子竞、杨允中（路季讷代）。

列席者：路季讷。

主席：任叔永，记录：路季讷。

一、廿一年度爱迪生纪念奖金得奖论文。

廿一年度爱迭生纪念奖金由一百十一次理事会依据审查委员会之意见，决议以发明豆腐培养基之王邦椿君得奖，惟因审查员对于王君论文提出纠正意见，遂决议将原文交著作人加以修正，现在王君已将原文修正，交到本社，是否须再审查或即将修正原文发表，应请公决。

决议：王邦椿君修正文再请原审查人曾昭抡、吴宪二先生审查。

二、廿一年度高女士纪念奖金论文。

廿一年度高女士纪念奖金论文有：（一）汪大铸之《地震的研究》，（二）王翌金之《土壤之历史观》，（三）丁骕之《地震比较之原理》，（四）陈国达之《广州三角洲问题》，共计四篇，由审查委员竺藕舫、张晓峰、李四光三君审查完毕。据各委员意见，如本年度决定给予奖金，似以给与陈国达之《广州三角洲问题》一文最为适宜。是否以陈君之文为得奖论文，请公决。

议决：照审查委员会意见，以陈国达之《广州三角洲问题》一文为廿一年度高女士纪念奖金论文，其余应征之三文可否择登《科学》，请竺藕舫先生审定。

三、重庆社友会请认可设立针灸〔灸〕研究所。

提案参阅重庆社友会致理事会函，能否认可，请决议。

议决：针灸〔灸〕术为国医之一小部分，其与科学之关系尚不明了，针灸〔灸〕研究所应暂由私人主持，俟至相当时期再定办法。

四、生物研究所募集基金办法。

生物研究所募集基金距定额尚远，上届理事会决议，俟任社长南下集议进行办法，应请决议募集办法。

议决：生物研究所募集基金办法暂缓决定，当随时相机进行。

五、外界对于学术案件委托本社审查或征求本社意见。

例如实业部度量衡局曾以度量衡标准及名称草案征求本社修正，又教育部及国立编译馆以算数命名分节征求本社意见，最近又以算学名词草案全份采访本社意见，此类案件须得专家与多数人之意见方能答复,惟专家召集不易,一二人之主张似未足以代表本社,是项案件应请决议办法。

议决:算数命名分节事,由总干事邀集本社天文、数学二股社员研讨;算学名词草案,推以前本社原起草人及顾养吾①先生审查。

六、张道镇君以其发明之乳精石二块及说明书一页交到本社,拟请本社爱迭生奖金委员会审查,应如何审查,请公决。

议决:矿石之能划开玻璃者甚多,张君道镇之乳精石不可为〔谓〕发明,毋须审查。

七、本社于民国三年六月十日诞生,次年十月二十五日正式成立,本年六月十日距诞生之日适二十周年,是否须召〔有〕纪念表示,或俟明年十月二十五日举行纪念,应请公决。

议决:明年十月二十五日为本社成立二十周年纪念日。

八、社员马名海先生代表广西邀请本社今夏至广西举行年会,请决定本年年会地点。

议决:今年年会地点,十八次年会时已决定在庐山,现似不便更改。

九、总干事杨孝述十二月二十二日起患伤寒症,本月初始克起坐,今函请续假一月。

议决:准假一个月,假期间总干事职务由路敏行代理。

十、通过普通社员十四人、仲社员一人:

冯泽芳(农学)、朱纪勋(生物)、盘珠祁(农学)、刘增冕(工程)、胡鸣时(土木)、范会国(数理)、王宗陵(理科)、王国源(历史)、张德敷(教育)、王季冈(机械、飞机)、萧庶风(医学)、涂继承(理化)、熊春膏(机械)、陈华清(牙医)。

仲社员:黄履中(无线电)。

十一、报告广西社员马心仪来函,拟在梧州设立社友会,已与广西大学理学院院长马名海君一度接洽,颇得其同意,现在社中已将社章等寄去,俾利进行。

---

① 顾澄(1882—1947),字养吾,号澄亚,江苏无锡人,数学家。

理事会第117次会议记录（1）（1934年4月3日）

四月三日下午六时在明复图书馆开第一百十七次理事会。

出席者：任叔永、秉农山、赵元任、周子竞、杨允中、王季梁、竺藕舫（秉代）。

主席：任叔永，记录：杨允中。

一、杨允中报告：与胡步曾、萧叔絅、程柏庐诸君接洽本届年会情形。

二、议决：本社第十九届年会在江西庐山举行，并推定萧叔絅、程柏庐、胡步曾、董时进、钟仲襄、杨允中为年会筹备委员，以萧叔絅为委员长，另由萧、程二君酌推筹备委员一人或三人，送由本社理事会加聘。

又公推熊天翼①主席为本届年会名誉委员长。

三、决议：二十二年度爱迪生奖金给予豆腐培养基发明者王邦椿君。

四、议决：本社每年各种奖金，凡遇无应征及格之人时，即以该奖金名义购置书籍，捐入明复图书馆，并通知捐款人。

五、杨允中提议：《科学画报》编辑部自去年七月开办，截至本年三月底止，本社共垫出参考书报费、办事员薪水等计洋一千六百四十三元，距原预算二千元为数已近，而该报在本年以内经济上恐尚难自立，应如何维持进行之处，敬请公决。

议决：暂再筹垫一千元，一方面与科学公司接洽，俟能偿付印刷费外，余款尽先津贴编辑部。

六、通过下列五人为普通社员：

张钰哲（天文）、蔡德粹（地理）、刘肇安（物理）、倪中方（心理）、申以庄（土木）。

又仲社员一人：周尧（农业）。

---

① 熊式辉（1893—1974），字天翼，谱名西广，江西安义人，时任江西省政府主席，兼国民政府军事委员会委员长南昌行营办公厅主任。

理事会第 117 次会议记录（2）（1934 年 5 月 6 日）

五月六日下午七时在上海陶乐春开第一百十七次理事会。[①]

出席者：胡步曾、胡刚复、秉农山、杨允中、周子竞（杨代）。

列席者：钱雨农、王仲济。

一、议决：本年年会日期定为八月十六日至二十一日。

二、本年年会演讲，应先妥为组织，对科学教育应拟一有系统之演讲程序，另举行数次关于生产及国防之专门演讲，并公推下列九人为演讲委员会委员：

胡先骕（委员长）、何鲁、严济慈、杨绍曾、伍献文、秦仁昌、胡博渊、陈清华、张延祥。

三、去年年会论文，国内社员有四十二篇，国外社员亦有十余篇，虽不可谓少，但以本社专门人才之众，一年之中仅有五十余篇，尚不足以充分表显，故本年期有一百篇以上，希望本届论文委员努力征求，并公推论文委员九人如下：

竺可桢（委员长）、张景越[②]、谢家荣、何衍璿、曹梁厦、茅以升、顾翊群、叶企孙、王家楫。

四、胡步曾提议：近数年来各种专门学会渐次存立，彼此初无联络，本社为国内最大之学社，包罗各科，实有联络各专门学会之地位。社员葛利普博士曾迭次提议，仿照英美科学促进联合会［American（British）Association for Advancement of Science］之办法，于每年年会开会时，轮流邀请其他一二专门学会同时开会，以资共同讨论特殊问题。本年中国植物学会拟首先与本社年会联合开会，又中国动物学会亦拟在本社年会中开成立大会，是否赞同，请公决。

议决：一方面整理本社分股办法，一方面与其他各专门学会接洽联络，本年植物、动物二学会加入年会表示欢迎。

五、通过刘椽、方锡畴、陆宝淦为普通社员。

六、秉农山报告：本社生物研究所募集基金，承各界热心赞助，自去年九月至现在已募得洋四万元。

[①] 不知何故，本次理事会仍记为第117次，兹仍从原文。
[②] 原文有误，本次会议记录在《社友》第四十期（1934年5月15日刊行）发表时改为"张景钺"。张景钺（1895—1975），字岘侪，祖籍江苏武进，生于湖北光化，植物学家、教育家。

理事会第118次会议记录（1934年7月21日）

七月二十一日下午五时在上海本社开第一百十八次理事会。

出席者：秉农山、王季梁、周子竞、杨允中、胡刚复。

主席：杨允中。

一、杨允中报告：据四川社友何北衡①、卢作孚二君来函【谓】，刘甫澄督办捐助本社生物研究所基金洋一万元业已收到，暂存川康银行，俟汇水较佳，再行汇沪。

二、杨允中报告：路季讷君来函，遵医生之嘱，拟请假一月（七月廿一日至八月二十日），藉资休息。

三、推补年会各委员会案：

（一）公推方子卫补年会委员；（二）公推任叔永（长）、周子竞、张其昀、胡刚复、钱雨农、熊雨生、孙洪芬、卢于道、路季讷为会程委员会委员；（三）公推李石襄（长）、罗一东（副）、蒋志澄、李中襄、鲍公任、钟季襄、程宗宣、赵可师、谢颐年为招待委员会委员；（四）公推程柏庐（长）、夏家珧（副）、龚伯循、欧阳祖经、刘孝基、钟季襄、熊正琚为交际委员会委员。

四、卢于道君提议：由本社编辑《科学的民族复兴》一书案。

（理由摘要）从科学方面观察中华民族决定复兴之道。

（办法摘要）邀请国内对于民族各方面素有研究之学者分门撰述。

议决：通过，推聘竺藕舫、李成翩②、卢于道、张晓峰、李济之、凌纯声、刘重熙、吴陶民、吴骏一、陶云逵、袁贻诚诸君为该书特约编纂，并推竺藕舫、李成翩、卢于道三君为经理编辑。

五、秉农山提议：南京食水污浊，且下年度生物研究所又在添设生物化学及生理学各研究室，故京社自来水之装设急不容缓，约计须〔需〕二千元之谱。

议决：准予装置自来水，一面请京社与水厂洽商最低装设费，开具价单，再行筹拨。

六、通过下列二十四人为普通社员：

郭午峤（银行）、陈友松（教育）、陈叶旋（经济）、刘丽贤女士（心理）、何怡贞女士

---

① 何北衡（1896—1972），字恩枢，四川罗江人，时任川江航务管理处处长。
② 李成翩应为李振翩，下同。

(物理)、宋焕章(化学)、马师伊(化工)、刘肇龙(电机)、曾大珏(历史)、邬振甫(心理)、蔡路德(Miss Ruth M. Chester)①(化学)、朱维杰(化学)、章洪楣(化学)、盛永发(政治)、洪绂(地理)、李辟(经济)、王非曼女士(家政)、陈之常(兽医)、邓引棠(电工)、高尚荫(动物)、曹立瀛(社会)、荣独山(放射学)、吴雨霖(工业)、赵不凡。

七、公推杨森、刘湘、甘典夔、范旭东四人为赞助社员,提交本届年会通过。

---

① 蔡路德是美国女生物化学家,时在南京任金陵女子文理学院教务长,并在该校化学系任教,中国科学社外籍社员。

理事会第 119 次会议记录（1934 年 8 月 20 日）

八月二十日下午一时在庐山莲谷青年会事务所开第一百十九次理事会。

出席者：任叔永、胡步曾、周子竞、胡刚复、秉农山、竺藕舫、杨允中。

主席：任叔永，记录：杨允中。

一、年会会程委员会因此次年会原列在庐山公开演讲，今已取消，拟将年会会程缩短日期至二十五日闭幕。

照修正日程通过。

二、《科学》编辑部长王季梁先生已赴美国，因〔应〕如何物色继任人选案。

讨论结果，咸以《科学》月刊为本社重要事业，亟须设法维持并加以精进，部长一职若再欲请人义务兼任，不特事实上困难，且亦不甚相宜，是否应专聘一人担任，提交年会大会讨论决定。

三、上次理事会通过范旭东为赞助社员，改为特社员，提请年会大会通过。

四、本社以后进行方针案。

提年会大会讨论。

理事会第120次会议记录（1934年10月8日）

十月八日下午七时在上海本社开第一百二十次常会。

出席者：秉农山、周子竞、胡刚复、杨允中。

主席：杨允中。

一、主席报告：理事会互选职员结果，共收到十二票，计七十二权（选票存）。

1. 会长：任鸿隽，八票当选；次多数：翁咏霓二票，赵元任、秉农山，各一票。

2. 会计：周仁，八票当选；次多数：赵元任、丁绪宝、胡先骕、竺可桢，各一票。

3. 常务理事：竺藕舫十票，秉农山九票，赵元任、胡刚复各七票，以上四人当选。次多数：伍连德五票，翁咏霓、李四光各三票，任鸿隽、胡先骕、孙洪芬、丁绪宝各一票。

二、主席提出：编辑部交来关于部长人选一函。

议决：交下次理事大会参考。

三、主任〔席〕提出：职员白伯涵、张大瑞、蒋逸群三君关于请求加薪函三件，又图书馆路馆长建议，对于图书馆职员可否仿照其他图书馆办法，订定职员进级加俸办法案。

议决：一并交下次理事大会讨论。

三〔四〕、主席报告：本社收到广东阳江县梁绍榘君交来伊弟绍桐遗产大洋贰千元，捐入本社作为纪念伊故弟之用，并附来梁君绍桐行述一册，应如何规定用途以资纪念案。

议决：每年取息金作为本社定期刊物之稿费，在所选各篇之文题下注明："本篇稿酬由梁绍桐纪念金项下支给"字样，给稿费之范围限于梁君平日所致力之各学科：(1)建筑工程（图案及装饰附）、(2)机械工程、(3)化学、(4)药物学、(5)园艺学、(6)养蜂学、(7)音乐之科学研究、(8)摄影，但有必要时，得以年息之全部或一部，移充征文奖金之用。

四〔五〕、中国文化建设协会来函征求本社为团体会员案。

议决：本社对于国内外学术机关团体素来竭诚合作，此次该协会来函征求为团体会员，本为合作起见，原无不可，惟此事关系全体社员，而初无先例可援，本会未便擅定，为顾及事实，本社可尽量介绍社员加入该协会，以资合作，一面将此项事情提交年会决定之。

五〔六〕、通过下列二十一人为普通社员：

林士祥(化工)、H. von Wissman①(地理)、项显洛(矿冶)、黎崇恒(化工)、王进展(地质)、刘公穆(射电)、柯象峰(社会)、速水颂一郎(地球物理)、东中秀雄(地球物理)、熊大楠(生物)、方宁赞(化工)、刘秩诚(电工)、谭世鑫(医学)、孙明经(物理)、石道济(物理)、徐正铿(农学)、郦堃厚(物理化学)、易明辉(地质)、李华均(算学)、李冰(化学)、潘承诰(物理)。

六〔七〕、定于下月中旬在南京开理事大会。

---

① 应为 H. von Wissmann,中文名为费斯孟。费斯孟(Hermann von Wissmann,1895—1979),奥地利地理学家、探险家,中国科学社外籍社员。

理事会第 121 次会议（秋季理事大会）记录（1934 年 11 月 11 日）

十一月十一日下午七时在南京社所开第一百二十一次理事会秋季大会。

出席者：赵元任、秉农山、杨允中、竺藕舫、周子竞、胡刚复、丁绪宝、孙洪芬（赵代）、任叔永、翁咏霓、胡步曾（以上秉代）、伍连德（杨代）。

列席者：钱雨农。

主席：秉农山，记录：杨允中。

主席宣读孙、任、翁、胡、伍各理事来函及对于本日议程中所列各议案之意见。

讨论事项：

（一）本社基金保管委员会宋汉章先生因年迈体弱不胜繁剧，来函辞职案。

（议决）宋先生热心社务数年如一日，本社基金因得年有增加。先生年高体弱，同人具有同情，惟对于先生之德望及向来一番热心，实有依依不舍之情绪，故拟请基金保管委员会蔡子民先生婉商宋先生留任，并转商徐委员新六先生分任保管事务。

（二）本社编辑部长人选案。

（议决）聘请刘咸先生为本社编辑部长，担任《科学》月刊及本社其他一切刊物之编辑事宜，并兼任图书馆馆长，所有聘任条件及部长馆长到任日期，请任叔永先生接洽，原有编辑部常任编辑一职，于新部长到任时裁撤。

（三）本社本年度预算案。

（议决）预算收支各列四万九千元，通过。

（四）组织编纂委员会编辑"科学丛书"案。

（议决）此系本社固有事业，当照常进行，至于如何扩大组织、专事编辑关于普通性之"科学丛书"，原则通过，俟编辑部长到任后，再定详细办法。

（五）明年为本社成立二十周年纪念，应如何举行纪念会案。

（议决）(1) 刊行本社概况纪念册及《科学的民族复兴》一书；(2) 八月间年会以前在上海举行庆祝会，十月二十五日在南京举行纪念会。

（六）依据年会决议提前推定下届年会论文委员会案。

（议决）公推王家楫、钱雨农、张其昀、曾昭抡、吴有训、竺藕舫、翁咏霓、张云、王抚五[①]为本社第二十次年会论文委员会委员，并推竺藕舫为委员长。

（七）上次理事常会交请规定本社职员加薪标准案。

[①] 王星拱（1887—1949），字抚五，安徽怀宁人，教育家、化学家。

先由杨允中报告本社各部职员姓名、职务、薪水数目及以前加薪经过情形,并报告职员请求函件。

(议决)(一)本社职员薪水标准,应分学术工作人员与事务人员二种。(二)在规定薪水等级内,一职员之开始薪水,视个人之学历与经验而定,最高薪水视办事之能力与成绩而定。(三)加薪标准除服务年代及平时勤惰外,尤须注重个人对于本职之办事能力。以上系三个原则,详细办法俟下次会议时规定。(四)明年一月起,张大瑞月加五元,于星海、蒋世超各月加十元。

(八)各地社友会往往因职员离开乏人负责,应如何加以整理案。

(议决)(一)南京社友会三位职员均不在京,即由在京各理事召集社友会重行组织。(二)杭州、苏州社友会理事长均已离开,即由其余职员召集开会,重行选举。(三)沈阳社友会保存名义,职员暂缺。(四)规定各地社友会职员每二年改选一次,其有离往别地者应随时选补。

(九)广州社友会提议,各地社友会都有零星费用,另外征收会费困难,应如何加以救济而利办事案。

(议决)各地社友会每年费用如有不足时,得凭单据向总社领取津贴,惟不得超过各该地社友实缴该年度社费总数百分之二十。

(十)上届年会中曾讨论现有交通大学等理科学生组织科学社,拟请加入本社为团体社员,但本社章程中无团体社员之规定,应如何变通办法或修改社章,以资与各大学学生联络案。

(议决)于社章内加入团体社员一条,公推杨允中、胡刚复、周子竞为起草委员。

(十一)通过下列五人为普通社员:Albert N. Steward①(植物学)、易天爵(电话)、冼荣熙(矿冶)、宋国模(天文)、郑万钧(树木)。

(十二)图书馆函请筹拨年会通过之购书费一万元,以资添购算学及各种普通科学书籍案。

(议决)照本年度预算购书费列一万元,比去年已增四千六百元,再多实无法筹措,只能逐渐添购,照预算案通过。

---

① 施德蔚(Albert N. Steward, ? —1959),美国植物学家,时在南京任金陵大学教授,中国科学社外籍社员。

理事会第122次会议记录（1934年12月24日）

十二月二十四日在上海国际大饭店开第一百二十二次理事会。

出席者：任叔永、伍连德、杨允中、周子竞、胡刚复。

任叔永主席，杨允中记录。

一、杨允中报告：社员刘梦锡先生捐助本社生物研究所泰属安梁场荡地一百亩，附到财政部执照垦字第一二三四三三号一纸；泰源盐垦股份有限公司股票第三四四号一纸，计股份银一千元。又社员尤怀皋先生续捐研究所基金三百元。

二、广西省政府黄主席①来电，为便利征集材料及考察游览起见，欢迎本社于明年八月初移在南宁举行年会，盼即电复案。

议决：复电赞同。

三、京社北楼墙外有公地一方，原依据财政部批示划入本社范围，并经土地局证明符合，现忽有人向土地局声称系私人所有，欲将该地出售，业经本社据实函复土地局，嗣后倘有纠纷，应如何应付案。

议决：既经政府批准认可，自难放弃，一面向土地局调查蓝图。

四、通过下列三人为普通社员：

陈立夫②（采矿）、周宣德（化学）、魏海寿（矿冶及化学）。

五、明复图书馆平屋顶漏水，且三层楼在夏季因屋顶内无空气隙，火热不能居住办公，应如何补救案。

议决：重做屋顶所费亦不小，可加一红瓦屋顶，请建筑师打样进行。

六、中国科学公司本年发给官利八厘，计二千三百〇四元，该公司股份尚有余额，希望旧股东认足，查本社已投资二百八十八股，应否再认若干，请公决案。

议决：凑足三百股。

七、下年度高女士纪念奖金征文为化学，公推任叔永、张子高、曾昭抡三人为征文审查委员会委员。

---

① 即黄旭初（1892—1975），广西容县人，新桂系首领之一，1930—1950年连续担任广西省政府主席二十年之久。

② 陈立夫（1900—2001），名祖燕，字立夫，浙江吴兴（今湖州）人，陈果夫（祖燾）之弟，美国匹兹堡大学采矿学硕士。

董理事会联席会议记录（1935年1月12日）

二十四年一月十二日下午三时在本社会议室举行董事会基金保管委员会理事会联席会议。

出席者：蔡子民、宋汉章（以上二人董事兼基金监）、孙哲生、胡敦复（以上二人董事）、徐新六（基金保管委员）、周子竞、杨允中、伍连德、胡刚复（以上理事）。

主席：蔡子民，记录：杨允中。

一、主席报告：董事会基金监宋汉章先生因年老体弱，迭次来函辞去本社基金保管之职，挽留无效，今日宋先生特来会交代。现依据理会〔事〕大会之意思，请保管委员徐新六先生负责保管。此外应另一人为保管委员，以合原有三人之数。

二、宋汉章先生当场将一切本社基金单据并清折一扣，面交徐新六先生点收，即由徐先生签字掣给收条。

三、主席起立谓：宋先生保管本社基金历六年有半，原数为公债票四十万元，历年用去京沪二社所购地及建屋之费约达十八万元，连经常费，共计支出二十八万余元，目前结算尚余三十八万余元，连科学公司股本三万元，已超出原额四十万元之数，足见其平日对于保管本社基金之苦心而善于运用，特代表本社向宋先生致谢。

四、宋先生起立谓：本人承本社董事会之委托，保管基金，责任异常重大，六年以来幸免陨越，惟近来两耳失聪，绝少应酬，对于金融界之消息因此隔膜，与其贻误于后，曷若在此时移请别位管理，以后力所能力〔及〕，仍当随时辅助也。（众鼓掌）

五、主席请众推补保管委员一人，众意请蔡子民、徐新六两先生共同接洽，再由本社加聘。

六、由杨允中君报告本社事业概况，经众略加讨论，即散会。

董理事会联席会议记录（1935年1月30日）

二十四年一月三十日下午七时在上海本社开董理查帐员联席会议。

出席者：蔡孑民、伍连德、胡敦复、宋梧生、陈清华①、何德奎②、竺藕舫、周子竞、胡刚复、杨允中。

主席：蔡孑民，记录：杨允中。

一、公推董事胡敦复继任基金监，由董事会书记通函各董事追认。

二、委托信托机关保管关于银钱财产之凭证契约。

三、每年除经常费由会计理事向基金监支取外，如有临时费，须经理事会之决议，用书面通知基金监领取。

蔡元培

---

① 陈清华（1894—1978），字澄中，号郇斋，湖南祁阳人，商业学家、藏书家。
② 何德奎（1896—1983），字中流，浙江金华人，商业学家。

理事会第 123 次会议记录（1935 年 1 月 30 日）

一月三十日下午九时在上海社所开第一百二十三次理事会。

出席者：周子竞、竺藕舫、杨允中、伍连德、胡刚复。

主席：杨允中。

议决事项：

一、通过二十四年《科学》编辑部编辑十六人：

范会国①、严济慈、张江树、李珩、张其昀、竺可桢、杨锺健、伍献文、钱宗澍、吴定良、卢于道、陈思义、李垕身②、杨孝述、陈茂康、陆志鸿。

二、梧州社友会筹备会函送简章十条请核准备案。

（议决）查该简章与本社总章第二十章尚无不合，应准备案，惟该简章第八条会员每年缴纳会费暂定梧币三元，因本社已有津贴各地社友会办法，似可酌减，俟该会举行成立大会时，提出讨论公决。

三、通过下列二十三人为普通社员：

陆仁寿（生物）、杨春洲（化学）、蔡人熙（生物）、郭坚白（算学）、张又新（市政）、沈彬（文学）、时俊光（寄生虫学）、葛天回（土木）、杨溪如（物理）、蔡树繁（物理）、彭旭虎（物理）、谢立惠（物理）、衷子纯③（电工）、裴献尊（电工）、盛玫④（电工）、过昆源（社会）、夏兆龙（农化学）、陶心治（生物）、张镇谦（算学）、汪振儒（植物）、苏汝诠（农学）、谢厚藩（物理）、叶道渊（林业）。

---

① 本次会议记录在《社友》第四十六期（1935 年 2 月 20 日刊行）发表时误作"范国会"。范会国（1899—1983），字秉钧，广东文昌（今属海南）人，数学家、教育家。
② 李垕身（1889—1985），字孟博，浙江余姚人，工程学家。
③ 衷子纯应为衷至纯。
④ 《社友》第四十六期误作"盛玫"。

理事会第 124 次会议记录（1935 年 4 月 21 日）

四月二十一日下午五时在上海社所开第一百二十四次理事会。

出席者：任叔永、孙洪芬、胡刚复、周子竞、杨允中。

列席者：路季讷、刘重熙。

主席：任叔永，记录：杨允中。

报告事项：

（一）吴稚晖先生自动捐助《科学画报》大洋肆拾元。

（二）南京市政府自动捐助生物研究所大洋叁仟元。

（三）南京社所地产现正在办理嘱托登记。

（四）基金保管委员会一切契据股票，已委托浙江兴业银行保管。

（五）中基会补助生物研究所经费已通过，为四万八千元。

讨论事项：

（一）呈复教育部函复实业部，关于修订度量衡法规提出本社意见案。（附油印呈文草案一件）

议决：大体照原草案通过，惟对于单位名称，本社亦赞成用以前科学名词审查会决定之米旁与克旁系统；又单位名称之译音，以全写为原则，例如 Meter 称米突，惟亦可简称为米。公推胡刚复、杨允中二君修正。

（二）决定年会会期案。

议决：以八月初旬为原则，日期由联合年会筹备委员会决定。

（三）推定联合年会筹备会代表案。

公推马君武、马名海、杨允中、方子卫为本社年会筹备委员。

（四）公推广西省府黄主席为年会名誉会长。

（五）本年年会论文委员，仍照去年分组办法宣读，应就本年论文委员中推定代表，与各参加年会团体接洽论文宣读事宜案。

议决：（一）公推王仲济为动物学组代表，钱雨农为植物学组代表，张晓峰①为地学组代表，周子竞为工程学组代表，曾昭抡为化学组代表，与各学会接洽，并办理该组论文宣读事宜。（二）希望各组如有普遍性之论文，提出于不分组之论文宣读会宣读。（三）其他各学科有必要时，亦得分组。

---

① 本次会议记录在《社友》第四十八期（1935 年 5 月 25 日刊行）发表时，将"张晓峰"改为"胡焕庸"。

（六）推定马名海、胡刚复为联合年会会程委员会代表。

（七）添聘冯泽芳为《科学》编辑部编辑。

（八）筹备本社二十周年纪念案。

议决：前定分八月、十月二次前后在京、沪二地举行纪念会，在事实上与意义上均不相宜，改为一次于十月二十五日即本社成立纪念日正式在南京本社举行纪念会，应筹备之事项如下：

（1）在南京本社开会。

（2）重订本社概况作为纪念册。

（3）《科学》出特大号，多载关于本社历史及二十年来科学进步之文章。

（4）商请《申报》发刊纪念专号半张。

（5）发刊《科学的民族复兴》一书。

（6）请各地社友会举行庆祝会，并利用广播电台举行科学演讲，传播科学。

（九）社章中加入团体社员一章案。

众意本社向以个人研究为原则，无需加入团体社员，如事实有所必要，亦只能简单列入一条，无需增加全章，俟下次开会再谈。

（十）通过下列二十七人为普通社员：

伍献文（动物）、李书华（物理）、御江久夫（植物）、大内义郎（昆虫）、木村重（鱼学）、桂末辛（社会）、关富权（土木）、邓静华（算学）、刘念智（经济）、程宗厚（化学）、蒋导江（冶金）、李珩（天文）、马保之（农作物）、丁杰（电工）、吕炯（气象）、周良翰（化学）、苗文绥（数学）、唐世凤（动物）、朱文馨（药学）、林韵和女士（生物）、郝毅志女士（生物）、魏学仁（物理）、胡坤陞（算学）、陈世骧（昆虫）、张淑静女士（生物）、竹尧生[①]（银行）、阮传哲（造纸）。[②]

[①] 原文有误，《社友》第四十八期改为"竹垚生"。竹垚生为竹淼生之弟，浙江嵊县人，兄弟二人当时均在浙江兴业银行任职。

[②] 《社友》第四十八期增补"木村康一（生药）"，则实为二十八人。

理事会第 125 次会议记录（1935 年 6 月 26 日）

二十四年六月二十六日下午七时在上海新惠中旅舍①开一百二十五次常务理事会议。

出席者：赵元任、周子竞、胡刚复、杨允中。

列席者：刘重熙。

主席：杨允中

一、开封社友李燕亭、郝象吾等来函，以该地社友已达二十七人，依社章组织社友会，经召集成立大会，选出职员，并附来社友会简章十条，请核准案。

（议决）准予设立。

二、理事丁绪宝、赵元任建议：利用京社所购民地上之余地，租给社员以增收入案。

（议决）原则通过，(1)指定靠西南之地出租；(2)租期不得逾十五年；(3)每年租金照目前地价收百分之六至七；(4)由社填地筑路，租地人按租地面积大小纳相当费用；(5)建屋式样及位置，应得本社同意，期满后屋归本社所有；(6)公推丁绪宝、钱雨农、赵元任三人依据上开原则，草拟租地详细办法。

三、补推：(1)雷宾南为本届年会总委员会委员；(2)任叔永为会程委员会委员兼大会主席团本社代表；(3)段子燮、陈宗南为演讲委员会委员；(4)谢厚藩、宋文政、方宁赞、葛天回、闻诗为招待委员会委员；(5)马心仪、裘献尊为交际委员会委员。

四、通过新社员三十人：

沈慈辉（化学）、李秋谷（化学）、林炳光（化学）、蔡承云（地质）、周百嘉（生物）、黎宗辅（生物）、毕济时（医学）、沈锡琳（土木）、何玉昆（化学）、萧世永（哲学）、赵玉昌（矿冶）、林名均（考古）、戴述古（牙医）、吴国章（物理）、吕锺灵（医学）、王明贞（物理）、崔亚兰（体育）、姚国珣（化学）、桂秉华（物理）、徐韫知（算学）、王兰生（哲学）、沈仲章（哲学）、吴功贤（生物）、陈宗汉（机工）、李学清（地质）、司徒德生（物理）、杨简初（电工）、涂长望②（气象）、李庆麟（经济）、陶述曾（土木）。

---

① 应为新惠中旅社，位于上海大新街（今湖北路）上。
② 本次会议记录在《社友》第四十九期（1935 年 7 月 10 日刊行）发表时误作"徐长望"。涂长望（1906—1962），湖北汉口人，气象学家、社会活动家、教育家。

理事会第 126 次会议记录（1935 年 8 月 15 日）

八月十五日下午八时在南宁广西省政府开第一百二十六次理事会。

出席者：马君武、周仁、胡刚复、竺可桢、杨孝述。

主席：竺可桢，记录：杨孝述。

一、杨孝述报告：江苏省自民十二年起由国库项下按月补助本社经费二千元，经迭次折减，至民十四【年】每月仅得一千一百余元。本社历年来各种事业之发展，多赖此款之补助，讵料本年六月间，苏省当局竟将该款全部停止拨给，以后本社各种事业之进展大受影响。现虽已由本社陈述过去之工作及对于国家文化前途关系，函请苏省维持预算原案照常补助，并由本社董事吴稚晖、蔡孑民诸先生函请维持，尚难有把握。应如何补救之处，请公决。

议决：一面再设法转圜，一面请总干事研究开源节流办法，编定预算，提下次理事会讨论。

二、关于声明《科学》第十九卷六期社论责任一事，议决照各理事第二次所拟启事原文，登载七期《科学》。

理事会第 127 次会议记录（1）（1935 年 9 月 9 日）

九月九日上午十时在南京社所开第一百二十七次理事会。

出席者：胡先骕、胡适、竺可桢、赵元任、周仁、秉志、丁绪宝、杨孝述。

主席：赵元任，记录：杨孝述。

（一）京社空地出租办法案。

缓议。

（二）编辑部提改进《科学》杂志编制案。

（说明）为增进《科学》读者兴趣，及减轻《科学》印刷费，并推广销路计，拟自明年二十卷起，将《科学》格式及内容再加改革。其要点如左：

（1）参照英国之 Nature、美国之 Science①、日本之《科学》成例，不印彩色封面，其式样大小与现在发行者同。

（2）用褶订式，中间加骑缝纽。

（3）改用五号及新五号字（科学公司正在赶制），每页分两项排印。

（4）每期拟规定至多不得过八十页（日本《科学》月刊，每期约五十页上下），希望能以缩短篇幅，刊载与现在同等分量之材料（最近两期《科学》均百七十余页，分量重，邮费亦增加）。

（5）改用道林纸，以资永久，并壮观瞻。

（6）插图不印专页，改印在本文之内，以节印刷纸张费用。

（7）减少专著文字，拟增设"研究菁华"栏。

（8）编辑内容，分栏如下：a. 科学论坛、b. 书报绍介、c. 论著（选登）、d. 科学通讯、e. 科学思潮、f. 科学新闻、g. 研究提要、h. 科学拾零。

（9）定价酌减，善登广告，推广销路，征求定户，订定优待学生订阅办法。

（10）由经理部多拉书店、制造厂等处广告，以增收入。

以上粗陈大要，是否有当，诸希公决，俾有准绳，是所企盼！

议决：接受编辑部改革案。

（三）《科学》编辑部提请本会先聘任社友范会国、吕炯、钱崇澍、徐渊摩、卢于道、欧阳翥、杨孝述、冯泽芳、张江树、张其昀、杨锺键、李珩、曹仲渊、吴定良等十四人

---

① 美国《科学》杂志，周刊，由爱迪生创办于 1880 年，1894 年成为美国科学促进会（American Association for the Advancement of Science，AAAS）的官方刊物。

为本年度《科学》杂志编辑,其余俟接洽定当再行提请案。

议决:照名单聘任,其余俟编辑部接洽定当再行追认;医学方面聘任李赋京为编辑。

(四) 公推曹惠群、卢于道、徐韦曼、刘咸、周仁、张延祥为《科学画报》常务编辑。

(五)《科学画报》编辑部提请聘任李赋京、张巨伯、沈慈辉、竺可桢、魏嵒寿、关实之、曹仲渊、裴维裕、徐渊摩、杨肇濂①、王家楫、李鉴澄、张景欧、殷源之、郑万钧、赵元任、赵燏黄、徐善祥、孟心如、程孝刚②等二十人③为《科学画报》特约编辑案。

议决:照名单聘任。

(六) 苏省停拨本社补助费每月一千一百余元,应如何补救而资维持社务案。

由杨允中报告:遵照上次理事会议嘱托,曾研究开源节流办法,惟本社经济素不充裕,在本年状况下欲确立预算,事甚困难,只好力求各部暂时紧缩,勉渡本年度难关,同时仍须徐图补救,以维本社永久事业。目前所可设法者约有数端:(1)特别设计《科学》印制方法,减少英文本年会论文专刊及其他另〔零〕星印件,并商由科学公司对于一切印件特别补助,年可减支印刷费三千元;(2)出租沪社所旧屋,年可收入一千余元;(3)极力节省各部消耗、杂支、纸张、修理、购置,年可减支三四百元;(4)由上年度新增添购图书费预算中减去二千四百元;(5)推广《科学画报》,并振〔整〕顿广告收入,年可收入二千元。以上开源节流所得约九千元,其余不足之数须赖:(1)社员缴费人数增多;(2)历年基金息剩余尾数项下扫数拨充。

胡步曾谓:生物研究所本年度预算尚少二千元,可否设法补其半数?

周子竞谓:在本年状况下,能维持往年经常开支年六千元已属万幸。

秉农山谓:俟编制预算时,务请留意。

杨允中谓:至少限度当保留六千元之数。

议决:照杨君所陈办法,编制本年度各部预算,一方面另筹补救办法,以维本社各项事业之永久。

(七) 议决:沪社老屋由总干事全权设法出租。

(附条议决记录对外可不发表。)如无相当租户,请总干事迁入自住,以免该屋闲

---

① 原文有误,本次会议记录在《社友》第五十期(1935年9月30日刊行)发表时改为"杨肇燫"。
② 程孝刚(1892—1977),字叔时,江西宜黄人,机械工程学家、教育家。
③ 原文将张其昀名字删去,而《社友》第五十期增加韩组康,并将"二十人"改作"二十二人",但尚缺一人名字。

置,且可得人管理社所,租金以总干事目前所租屋之租金为准,惟如不满百元,应在楼下留出一间宿舍,以备社中职员住宿之用。①

（八）筹备本社二十周年纪念案。

定于十月二十七日假南京中央大学举行,并公推罗家伦②、丁绪宝、赵元任、竺可桢、秉志、杨孝述、孙光远、邹树文、卢恩绪、辛树帜、周仁十一人为筹备委员,罗家伦为委员长,丁绪宝为秘书。

（九）改革本社图书馆案。

议决:规定改革原则二条:

一、本社明复图书馆添购图书杂志,应避免购买上海各专门学术机关图书馆之已备有者。

二、注重通俗科学及数学图书杂志。

公推胡刚复、王云五、尤志迈、杨孝述、刘咸为本社图书馆委员会委员,主持图书馆行政方针,并选购图书杂志。

（十）通过下列五十七人为普通社员：

陈德荣（心理）、蔡涌芬（染织）、张彭春（教育）、陈德贞（物理）、杨竞学（生物）、吴汝麟（物理）、韦谦（化学）、唐国正（化学）、林文香（生物）、钟济新（生物）、甘蔚文（政治）、许维樑（化学）、陈重华（农科）、黄幼垣（历史）、董绍良（地理）、宋泽（医学）、梁毓万（昆虫）、黄荣汉（理化）、古桂芬（农科）、闻宥（语言）、陈公弼（理化）、杨亮功（教育）、陈立卿（生物）、黄昆仑（昆虫）、顾毓琇③（电工）、莫如玉（生物）、陈雨苍（医学）、徐金声（社会）、朱志涤（物理）、杨锺英（机工）、汤家裕（教育）、黄汝光（土木）、沈启彝（算学）、秦道坚（化学）、陈任（医学）、陈怀书（电工）、梁绪（机工）、苏宏汉（生物）、欧文炎（农科）、黄锡九（土木）、陈尧典（化工）、钟嘉文（化学）、黎焕森（化学）、张熙（化学）、褚葆真（医学）、黄震（生物）、唐波澂（教育）、葛其婉（生物）、赵煦雍（化工）、周宗璜（菌学）、郭一岑（心理）、吴绍熙（心理）、徐陟（农科）、蒋纲（机工）、王锺文（物理）、薄毓相（物理）、黄瑶。

---

① 原文此处有旁注:"此附条记录不登《社友》。"
② 罗家伦（1897—1969）,字志希,原籍浙江绍兴,生于江西进贤,教育家、历史学家。
③ 顾毓琇（1902—2002）,字一樵,顾毓瑔、顾毓珍之兄,江苏无锡人,电机工程学家、教育家、诗人、戏剧家、音乐家、禅学家。

理事会第127次会议记录（2）（1935年10月28日）

十月二十八日在南京珞珈路竺宅开第一百二十七次理事会。①

出席者：翁文灏、马君武、秉农山、丁绪宝、竺可桢、任鸿隽、周仁、杨孝述。

主席：任鸿隽，记录：杨孝述。

一、报告理事会职员选举结果，共收到十四票。

（甲）会长：任鸿隽五票当选。次多数：翁文灏四票，竺可桢、秉志各二票，马君武一票。

（乙）会计：周仁九票当选，秉志、竺可桢、伍连德、丁绪宝、杨孝述各一票。

（丙）常务理事：赵元任十票、胡刚复九票、秉志九票、竺可桢八票，以上四人当选。次多数：丁绪宝五票，伍连德、胡适、任鸿隽、周仁各三票，李协、马君武、胡先骕各一票。（选举票存）

二、议决：本社加入中国学术团体联合会所②，担任建筑费三个单位，计洋四百五十元。

三、中国科学公司于上星期之初，因鉴于金价有飞涨之势，且欧非战事③影响地中海交通，深恐印刷用纸张涨价，且有中断之虞，特购进纸料一万元，多半供《科学画报》之用，可否由本社暂垫〔垫〕一万元藉资周转案。

议决：由本会函请基金监，在息金项下如有积款，暂行垫付一万元，于二十五年二月底以前还清，并照例给息。

四、通过下列七人④为普通社员：

冯志东（药物化学）、马荫良⑤（医学）、何之泰（水利）、周咏曾（农学）、许业贵（农学）、施怀仁（动物）、黄宪章（经济）。⑥

---

① 不知何故，本次理事会仍被记为第127次，兹仍从原文。
② 本次会议记录在《社友》第五十一期（1935年11月10日刊行）发表时，在"中国学术团体联合会所"之后补加"筹备会"三字。
③ 指意大利入侵阿比西尼亚（今埃塞俄比亚）。
④ 本次会议记录在《社友》第五十一期发表时，将"七人"改为"五人"。
⑤ 马荫良（1905—1995），字一民，江苏松江（今属上海）人，报刊活动家、新闻教育家。
⑥ 本次会议记录在《社友》第五十一期发表时，将周咏曾、许业贵二人改为仲社员。

理事会第128次会议记录（1935年12月1日）

十二月一日上午九时在上海本社开第一百二十八次理事会议。

出席者：秉志、丁绪宝、刘咸（列席）、竺可桢、胡刚复、赵元任、周仁、杨孝述、伍连德。①

主席：竺可桢，记录：杨孝述。

一、杨允中报告：江苏沙田局【驻京官产办事处】②来函调查社址。

二、报告：北平图书馆寄存书籍。

三、报告：社员叶善定君捐助本社图书千余本。

提议事项：

一、本年度预算收支不敷五千元，如何平衡案。

周子竞提议：南京社所北楼险象环生，急应修理，亦应列入预算。

议决：由二十二年及二十三年度决算余款七千元拨充，内二千元指定为修理南京社所之用。

二、议决：社员应享之期刊，得于《科学》与《科学画报》中任择一种，同时欲【订】二种者，仍照旧例纳【社】费八元。

三、图书馆提：补用谢冶英为本馆职员，请追加委任案。

议决：如薪水照旧不逾四十元，可予追认。

四、本社图书馆与北平图书馆学术合作，由平馆派有经验之馆员来社，再由本社加聘，协助本馆馆务。

议决：通过。

五、编辑部提：加聘赵燏黄、张巨伯、吴有训、曾昭抡、顾毓秀〔琇〕为二十五年度编辑员。

议决：通过。

六、《科学》自二十卷起应否改订定价？

议决：由编辑部与总干事商酌办法。

七、编辑部因编行科学文库，请添加书记一人。

议决：图书馆馆员有余暇时，抄写稿件由馆员兼任。

---

① 本次会议记录在《社友》第五十二期（1936年1月12日刊行）发表时，在出席者名单中删掉了伍连德。
② 【】内的文字系根据《社友》第五十二期发表的本次会议记录增补，下同。

八、高女士奖金征文委员任叔永君,因赴川不便阅卷,函请改推庄长恭君为委员。

议决:通过。

九、下届高女士奖金论文范围为生物学,公推秉农山、伍连德、钱崇澍为审查委员。

十、丁绪宝报告二十周年纪念会费用。

十一、通过下列八人为普通社员:

马纯德(数学)、郑华炽(物理)、程楚润(数学)、沈思玙(地理)、包立志(心理)、蒋硕民(数学)、曾广珠(机械)、戴运轨(物理)。

理事会第129次会议记录（1936年3月17日）

二十五年三月十七日下午六时在上海本社开第一百二十九次理事会。

出席者：伍连德、杨孝述、周仁、胡刚复、秉志。

列席者：刘咸。

主席：杨孝述。

一、秉农山报告：北平社友金叔永先生愿将私人所藏各国生物学及科学书籍杂志约值四万元捐入本社明复图书馆，并捐购书基金以维持其原有杂志之续订。

议决：欢迎接受，按照周美权先生捐助算学书库先例特辟一室，题名皮藏，并请刘馆长专诚赴平接洽。

二、杨允中建议：梁绍桐先生纪念基金原规定以每年利息充本社各种期刊之稿费，兹拟将此项息金改作购买整部书之稿费，以后将逐年收入之息金，连同已出版书籍之版税，概充购买书稿之用。如此孳生不息，将来纪念出版物之数量必甚可观，则所以纪念梁先生者，不特永久且效用较广矣。又爱迪生纪念奖金及考古学奖金等，非每年必有相当之人可授给，如遇各该基金之利息有余款时，与其储款，曷若亦照前述办法用以购买书稿。凡用某种纪念金购稿，即于其出版物上注明某种纪念字样，则既不失纪念之原意，而于文化上大有裨益。又本社近来已收购二稿，是否可照此办法，请公决。

众皆赞同，通过。

三、议决：本届年会地点在北平。

四、公推陆志韦、胡经甫、蒋梦麟、曾昭抡、梅贻琦、叶企孙、孙洪芬、杨光弼、章元善九人为本年年会筹备委员会委员，由孙君洪芬绍〔召〕集。

五、仲社员王辅世、陈可培请求升格。

议决：通过。

六、通过下列五人为普通社员：

寿彬（电工）、沈嘉瑞（动物）、郭履基（电工）、陈章（电工）、马骏女士（历史）。

七、本社图书馆故馆员孙香亭去世后，曾于九十九次理事会议决应给丧葬费，久未拨给。又孙君尚有遗款一百四十六元一角二分，因无家族，未有处置，应如何办理案。

议决：拨给二百十八元，连其遗款一百四十六元余，一并购置纪念物。以一百六十元购时钟一只设于图书馆，其余购版权，以后收入版税专款存储，俟积有存数，仍充稿费，用资永久纪念。

理事会第 130 次会议记录（1936 年 5 月 28 日）

五月二十八日上午十一时在南京社所开第一百三十次理事会议。

出席者：丁绪宝、赵元任、周仁、杨孝述、秉志（杨代）、竺可桢、翁文灏。

主席：赵元任，记录：杨孝述。

（甲）报告事项

一、报告：南京社地【约一亩余】①（财政部拨给之官产）纠纷涉讼，曾请社员陈汉清律师出庭辩护，本社胜诉，但现又上诉，尚未结案。

二、报告年会筹备进行情形。

（乙）议决事项

三、天津设立社友会，函送简章请核准案。

议决：通过。

四、本年年会论文委员会公推胡先骕为委员长，除物理科学、生物科学已经推定委员外，应请就工程科学及社会科学二大组各推论文委员一二人，由委员长聘任。

五、全国学术团体联合会所筹备委员函知预定办公室面积办法，每间二方，定价八百元，本社是否需要案。

议决：本社在南京已有自置办公处所，事实上不再需要。

六、杨孝述提议：普通社员改为永久社员时，以前所邀〔缴〕各费可否酌量并算案。

议决：缴永久社费时，最近前五年所缴之社费，得作为永久社费之一部分。

七、通过下列十三人②为普通社员：

张肖松（女）（心理）、陈品芝（女）（动物）、戴志昂（建筑）、李捷（地质）、方俊（土木）、朱炳海（气象）、李毅艇（气象）、朱公瑾（数学）、范谦衷（动物）、刘君谔（昆虫）、白义（法国）（物理）、谢家玉（化学）、伍活泉（食物、化学）、周友箕（化学）、蒋朝沅（机械）、蒋朝清（物理）、柳子贤（陶瓷）。

八、翁文灏提议：依照本社章程第六条"凡本社社员有科学上特别成绩，经理事会或社员二十人之联署提出，得常年会到会社员过半之选决者，为本社特社员"，本社以后似应逐年举行选举以符章程案。

---

① 【 】内的文字系根据《社友》第五十五期（1936 年 6 月 3 日刊行）发表的本次会议记录增补。
② 实应有十七人，故本次会议记录在《社友》第五十五期发表时，将"十三人"改为"十七人"。

议决:由各理事提出候选人,再全体通信投票通过,提交年会选决。

九、议决:《科学》杂志论坛自二十卷第七期起从省,在可能范围内以科学通讯代之。(此条记录别处不发表。)①

---

① 在《社友》第五十五期发表时,第九条议决事项被略。

理事会第131次会议记录（1936年7月26日）

七月二十六日上午九时在上海新亚酒店①开第一百三十一次理事会议。

出席：王琎、任鸿隽、周仁、杨孝述。

列席者：刘咸。

主席：任鸿隽。

一、杨孝述报告：京社有财政部拨给之社地②一亩余，因产权纠葛涉讼，初审本社胜诉，二审本社败诉，现将上诉最高法院。本社律师为狄侃、陈汉清二人。

二、通过下列五人为普通社员：

施恩明（医学）、高行健（化学）、贝克（地质）、邹明初（经济）、关实之（化学）。

三、本年度选举特社员案，俟年会期前在北平再召集一次理事会决定。

---

① 新亚酒店位于上海北四川路、天潼路交界处。
② 本次会议记录在《社友》第五十六期（1936年9月20日刊行）发表时，将"社地"改为"公地"。

理事会第 132 次会议记录（1936 年 8 月 16 日）

八月十六日下午六时在北平察院胡同任宅开第一百卅二次理事会。

出席者：伍连德、秉志、胡先骕、任鸿隽、周仁、杨孝述。

主席：任鸿隽，记录：杨孝述。

一、本年推选特社员案。

首由杨孝述报告前两次理事会议关于此案之谈话情形及各理事提出之名单。伍连德主张，应先规定若干合格条件而后再定人选，且特社员之名称亦有另行考虑之必要。到会者各有意见发表，讨论历半小时，咸谓此事比较重要，应从长计议，暂缓提出。

二、秉志提议：本社应于现有各种捐助奖金外，设立中国科学社奖金，为金质奖章一枚、奖状一纸，给予国内科学研究成绩最著之一人者，于每年年会时颁给之。

议决：通过，并推定胡先骕（生物科学）、胡刚复（物理科学）、顾毓琇（工程科学）、黎照寰①（社会科学）四人为中国科学社奖金委员会委员，胡先骕为委员长，妥拟给奖办法，提交本社理事会通过施行。

三、周仁提议：本社事务会计兼出版部干事于士元，平时事务较繁，责任亦重，应否酌加薪金以示奖励案。

议决：自本月起每月加薪五元。

---

① 黎照寰（1888—1968），字曜生，广东南海人，教育家。

理事会第133次会议记录（1936年11月13日）

十一月十三日下午六时在京社所开第一百卅三次理事会。

出席者：赵元任、秉志、翁文灏、任鸿隽、杨孝述、周仁。

主席：翁文灏，记录：杨孝述。

甲、报告事项：

（一）二十五年度理事会选举结果：（甲）会长，翁文灏六票当选，次多数：任鸿隽、竺可桢、秉志各二票。（乙）会计，周仁十一票当选，次多数：竺可桢一票。（丙）常务理事，秉志、胡刚复各九票，竺可桢、赵元任各七票，以上四人当选；次多数：李四光六票，孙洪芬五票，翁文灏三票，任鸿隽、周仁各一票。

（二）社友王锺文君在平接奉山西教育厅冀厅长①电嘱，代邀本社下届年会在太原举行，特代表该省来函欢迎。

（三）京社地产据土地局实测，面积共计二十三亩一分〇一毫六丝（争执部分未计在内），估价委员会估定每方七十元，应缴契税四千九百〇二元。本社实无力筹此巨款，特由本社孙董事向马市长②洽商核减，现已分别无契部分与白契部分，重行估价，减至税银二千五百九十四元一角七分，此款已列入本年度预算。

（四）中国科学公司二十四【年】度营业状况，计印刷项下二十七万元，《科学画报》四万余元，毛利三万余元。

乙、讨论事项

（一）通过本年度总预算，经常、临时两项收支各为四万二千三百八十七元。

（二）推聘《科学》及《科学画报》编辑案。

议决：上年度所推编辑员本年度续聘一年，《科学画报》加聘张钰哲、邹树文、李寅恭、柳大纲、朱振钧、王启虞、沈璪、包可永、潘履洁为编辑。③

（三）明年年会地点案。

议决：在杭州举行，山西省教育厅邀请在太原开会一节，因本年年会已有决定在先，不便更改，应去函婉谢。

（四）通过普通社员十五人：

---

① 即冀贡泉（1882—1967），字育堂，号醴亭，山西汾阳人，时任山西省政府委员兼教育厅长。
② 即马超俊（1885—1977），字星樵，广东台山人，时任南京市长。
③ 本次会议记录在《社友》第五十七期（1936年11月20日刊行）发表时，在该条议决内容中补加"《科学》加聘郑集、杨维义、王家楫、袁韬青、魏嵒寿为编辑"。袁韬青应为袁翰青。

秦大钧(飞机工程)、樊际昌(心理)、刘湛恩(社会)、顾谦吉(优生)、文树声(电机)、姚永政(公共卫生)、孙基昌(药科)、程锡康(社会)、陈华(牙科)、章元石(物理)、陈绚(教育)、孙泽瀛(数学)、秦含章(农艺化学)、胡筠(电信)、周源和(会计学)。

又仲社员一人:江珪保女士(数学)。

(五)杨孝述提出:职员张大瑞等应如何加薪案。

议决:张大瑞自本月起加薪五元,余缓议。

(六)中国科学公司定于十二月六日举行股东大会,本社公推胡敦复、周仁、杨孝述、胡刚复四人代表出席。

(七)秉志、赵元任提议:本社总干事任职已久,近四年来兼任《科学画报》总编辑,职务更繁,应如何酌加薪水案。

议决:自本月起加薪三十元,其所兼中国科学公司总经理夫马费,仍全数归本社收入。

(八)秉志提议:京社空地甚多,拟于生物研究所基金项下酌提若干,建造出租房屋以利基金收入案。

议决:公推周仁、秉志、杨孝述三人草拟计划,提出下次理事会讨论。

理事会第 134 次会议记录（1937 年 3 月 20 日）

二十六年三月二十日下午七时在杭州西湖饭店举行第一百卅四次理事会。

出席者：赵元任、马君武、竺藕舫、周子竞、杨孝述、胡刚复。

特邀列席者：胡敦复（董事兼基金监）。

主席：竺藕舫（临时公推），记录：杨孝述。

一、中国科学图书仪器公司扩充业务，添招股本拾万元，本社应否加认案。

议决：由基金项下增加投资二万四千元。

二、本社应照社章第三十八条设置学股委员会，藉谋发展社务，并便与各学会密切合作案。

议决：先行成立数学股委员会，由该会拟订具体办法，提交下次理事会通过，并推定熊庆莱①、何衍璿、沈璿、胡坤陞、范会国、胡敦复、钱宝琮、顾澄、朱言钧九人为数学股委员会委员，胡敦复为委员长。

三、议决：本年年会定于八月二十日至二十五日在杭州浙江大学举行。

四、推定下列十一人为本年年会筹备委员：竺可桢（委员长）、周象贤、胡刚复、茅以升、王璡、朱庭祜、赵曾珏②、郑宗海、张绍忠、贺懋庆③、钱宝琮。并公推朱家骅为年会之名誉委员长④。

五、推定下列九人为本年会论文委员会委员：

卢于道（委员长）、张江树、严济慈、谢家荣、王家楫、张景钺、朱言钧、钱天鹤、何之泰。

六、通过《科学》编辑部佐理姚国珣月薪自四月份起增加十元。

七、通过下列十四人为普通社员：

张定钊（化学）（永久）、李宪之（气象）、潘序伦（会计）、杨惟义⑤（昆虫）、张作幹（动物）、陈立（心理）、冯紫岗（农业经济）、程孙之淑（营养）、赵曾珏（电机）、吴克明（化学）、卢维溥（机械）、谭锡畴（地质）、孙景华（化工）、高启明（建筑）。

---

① 本次会议记录在《社友》第五十九期（1937 年 3 月 20 日刊行）发表时改作"熊庆来"。
② 赵曾珏（1901—2001），字真觉，上海人，电机工程学家。
③ 《社友》第五十九期误作"贺懋应"。贺懋庆（生卒年不详），字勉吾，江苏丹徒（今镇江）人，机械工程学家、造船专家。
④ 《社友》第五十九期改作"名誉会长"。
⑤ 杨惟义（1897—1972），江西上饶人，昆虫学家。

理事会第135次会议记录（1937年5月1日）

五月一日中午十二时在上海社所开第一百卅五次理事会议。

出席者：任鸿隽、胡刚复、马君武、周仁、孙洪芬、杨孝述、秉农山（早退，杨代）。

主席：任叔永，记录：杨允中。

甲、报告事项

一、本社上海社地一部分系于民国十七年向普益地产公司购入，但因该公司与地主间手续未经办妥，迄未取得道契，再三交涉终无效果，兹经该公司付还本社丈量费五百三十九元，另由本社经地保徐文田向土地局呈请①土地证矣。

二、京社东北角墙外社地一方约一亩，系由财政部拨给，前有郑姓出面争执，谓系其私产，因契据上四至与面积不符，初审判归社有，但最高法院判决本社败诉。

三、本社基金为所得税事，曾依据法令向所得税办事处声请免税，兹据复函谓，依照征收须知，库券与证券不得免税。

四、中国科学公司上年度发给官利、补息、余利三项共三分六厘，现已开始续招新股十万元，并已购入良友图书印刷公司印刷厂全部，为扩充营业之用。

五、本年年会筹备委员会已于前日在杭州开第一次筹备会，已推定各委员会负责办理。

乙、讨论事项

一、中国科学社奖金委员会胡先骕、胡刚复、顾毓琇、黎照寰四委员拟订奖金章程八条，送请核议通过案。

（议决）修正通过。

二、理事翁文灏提议：（1）征求新社员，尤须特别延纳后进人士在中外科学界卓著声誉者；（2）选举中国科学家成绩最优者为特社员。

（议决）（1）征求社员时特别注意；（2）照章每年推选。

三、秉志、周仁、杨孝述三理事提议：第一百三十三次理事会议为生物研究所基金投资于建筑出租房屋一案，曾推举同人为建筑委员，业经聘请建筑师拟就出租住宅图样，惟现在中国科学公司决在首都设立印刷分厂，希望该项住宅改为厂屋，租于该公司应用，是否可行，请公决案。

（议决）可行，惟须斟酌京社全盘地形，建置厂屋以不妨碍研究所将来之扩充为

---

① 本次会议记录在《社友》第六十期（1937年5月20日刊行）发表时，将"呈请"改为"领取"。

限,投资建筑费自二万元至三万元。

四、中国科学社科学研究奖章于民国二十七年年会开始发给,是年轮奖学科定为物理科学(包括数学、物理、化学、天文、地学、气象),除原推定之四委员为常设委员外,并公推李四光、张子高、沈璿为特设委员。

五、本年高女士奖金征文范围定为地学,并公推谢家荣、张其昀、胡焕庸为审查委员。

六、通过周象贤(市政工程)、钱洪翔(化学)、张汇兰女士(体育)为普通社员。

理事会第 136 次会议记录（1937 年 7 月 24 日）

七月二十四日下午七时在上海社所开第一百卅六次理事会议。

出席者：任鸿隽、周仁、秉志、王琎、杨允中、马君武（杨代）。

杨允中主席并记录。

一、本社数学股委员会拟具本社与中国数学会合作办法，修正通过办法如左：

（一）合组常设委员会，计划及处理一切合作事业，委员定为九人。

（二）合设数学图书馆，就中国科学社原有美权数学图书室扩充，仍由明复图书馆管理之。

（三）合设数学研究所。

（四）合出数学丛书。

（五）合出中等教育数学杂志。

（六）合办数学讲习事宜。

（七）凡中国科学社社员同时为中国数学会会员者，合缴常年费八元，学社收三元，学会收四元，学社与学会合设之地方分会收一元。

（八）凡科学社之永久社员同时为数学会之普通会员，或数学会之永久会员同时为科学社之普通社员，每年仅需缴普通会费或社费四元。

二、《中国科学社科学研究奖章章程》第六条"委员会设委员长一人，由常设委员互推之"，兹修正如下："委员会设委员长一人，由常设委员中轮奖学科之一委员担任之。"

三、通过下列 ① 人为普通社员：

林春猷（生理）、尹赞勋（地质）、于文蕃（化学）、姚庆三（经济）、朱通九（经济）、李子祥（水力电工）、王吉民（医学）。

---

① 原文此处空缺，应为"七"。

三、理事会后期会议记录

（1938—1948）

理事会第 137 次会议记录（1938 年 6 月 29 日）

民国二十七年六月二十九日下午五时在本社上海所开一百卅七次理事会。

出席者：孙洪芬、任鸿隽、胡敦复、杨孝述。

列席者：刘咸、秉志。

主席并记录：杨孝述。

甲、报告事项

一、杨允中报告经济状况，略谓：二十五年度本社预算列为四万二千元，自八一三战事发生后，知非处处紧缩不可，因股息、售书、常年社费等收入必大受打击，故本年度预算减为二万四千元，现届六月底，结算收支尚能相合。

二、本社生物研究所于廿六年十一月间迁往北碚西部科学院继续工作，南京文德里社所于本年一月十二日被焚，计毁去新馆北楼及小屋多宅，南楼虽存，亦已破坏不堪。去年八月间，运沪之重要图书八十三箱因战事爆发，被阻于嘉兴，后由路局误运至闸口，无法退回南京，【旋】战事紧急，乃托浙大竺校长提取，最初运存于萧山之湘湖。浙大迁址，该项书籍亦随校迁移，自萧山而建德而吉安，终达于浙大现址所在之泰和，运输困难情形不言而喻。竺先生不辞劳苦，为社保存巨量珍贵书籍，实不胜感激之至。

任叔永提议，由本社理事会具函道谢。通过。

三、出版方面因交通阻隔，稿件减少，经济不裕，故《科学》月刊暂改为两月刊，《科学画报》半月刊暂改为月刊，仍按期出版。惟上海邮局对于印刷品甚不欢迎，除沿海各省照常寄发外，不予寄递内地各省，故不能遍赠各社员。《科学画报》每期尚能销五千份。本年度丛书方面出版者有：吕竹人著《数论》一本，李赋京著《普通解剖生理学》一本，张巨伯、吴希澄著《医用昆虫学》一本。在沪战期内并刊行《科学画报》战时特刊，每周一期，共十期。

四、年来图书馆方面因租界内学校林立，避难学子亦比平时增多，故阅书之人数骤增，又因大同大学、交通大学借馆上课，为便利学生起见，阅览室亦全日开放。馆中所定〔订〕各国杂志为数甚多，本年经费减少，势难全购，特由刘主任致函各杂志，请求赠阅或交换，获许者达百分之七八十，且有来函表示同情者，其余不肯赠阅或交换者，仍以现金订购，藉免中断。

乙、讨论事项

一、杨允中提议：目前避难上海之学者颇多，本社拟利用其时间编译土木工程丛书,以为战后复兴之一种准备,曾与社员汪胡桢、顾世楫等多次会谈,拟先选译美国函授学校一九三七年出版之土木工学巨著一套计七册,极切实用。中国科学公司亦愿代为发行。关于稿费方面,以取版税为原则,如有一部分译者急需现金,可照第一百二十九次理事会议决案,就本社各种奖金利息余款项下拨付稿费或预支版税。是否可行,请公决案。

(议决)即办,并推定汪胡桢、顾世楫二君为本社土木工程丛书主编人。

二、杨允中提出:上海新组织之大中科学仪器公司,希望本社投资若干藉示合作,是否可行案。

(议决)目前本社无力投资,缓议。

三、通过孙令衔(化工)、萧立坤(物理)、彭鸿绶(动物)三人为普通社员。

四、七月十日中国科学公司股东大会,本社推胡敦复、秉农山、杨允中代表出席。

理事会第 138 次会议记录（1938 年 9 月 19 日）

九月十九日下午八时在上海蜀腴川菜馆①举行第一百卅八次理事会。

出席者：任叔永、王季梁、秉农山、孙洪芬、杨允中。

主席并记录：杨允中。

一、杨允中报告：本社基金保管委员会系由董事会基金监蔡孑民、胡敦复二先生及社员中之金融专家徐新六、竹垚生二先生组成，所有一切财产凭证及收支帐目，概由徐、竹二先生共同经管。现徐先生不幸遇难身故②，而保管事务不能一日停顿，故社中曾由胡敦复先生本人分别代表董、理两会，具函竹先生，请其暂行偏劳，并依法通知各存款银行，声明事由，调换印鉴，以便执行职务，一面函达蔡董事就商继任人选。依本社向来习惯，专家保管委员由董事基金监及理事会共同推定，故特提出，请公决。

任叔永先生谓：以前宋汉章先生保管基金时代，保管委员亦仅有三人，竹先生声誉德望均为同人所钦仰，且系熟手，似可照前例不另推补徐先生遗缺。

议决：请任先生向蔡先生征询同意。

二、杨允中报告：徐新六先生故后，上海各界发起开会追悼，并募集奖学纪念基金，本社除加入追悼会外，并捐助纪念基金二百元。

三、生物研究所图书八十余箱，业已由江西泰和运抵北碚，惟该地各机关群集，已无余屋可借，但此项书籍决难任其露天堆置，故拟建造书库一所，以一千元为限，向基金保管会支取，是否可行，请公决。

议决：通过。

四、议决：本社上海社址暂不迁移。

---

① 蜀腴川菜馆位于上海广西路（今广西北路）上。
② 徐新六与中南银行总经理兼交通银行董事长胡笔江，于 1938 年 8 月 24 日一同由香港乘坐客机前往重庆，途中客机遭到日本军机拦截扫射，客机迫降，但两人均不幸中弹遇难。

理事会第 139 次会议记录（1939 年 1 月 29 日）

二十八年一月二十九日下午二时在愚园路六六八号弄七十五号孙宅开第一百卅九次理事会。

出席者：任叔永、孙洪芬、秉农山、杨允中。

列席者：刘重熙。

主席及记录：杨允中。

（甲）报告事项

一、报告基金保管委员会函送廿七年十二月卅一日止本社财产目录及收支清单。

二、二十五及二十六两年度本社帐目，业经查帐员何德奎先生偕同唐文瑞、周孝迈二会计师来社查讫，并将查帐员签字之会计报告传观。

三、报告生物研究所历年征募基金收支情形，并将清单传观。

四、报告：本社社员周美权先生来函，愿捐助本社明复图书馆美权算学图书室基金六千元，又价值一千元之欧美算学新书，业由本社复函接受并致谢。

五、美国政治与社会科学学会定于本年三月卅一日及四月一日在费城举行年会，正式来函邀请本社推派代表与会，本社业已推定胡适之社友，届时代表本社前往与会，并已函复该学会矣。

六、南京生物研究所新馆及北楼于去年一月间被焚，近接南京报告，南楼亦已于去年底被焚，全所房屋已成一片焦土。

七、新任基金保管委员会徐寄庼①先生业已就职。

（乙）讨论事项

一、本社图书馆所订各国杂志，本年仍向各国学会商请继续赠阅或交换，惟其中颇有由书坊出版者，去年已经赠阅一年，本年或须以全价或半价订阅，拟暂以四千元为本年订阅杂志费。

（决议）通过，函基金保管委员会随时拨款备付。

二、任叔永报告：昆明社友会曾于年初开会，希望本社于本年秋间在昆明举行年会，是否可行，请公决。

---

① 徐寄庼（1882—1956），本姓陈名冕，后过继徐家，改名徐陈冕，字寄庼，浙江永嘉人，金融学家、银行家，时任浙江兴业银行常务理事。

(议决)因目前交通困难,暂从缓议。

三、通过下列七人为普通社员:

范秉哲(医学)、吴大暲①(矿冶)、王士魁(天算)、裘作霖(生理)、吴云瑞(医学)、潘德孚(化学)、张忠辅(化学)。

---

① 原文有误,本次会议记录在《社友》第六十三期(1939年6月15日刊行)发表时改作"吴大璋"。吴端甫(生卒年不详),字大璋,四川荣县人,吴玉章之侄。

理事会第140次会议记录（1939年8月26日）

八月二十六日下午八时在上海本社开一四〇次理事会。

出席者：秉志、王琎、孙洪芬、杨允中。

主席及记录：杨允中。

甲、报告事项

一、报告基金保管委员会函送廿八年六月三十日止财产目录及收支清单。

二、七月廿日接到生物研究所秉所长来函称，因私事所牵，未能前往北碚照料所务，为管理便【利】起见，请辞卸所长之职，并推荐钱雨农先生为所长兼植物部主任，张真衡先生为动物部主任，秉君仍以动物部研究员之地位及名义继续为所效力云云。孝述以此事须经理事大会讨论，但目前决无召集大会之可能，因特代表理事会面致慰留之诚，而秉君辞意坚决，不得已曾商请翁社长函聘钱雨农先生兼代所长，张真衡先生代理动物部主任，以便就近管理所务，兹已接得翁社长复函，该项聘函业已发出，秉君对此办法亦已同意矣。

三、社友蔡宾牟先生为纪念故社友何吟苢[①]先生起见，特与裘宗尧先生发起纪念奖金，并先合捐国币壹仟式佰元为倡，定名为"中国科学社何吟苢教授物理学纪念奖金"。该项捐款业于本日全数收到，并已转交本社基金保管委员会竹委员接收矣。

四、社友蔡宾牟先生近著《物理常数》一书，将版权捐赠本社，作为本社"科学丛书"之一，并补助该书印刷费一部分，计国币一百元。该书业已交中国科学图书仪器公司印刷，不久即可出版，补助费业于本日全数收到。

乙、讨论事项

一、本届高女士纪念奖金征文案：（1）修正该奖金征文办法第一、第三两条条文。（第一条）改为："该项奖金为国币一百元，并附本社奖状一纸，给与征文首选之一人，每年征文一次。"（第三条）"凡现在国内研究机关或专门以上学校之学生、研究生、助教，俱得参与征文投稿。"（2）本届征文范围限于算学。（3）公推熊庆莱〔来〕、姜立夫、江泽涵三先生为征文委员，并推定姜先生为该委员会主任。（4）征文日期自本年十月一日起，廿九年三月三十一日止，于廿九年六月中发表。

---

① 何吟苢（生卒年不详），物理学家，因厌世于1939年1月19日在重庆陈布雷的寓所里服安眠药自杀身亡。

二、通过"中国科学社何吟苢教授物理学纪念奖金"征文办法九条,并公推蔡宾牟、叶蕴理①、查谦三先生为征文委员,并推定蔡先生为该委员会主任。

三、公推翁咏霓、李济之、吴定良三先生为本社考古学奖金委员会委员,并推定翁先生为该委员会主任。

四、通过叶蕴理(物理)、王启无(植物)、徐寄庼(经济)、袁帅南(法律)四人为普通社员。

---

① 叶蕴理(1904—1984),物理学家。

理事会第141次会议记录（1939年9月21日）

九月二十五日①下午三时在中国科学社开第一四一次理事会。

出席者：孙洪芬、秉志、王琎、杨允中。

主席及记录：杨允中。

一、杨允中提出：沪社全体同人来函，以近来米珠薪桂，生活困难，请酌予补助生活费案。

议决：在社职工每人每月支给临时津贴五元，自本月起于每月发薪时发给，至上海米价恢复至廿元时为止。

二、本社近来收入减少而支出增多，应如何弥补案。

议决：请总干事向交大商议，所借物理实验室酌付租金，以资弥补。

杨允中

---

① 本次会议记录在《社友》第六十四期（1939年10月15日刊行）发表时，将"九月二十五日"改为"九月二十一日"。

理事会第 142 次会议记录（1940 年 3 月 8 日）

二十九年三月八日在上海本社开第一四二次理事会。

出席者：孙洪芬、秉志、胡先骕、杨孝述。

列席者：刘咸、胡敦复。

主席及记录：杨孝述。

（甲）报告事项

一、主席报告：社友周美权先生续捐美权算学图书室基金三千元，连前共六千元，除已将该款解交本社基金保管委员会专款存行生息外，并由基金监掣给正式收据道谢矣。

二、交通大学租赁本社一部分房屋，向不收费，惟近以本社经费拮据，承该校于去年十一月起津贴本社房租连水电费每月一百元。

三、本社主席董事【蔡子民先生】①于三月五日晨病故港寓，本社董事会、理事会于是日下午去电致唁，并于七日下半旗一日志哀。

四、传观二十八年十二月底止本社财产目录及收支对照表。

五、本社编译之实用土木工程学丛书，业已出版六种，尚有六种，预计于本年内出齐。该丛书由土木工程股社友汪胡桢、顾世楫二君主编，而全部校对为求精审起见，由顾君自任之，其热忱甚可感佩。

六、本社继实用土木工程学之后，现又着手编译世界名作捷克国屈克立区②博士著《水利工程学》一书，该书共大版本二册，凡一千三百余页，插图二千余幅，关于水利工程之各方面均有精详之叙述，为发展我国水利事业不可不备之参考书。现由社友关富权、汪胡桢、王寿宾、顾世楫四人分任译述，预计八个月可竣事，惟目前印刷费非常昂贵，估计初版五百部需费一万三千余元，现正向有关系方面请求补助中。

七、中国科学公司于三月三日开股东常会，本社由胡敦复、秉农山、杨允中三君代表出席。

（乙）讨论事项

一、追悼蔡子民先生案。

---

① 【 】内的文字系根据《社友》第六十五、六十六期合刊（1940 年 3 月 15 日刊行）发表的本次会议记录增补。

② 又译旭克利许。旭克利许（Armin Schoklitsch），奥地利工程学家，时任捷克斯洛伐克布尔诺（德文称布吕恩）理工大学教授，他的著作《水利工程学》（*Der Wasserbau*）原书出版于 1929 年。

议决:推定曹梁厦、刘重熙、杨允中三君为筹备委员,定期开会追悼。

二、金陵女大美国华小姐介绍张文平租赁南京生物研究所地基开办牛乳场案。

议决:该地尚有断垣残木及破屋三间,如有人居住,亦可藉以保管,租期定为一年,惟须有妥人为中证人。

三、中国科学公司出书日多,苦无栈房堆存,拟在本社图书馆后面三角空地上租地造屋,为书栈之用,可否允许案。

议决:可行,租地契约由杨允中君与该公司拟订。

四、通过永久社员一人:孙莲汀(生物);普通社员九人:刘永纯(微生物学)、项隆周(药化学)、徐名模(化学)、倪锺骅(化学)、王友西(生物学)、王令娴女士(化学)、黄素封(化学)、胡君美(化学)、蔡驹(物理学);又仲社员四人:张承祖(化学)、童祖仁(化学)、顾汉颐(药理学)、秦锡元(化学)。

五、本月底在重庆举行理事会,讨论关于推选董事及非常时期理事会开会问题与其他重要社务,并推定胡先骕、秉志二君代表此次理事会议同人出席与会。

中国科学社董事会会长蔡元培(孑民)

理事会第 143 次会议记录（1940 年 3 月 27 日）

二十九年三月二十七日在重庆开第一四三次理事会议。

出席者：翁咏霓、周子竞、胡步曾、秉农山、竺藕舫、任叔永、孙洪芬（胡代）、杨允中（秉代）。

主席：翁咏霓，记录：任叔永。

一、议决：本社第二十二届年会定于本年夏间在昆明举行，并推定年会筹备委员会委员如下：

熊迪之、叶企孙、严济慈、何尚平、周子竞、梅月涵、任叔永、曾昭抡、吴定良、沙玉彦。

二、议决：此后社务处理，仍照向来办法，由在沪理事议决后通知各理事。

三、通过普通社员二人：唐燿①（植物学）、王寿宝（土木工程）。

---

① 本次会议记录在《社友》第六十七期（1940 年 6 月 15 日刊行）发表时误作"唐耀"。唐燿（1905—?），祖籍安徽泾县，生于江苏江都（今扬州），木材学家。

理事会第 144 次会议记录（1940 年 6 月 20 日）

六月廿日下午四时①在上海本社【开】第一四四次理事会议。

出席者：孙洪芬、秉农山、杨允中。

列席者：胡敦复、刘咸。

杨允中主席及记录。

一、讨论维持上海社所问题。

二、上海生活程度日高，职工几难维持最低生活，议决工役自本月起、职员自下月起，每人每月津贴非常生活费二十元。

三、通过下年度预算收支各四万五千一百卅二元（预算表附②）。

---

① 本次会议记录在《社友》第六十八期（1940 年 8 月 15 日刊行）发表时，将"下午四时"改为"下午五时"。
② 所附预算表略。

理事会第 145 次会议记录（1940 年 7 月 24 日）

廿九年七月二十四日下午十二时半在上海本社开一四五次理事会。

出席者：孙洪芬、秉农山、杨允中。

列席者：刘咸。

主席及记录：杨允中。

一、通过普通社员七人：

郁秉基（电工）、罗篁（政治）、计荣森（地质）、张大煜（化学）、邢其毅（化学）、王学海（化学）、吴学周[①]（化学）。

又仲社员二人：

陈家浚（大同大学理科）、何忠杰（光华大学土木科）。

二、年来本社图书馆阅览人众多，对于仲社员暂行停发借书证。

[①] 吴学周（1902—1983），字化予，江西萍乡人，物理化学家。

理事会第 146 次会议记录（1940 年 8 月 31 日）

八月三十一日下午二时在上海本社开第一四六次理事会议。

出席者：秉农山、孙洪芬、杨允中。

列席者：刘重熙。

主席及记录：杨允中。

一、平馆①电请借地办公，应如何协助案。

（议决）借地办公不适环境，可仍照馆社学术合作原议另拟办法，俟得馆方同意再定。

二、通过雷垣（算学）、孙侃（化学）、柴春霖（政治）、沈立铭（物理）四人为普通社员，又通过仲社员秦锡元升级为普通社员。

---

① 平馆指北平图书馆。

理事会第 147 次会议记录（1940 年 11 月 15 日）

十一月十六日①在上海本社开第一四七次理事会议。

出席者：秉农山、刘重熙、杨允中。

主席及记录：杨允中。

甲、报告事项

一、主席报告：周美权先生续捐本社美权算学图书室基金一千【元】，又二千元作为向总图书馆收购十二年来六种算学旧杂志之费。

二、金叔初先生昆仲捐助本社金太夫人纪念奖金一千元。

三、周美权先生捐助欧美算学新书三十七种计五十七册②，业于本月四日收到。

四、上海德孚洋行捐助明复图书馆英、美、德纺织染杂志五种，每种自十一年至十六年不等。

乙、决议事项

一、对周先生、金先生及德孚洋行各种惠捐分函致谢。

二、周先生所付购回旧杂志费二千元暂不动用，一并移交基金保管委员会，拨作美权图书室基金。

三、金太夫人纪念奖金，依照金先生来函意旨，奖给本社生物研究所钱雨农先生。

四、本社爱迪生、梁绍桐、高君韦、北平社友四种纪念奖金，自本年起悉照何育杰物理学纪念奖金办法给奖，各种奖金之奖额及征文学科规定如下：

何育杰物理学纪念奖金：奖额二名

高君韦化学纪念奖金：奖额一名

梁绍桐生物学纪念奖金：奖额二名

爱迪生电工学纪念奖金：奖额二名

北平社友地质学、考古学奖金：奖额二名

未设奖金之学科，俟有捐助基金时再增设，每一学科得设不同名之纪念奖金。

五、推定本年度各种奖金之征文审查委员会委员如左：

---

① 原文日期有误，本次会议记录在《社友》第六十九期（1940 年 11 月 15 日刊行）发表时改为"十一月十五日"。

② 《社友》第六十九期改为"五十一册"。

（1）物理：严济慈（召集人）、吴有训、吴大猷。

（2）化学：纪育沣①（召集人）、庄长恭、程瀛章。

（3）生物：王家楫（召集人）、钱崇澍、卢于道。

（4）电工：钟兆琳（召集人）、薛绍清、杨肇燫。

（5）地质与考古学：杨锺健（召集人）、谢家荣、李济。

六、通过下列八人为普通社员：

沙玉彦（物理）、陆新球（生物）、刘宅仁（水工）、陈克诫（水工）、程崇道（营养化学）、黄鸣龙（化学）、王宗淦（电工）、江子砺（化学）。

又仲社员一人：傅雪晴（无线电）。

---

① 《社友》第六十九期改为"曹惠群"。

理事会第 148 次会议记录（1940 年 12 月 19 日）

十二月十八日①上午十一时在上海本社开第一四八次理事会议。

出席者：孙洪芬、秉农山、刘重熙、杨孝述。

主席及记录：杨孝述。

一、通过代平馆保存一部分书籍之合同草案。

二、聘任卢于道为本社生物研究所秘书兼代动物学部主任。

三、明复图书馆助理员黄山涛升任为馆员，薪水定为每月八十元，自本月起支。

四、刘重熙提议：沪上物价飞涨，本社职工生活困难，而本社经费又甚支绌，特提议按照廿一年一月七日②理事会议决出租图书馆余屋办法，向目前借用书库房屋者收取租金，以补职工生活费之不足，请公决案。

议决：分别向各借屋者接洽。

五、上海生活程度近又激增，自本月起职工临时津贴改为每人每月三十元。

六、通过普通社员二人：

黄兰孙（化学）、高祖诚（化学）。

---

① 本次会议记录在《社友》第七十期（1941 年 2 月 15 日刊行）发表时，将"十二月十八日"改为"十二月十九日"。

② 应为"九日"。

理事会第 149 次会议记录（1）(1941 年 3 月 22 日)

民国三十年三月二十二日下午在重庆开一四九次理事会。

出席者：翁永年[①]、胡步曾、李仲揆、吴正之、竺藕舫、周子竞、孙洪芬、任鸿隽。

主席：任鸿隽。

讨论事项经众同意者如下：

（一）本社之《科学》杂志应力求发展为各科学团体之公共机关，专门论文可少载，但对于各学术团体之工作消息及成绩发表，则应广为罗致，以增进《科学》在学术界之地位。

（二）科学图书公司在桂林之分厂应收为自办，以应内地学术界之需要。

（三）本社各地社友会仍应由各地社友发起进行，以期增进社员对本社之兴趣，并便于绍介新社员及收费各事。

（四）为津贴沪渝两处工作人员之生活费计，可募集特别捐，由翁永年、任鸿隽主持发起。（以上任叔永来函）

（五）茅唐臣、凌竹铭二君曾提议，本社与工程师学会本年双十节前后在贵阳联合举行年会。众意交通困难，本社本年年会停止举行，以后决以全力办理《科学》杂志、《科学画报》两期刊，生物研究所及科学图书馆事业。（以上竺藕舫来函）

[①] 翁永年应为翁咏霓，即翁文灏，下同。

理事会第 149 次会议记录（2）（1941 年 3 月 24 日）

三十年三月二十四日下午三时在上海本社开第一百四十九次理事会议①。

出席者：秉志、刘重熙、杨孝述、孙洪芬（秉代）。

主席及记录：杨孝述。

甲、报告事项

一、主席报告廿九年十二月底止基金状况。

二、董事会选举结果：翁文灏当选董事长，胡敦复、宋汉章当选基金监。宋先生因年老重听且寄寓异邦，来函辞去基金监之职，业由金叔初先生递补。

三、理事会选举结果：任鸿隽当选社长，周仁当选会计，秉志、孙洪芬、竺可桢、刘咸当选常务理事。

四、报告本年度八个月来本社收支情形，预计本年度可与预算适合。

乙、讨论事项

一、主席提议：近数月来上海生活程度又复继长增高，本社职工生活艰苦万状，应如何酌加津贴案。

秉农山提议：以前临时津贴办法不免繁琐，亦欠完善，且物价恐无回复战前价格之望，故已失其临时性，似应予以取消。现拟请照原薪之多寡分别酌加，薪水高者增加成数低，薪水小者增加成数高，一并重行订定，以适合各级员工维持目前最低生活为准。

（议决）临时津贴办法取消，由本月起重定职员薪水，凡原薪在三百元以上，加百分之二十至三十；在一百元以上，加百分之五十；在一百元以下，加百分之六十；在四十元以下，加百分之一百。由总干事参照此项标准拟定薪水单，传观核定。至工役薪水，由总干事酌量拟定施行。

二、（议决）目前物价飞涨，印刷费异常昂贵，每册《科学》印刷成本约需七八角，《科学》每期印数不得不减至最低限度。以前普赠社员之办法已无能为力，自下期起凡未缴常年社费者一律暂停赠阅。对于内地社员之已缴常年社费者，应送刊物因目前无法递寄，由本社出版部代为保存，一俟通邮即行补寄。惟《社友》及社员录等仍一律赠送。

---

① 此次理事会上海会议与上述理事会重庆会议只相隔两天，应该是分两地召开同一次理事会议。本次会议记录在《社友》第七十一期（1941 年 7 月 5 日刊行）发表时误作"第一百五十次理事会议"。

三、(议决)中国科学公司每年津贴本社总干事赴该公司办事之车马费,自本年起改归本人支用,作为公费。

四、通过下列十人为普通社员:

冯大为(化学)、刘步青①(药化学)、陈育崧(经济)、李钟鸣(教育)、方文槐(化学)、王毓忠(化学)、章志青(医药)、薛鸿达(土木)、朱滋李(化学)、吴沈钇②(土木)。

又仲社员二人:朱福尤③(化学)、张峻(土木)。

---

① 《社友》第七十一期改作"刘文超"。 刘文超(生卒年不详),字步青,陕西三原人,药物学家。
② 吴沈钇(1914—?),字双寅,浙江人,土木工程学家。
③ 原文有误,《社友》第七十一期改作"朱福元"。

董理事会联席会议记录（1941年5月25日）

三十年五月二十五日中午在本社开董理联席会。

到董事：叶揆初、金叔初、胡敦复。

理事：秉农山、孙洪芬、杨允中、刘重熙。

列席者：何德奎、竹垚生。

会议事项：

（一）基金方面由基金保管委员会酌量情形，作稳定之投资。

（二）理事会通过下列五人为普通社员：

郑兰华（永久）（化学）、寿俊良（永久）（电机）、朱晋锠（化学）、俞调梅（土木）、宋鸿锵（化学）。

又仲社员一人：李毓镛（植物）。

理事会第150次会议记录（1941年11月3日）

卅年十一月三日下午二时在本社开第一五〇次理事会议。

出席者：秉农山、刘重熙、杨允中、孙洪芬（秉代）。

主席：杨允中。

甲、报告事项

一、教育部补助明复图书馆购书费一万元。

二、社员许贯三①君捐赠本社英文土木工程书七十六种，计九十三册。

三、桂林科学印刷厂业于十月一日收回自办，并增设图书发行所，改名为中国科学公司桂林分公司。

乙、讨论事项

一、本年度预算支出为五万五千元，而收入不足五万元，应如何弥补案。

（议决）由总干事与基金保管委员会筹商办法，又预算中《科学》杂志印刷费亦为一大宗支出，纸张一项猛涨不已，亦应预购，以免超过预算。

二、八月间因值资金冻结之后，百物腾贵，职工生活维艰，本社特给津贴，职员每人三十元，技工二十五元，工役二十元，请追认案。

（议决）准予追认。

三、近三月来物价增涨不已，尤以近一月来为甚，本社职工纷纷请求加薪以维生活，应如何补救案。

（议决）目前无款可拨，应与第一案并案办理。

四、目前本社出版之《科学画报》每册上海售价为一元半，每年十二期十六元五角；《科学》杂志因印数较少，两月合刊，每期每册仅印刷费一项已达二元一角有零，全年六期需十二元有零。照向来办法，永久社员两种刊物全赠；社员缴纳常年社费五元者，赠《科学》一份，附定〔订〕《科学画报》一份，特价五元。此种办法在目前情形之下，为本社经济力所不许，若欲增加社费，又以格于定章，非经常年大会通过不能变更，应如何变通者，此其一。又《科学》与《科学画报》因不能邮寄内地，久未寄发，现画报已在桂林由科学公司出版，每册售价为二元，每年二十二〔二十四〕元；《科学》亦拟在桂林出版，惟每期纸型寄费须港币八十元，且内地纸张、印工均贵，故两期合刊，每册定价至少三元。此项内地版所费既贵，对于内地社员应如何优待，并如何与缴纳

---

① 许贯三时任伪上海特别市政府第八区工务处副处长。

常年社费发生关系,亦应规定办法,俾便发行。

(议决)社员缴费,暂以补助印刷费之一部分,以资共同维持刊物为原则,各地社员一律待遇。办法如下:

1. 永久社员全年赠阅《科学》或《科学画报》一份,由本人任择一种;如欲兼阅两种者,另加书报费十二元;国外社员另加邮费,每种八元。

2. 普通社员仍收常年社费五元,(a)认阅《科学》者,加收印刷协助费五元,共十元;(b)认阅《科学画报》者,加收印刷协助费十元,共十五元;(c)二报兼阅者,连社费共收二十二元;(d)国外社员,每种另加邮费八元。

3. 国内外各地社员单缴社费伍元者,赠阅全年《社友》,仍得享受图书馆及其他社章所规定之各种权利。

以上办法自三十一年一月起实行。

五、通过左列　①人为普通社员:

2404 陈遵妫②(天文)、张孟闻③(动物,永久社员)、史锺奇(电工)、韩布葛(H. G. Hamburger)④(地质)、任腾阁(化学)、曹敏永(土木)、郁锺耀⑤(土木)、瞿德浩(药化学)、邢宜潮(化学)、许绍泰(药学)、张佩甫(工程)、赵汝梅⑥(药学)、蔡辉琮(化学)、赵繇(有机化学)、刘汉贵(矿冶)、张承祖(药化学,仲社员升级)。

---

① 原文此处空缺,本次会议记录在《社友》第七十二期(1941 年 11 月 5 日刊行)发表时,补为"十五",但下列名单中的张孟闻系同时通过的永久社员,不计在内。
② 陈遵妫(1901—1991),字志元,福建福州人,天文学家。2404 是陈遵妫的社员号。
③ 张孟闻(1903—1993),浙江宁波人,动物学家、教育家。
④ 韩布葛(Hans Georg Hamburger, 1899—1982),德国犹太裔工程学家,当时在上海市工务局任职,并曾在浙江大学等多所高校兼职任教,中国科学社外籍社员。
⑤ 《社友》第七十二期误作"郁锺燿"。
⑥ 原文有误,《社友》第七十二期改为"赵汝调"。 赵汝调(1897—?),字寿乔,赵燏黄之弟,江苏武进人,药物化学家。

理事会第151次会议记录（1941年11月29日）

十一月二十九日上午十时在本社开一百五十一次理事会。

出席者：刘咸、秉志、杨允中。

主席：杨允中。

一、刘咸提议：本社图书馆阅览人数，年来增加甚多，向不收费，惟借书、领证等等不无消耗，拟自民国三十年十二月一日起征收阅览证费，每名五元，以资弥补案。

议决：通过。

二、本社图书馆书库藏书渐多，人力有限，以后凡本社社员、职员，非经特许不得自由出入、随意取书。其欲借阅图书者，概照本馆章程办理，藉利管理以明责任案。

议决：责成图书馆职员严格执行。

三、中国科学公司股东会近议决增资至一百万元，本社应如何投资案。

议决：认购新股六百股，计股款六万元，商请董事会基金监由基金项下核报。

四、本社经费奇绌，收支相差甚巨，为弥补起见，只有租用本社房屋各租户酌增租金，并出租余屋以裕收入案。

议决：各户租金拟商加一倍，会议室及讲堂出租。

五、议决：本社职工生活困难，已特筹三千元，于本年阴历年底发给，津贴分配办法另定之。

六、通过毛启爽（电工）为普通社员。

理事会第 152 次会议记录（1942 年 3 月 12 日）

卅一年三月十二日上午十时在上海本社开一百五十二次理事会。

出席者：孙洪芬、秉志、刘咸、杨孝述。

列席者：胡敦复。

主席及记录：杨孝述。

一、主席报告：本社上海社所现有职员十人，工役及防夜巡捕六人，共十六人。每月经常费（除《画报》编辑部四人薪水由售报所入尚能自给外）仅一千八百元，在此生活极度艰难之时，此戋戋之数安足以供职工十六人之温饱？况其他支出增涨不已，即以房地捐一项而论，目前每月即须约五百元。近四年来图书馆、编辑部及其他种种工作虽仍勉力照常进行，但早觉万分竭蹶，长此以往实有难乎为继之势。应如何善后之处，敬请讨论公决。

经众详加讨论后一致主张：上海部分社务已无法再行维持，只有将职工遣散，暂行结束。并由孙洪芬提议：同人平时生活清苦，应特别发给遣散费。

议决结束办法如下：

（1）《科学画报》编辑部暂留，惟一切薪水开支以该部自身之收益为限，至不能维持时遣散。

（2）留事务员一人、工役二人，照料一切房屋设备。

（3）其余职工至本月底遣散，不论服务年期，允暂一律发给八个月薪金为普通遣散费。每在社服务一年，加给一个月薪金。惟连上述之八个月，以十八个月为限，总数中之奇零月数不满六个月者不计，在六个月以上者亦作一年论。将来留职职工遇必要遣散时，仍照本年二月份之薪额及三月底止之年数核算遣散费。

（4）各部未完了工作应整理清楚，赶办结束，于本月底移交事务员接收保管。

（5）推举沈璿、胡敦复、杨允中三社友为上海社所照料委员会委员，如有一人离沪，得由该委员会补聘。

（6）本社总办事处设于何地，由社长酌定。

二、通过杨姬彩（物理）、杨臣勋[①]（土木）为永久社员，于怡元（物理）、杨臣华[②]（化学）为仲社员。

[①] 杨臣勋（生卒年不详），杨孝述之子，江苏松江（今属上海）人，机械工程学家。

[②] 杨臣华（？—2005），江苏松江（今属上海）人，杨孝述之子、杨臣勋之弟，光电技术专家，曾任《科学画报》经理编辑。

理事会内迁后第1次会议记录（1942年12月19日）

中国科学社理事会内迁后第一次

时间：三十一年十二月十九日下午三时。

地点：重庆李子坝正街特三号中基会。

出席者：任鸿隽、竺可桢、胡刚复（李熙谋代）、王琎（王家楫代）、杨孝述（卢于道代）。

主席：任鸿隽，记录：卢于道。

一、主席报告：

上海北平图书事（杨允中来信）。

赴蓉、赴桂、赴沙坪坝、赴碚组织社友会情形。

赴桂年会事——经费困难。

渝地聚餐事。

杂志印刷事：《科学》已编成两期，请丁绪宝校稿事。

画报——在桂出版难以为继。

二、代理总干事报告（卢于道）：

（一）各地分社情形。

（二）《科学》月刊编辑情形。

（三）年会场地意见事。

（四）向教部请款事，请求教授补助金事。

（五）总办事处人事代替及组织事。

讨论：

（一）年会：总会重庆、沙坪坝分区。

筹备委员：张洪沅、郑涵青、冯泽芳、段燮元、孙光远、（卢于道）、王仲济、李春昱、吕蔚光、钱天鹤、谢家声、叶企荪。

待以后再定名单。

时间：六月底七月初。

（二）社费：暂时收年二十元（社费）。

（三）严希纯先生事，编辑主任名义事（二百元一月）。

（四）新社友：凡大学毕业者皆社员，未毕业者仲社员。

四点半结束。

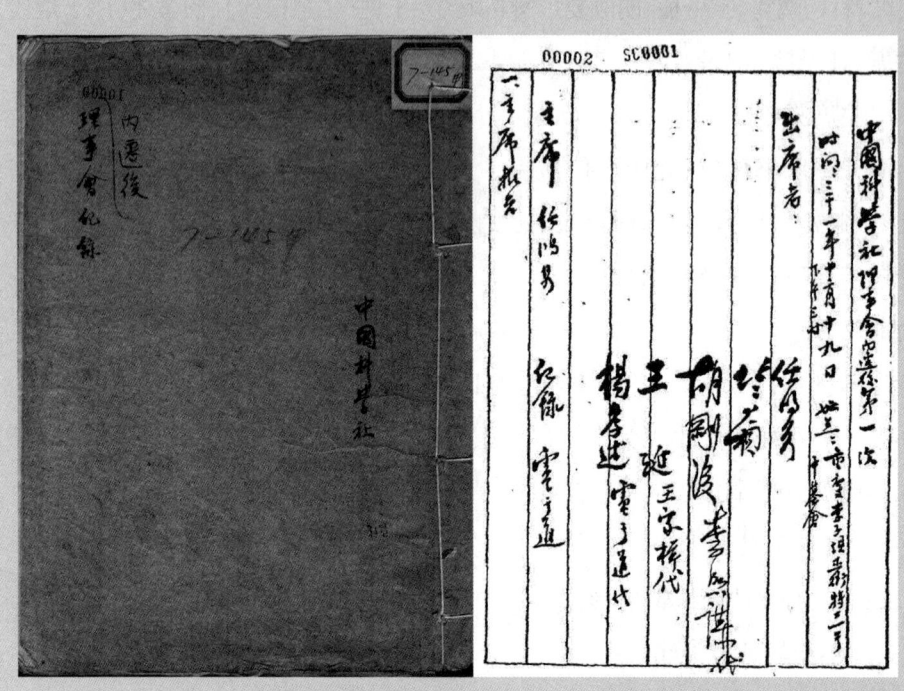

中国科学社理事会内迁后会议记录

理事会内迁后第 2 次会议记录（1943 年 4 月 25 日）

中国科学社内迁后第二次理事会

日期：三十二年四月二十五日下午。

地点：重庆李子坝中基会。

到会者：胡先骕（卢于道代）、竺可桢、卢于道、任鸿隽、周仁。

主席：任鸿隽，记录：卢于道。

报告事项：

社务：（一）各地社友会情形（国外一处，国内六处）。

（二）杂志编辑情形。

（三）社友录编辑情形。

（四）经济情形。

（五）年会筹备情形及司选事。

讨论事项：

一、新社员通过案。

加入社费三十元，常年费二十元，永久社费三百元，仲社员社费十二元，提出大会。

二、名誉社员李约瑟案。

提交大会议决。

三、第二十七卷起《科学》月刊由中国文化服务社发行订定合同案。

原则通过。

四、百万基金案。

先非正式接洽之。

理事会内迁后第 3 次会议记录（1943 年 7 月 17 日）[①]

第三次理事会（七月十七日晚）

到会者：任鸿隽、钱崇澍代周仁、卢于道、秉志（欧阳翥代）。

[①] 本次会议记录并无具体内容。

理事会内迁后第 4 次会议记录（1943 年 7 月 21 日）

内迁后第四次理事会

时间：七月二十一日。

地点：北碚本社。

到会者：任鸿隽、钱崇澍、杨孝述（卢于道代）。

主席：任鸿隽。

一、基金问题：暂时观望，因时局关系，以每年临时募款为原则。

二、征求新社员事：按照新章，请各地社友会积极进行。

三、国际科学技术合作问题：由任鸿隽起草，经其他五学术团体代表签署，再交杂志发表。

四、通过新社员案（另见入社愿书名单）。

五、《科学》杂志印刷事（复丁绪宝快函）：

（一）二期《科学》事（第一期销售情形），一期《科学》事。

（二）三、四期暂缓印。

[（三）请丁介绍续校稿人，]询问此事。

理事会内迁后第 5 次会议记录（1944 年 1 月 3 日）

内迁后第五次理事会

时期:一月三日上午十时。

地点:北碚本社。

出席者:竺可桢、钱崇澍、任鸿隽(王家楫代)、卢于道。

主席:竺可桢,记录:卢于道。

一、卢于道报告:

目录用英文。

二、通过社员事。

三、追认业务委员会事。

四、日晷仪事——先请审查。

五、年会定日期:卅周纪念,十月二十五日。

理事会内迁后第 6 次会议记录（1944 年 3 月 14 日）

内迁后第六次理事会

时期：三月十四日上午十时。

地点：中央研究院总办处。

出席者：吴有训、叶企孙、竺可桢、任鸿隽、钱崇澍。

主席：任鸿隽，记录：钱崇澍。

主席报告三十二年在北碚开年会大略情形。

主席报告杂志情形：刷印虽无问题，然发行不免有延期情事，虽不能每月必出一期，如吾人之所期望，然本年至少出六期则殊属可能。

主席报告本社经费情形及生物研究所情形：研究所实属不敷，然中基会已尽其最大努力，本年补助廿四万元。叶企孙以为，如有与他机关合作之机会，不妨进行，以期于经费上有所补助。决议：现在尽力维持现状，若至不得已时，只可行减缩政策，或留三数人保管所中之财产，俟战后再继续工作。

议决：本年纪念会由各分会分别在各处同日举行，而在成都所开之纪念会则作为正会，并得招待各处到会之社员，年会亦在同时分别举行。

纪念刊物请老社员作文，以叙述本社三十年来之经过发达情形，各文在《科学》某一期中增加材料，作为卅周年纪念期。

议决：通过正社员十八人，惟其中冯菊恩所毕业之学校是否与大学同等须查，高中学生不合章程否决。

议决：不举行募集基金，惟如有富有绅商有意奖励科学发达者，可设法向之捐助。

理事会内迁后第 7 次会议记录（1944 年 6 月 11 日）

内迁后第七次理事会

日期：三十三年六月十一日中午。

地点：兼善餐厅（北碚）。

出席者：任鸿隽（卢代签）、钱崇澍、卢于道。

主席：任鸿隽，记录：卢于道。

议决：

一、通过新社友三十一人。

二、追认夏坝分社成立。

三、三十周年纪念及第二十四届年会筹备事请北碚及各区进行案。

理事会内迁后第 8 次会议记录（1944 年 11 月 3 日）

内迁后第八次理事会

日期：三十三年十一月三日晚。

地点：成都华西后坝一〇一号。

出席者：任鸿隽、卢于道、钱崇澍（何文俊代）。

主席：任鸿隽，记录：卢于道。

讨论案：

一、通过新社员一百四十名、仲社员三名。

二、社务会议议程案。

理事会内迁后第9次会议记录（1944年12月25日）

内迁后第九次理事会

日期：三十三年十二月二十五日。

地点：北碚兼善餐厅。

出席者：杨孝述（卢代）、任鸿隽、钱崇澍、王家楫。

列席：李春昱①。

讨论案：

一、请张孟闻先生担任本社《科学》杂志总编辑案。

通过。

二、通过新社员案：中学生暂不收，以严格为主。

社员：七十四人。

仲社员：五人。

三、常务理事选举②结果（任先生加上李、王）：

任鸿隽（当然）、钱崇澍（当然）、卢于道（当然）、竺可桢（四票）、王家楫（四票）、李春昱。

四、理事长、会计理事改选期问题。

以后每年改选一次，可以连任。

五、千万基金事。

和监事会商议进行之。

---

① 李春昱（1904—1988），河南汲县人，地质学家。
② 中国科学社于1944年11月修改社章，将董事改称监事，董事会改称监事会，社章中其他原有的董事会规定不变；同时，理事会理事由十四人增至二十六人，常务理事则从七人减为五人，理事会会长、总干事、会计为当然常务理事，其他二人，每年由理事中互选选出。

理事会内迁后第10次会议记录（1945年3月11日）

内迁后第十次理事会（编辑委员联席会议）

日期：三十四年三月十一日午时。

地点：北碚兼善餐厅。

出席者：钱崇澍、卢于道、张孟闻、沈宗瀚。

一、报告：

（一）三十三年十一月四日在成都举行第二十四届年会时社员大会所通过之章程修改案。

（二）本社事业总述：

总办事处、编辑委员会（事业及经济状况）、业务委员会。

生物研究所。

明复图书馆（在申）。

（三）理事会长来函提出国外科学团体联络。

二、讨论：

（一）关于国外科学团体联络工作：保留杂志至战后寄华。函赵元任。国内科学团体开会联络。

（二）编辑委员会委员名单。

（三）业务委员会委员：裴鑑、卢于道、张孟闻、张宗熠、孙雄才、周赞衡、吴林柏[①]、范鹤言、方子重、向贤德、会计理事。

（四）通过社员二十一人。

（五）监事改选三分之一案，并请召集会议商量经费事。

胡敦复、叶揆初、金绍基改选，提出宋子文[②]、范锐、钱永铭（新之）[③]、刘鸿生。

---

① 似应为吴林伯。 吴林伯（1916—1998），湖北宜都人，文学家。
② 宋子文（1894—1971），原籍广东文昌（今属海南），生于上海，银行家、政治家，时任外交部长、中国银行董事长。
③ 钱永铭（1885—1958），字新之，晚号北监老人，浙江吴兴（今湖州）人，银行家，时任交通银行董事长。

理事会内迁后第 11 次会议记录（1945 年 3 月 31 日）

内迁后第十一次理事会

日期：三十四年三月三十一日午时。

地点：重庆国民外交协会。

出席者：顾毓琇（欧代）、欧阳翥、张洪沅、吴有训、任鸿隽、严济慈、张孟闻、杨孝述（卢代）、卢于道（张代）、竺可桢。

一、报告：

1. 理事长及会计理事选举结果：任鸿隽理事长十一票，钱崇澍会计七票。

2. 编辑经费及印刷事在困难中进行，业务委员会成立。

3. 国防技术策进会最近一次之议决案。

4. 国际间科学合作工作情形。

5. 社长报告成都年会概况及援华会款额余存状况。

6. 请求入社社员名数。

二、讨论：

（一）十新社员通过案（内仲社员一人）。

（二）本社生物研究所成立最早，成绩卓著，应向援华会之教育组委员会（Committee of Education）请求拨款协助，用英文书面送出，托任理事长与生所洽办。

（三）本社经费拮据，拟托严济慈理事赴美之便卖〔买〕书（公函），向留美老社友胡适之发动款项书籍募集运动，以胡为中心。社中最好印行英文小册，说明概况与需要，以为战后科学各方面推进工作之准备。美有分社，又有赵元任、萨本栋、范旭东、侯德榜①诸人，皆热心社务，可以关托。

（四）编辑撰稿人数学一栏应添设，其人选为何鲁、姜立夫与李仲衍三人。

（五）监事人选退三人补三人，就前次会议人选中推定钱永铭、范锐、刘鸿生三人为候选人。

---

① 侯德榜（1890—1974），又名侯启荣，字致本，福建侯官人，化学家、化工专家。

理事会第153次会议记录（1945年10月30日）

三十四年十月三十日下午四时在上海社所开一百五十三次理事会。

出席及列席者：任鸿隽、顾毓琇、杨孝述、方子卫、秉志、沈璿、竺可桢、于诗鸢。

主席：任叔永，记录：于诗鸢。

报告事项：

一、杨允中君报告：本社总社自卅一年三月内迁，上海社所由照料委员会照料，并留职工三人看守。是年九月以种种需要，由上海社友会协同照料委员会，将明复图书馆重行开放，另成立社友交谊会，利用原有演讲室，为社友聚会之用，图书馆部分由曹梁厦、胡卓、潘德孚三社友主持，热忱可感。三年来赖各社友精神团结、合作维持，得以勉度风涛。而社所因未尝空闭，虽屡被觊觎，均经婉拒，遂得无恙，诚可庆幸。现在山河重奠，自应复员。惟总办事一职，因兄弟专任中国科学公司职务，必须另聘贤能担任。《科学》杂志内迁后由张孟闻君主持，成绩弥佳，此后既回上海出版，则仍以借重张君熟手为宜。所成问题者，即总社、生物研究所及图书馆经费迄未有着落，则诸事均难着手也。

二、任叔永君报告：本社内迁后，理事名额业已增至二十七人，董事改为监事，《科学》杂志继续出版。生物研究所迁渝，所有图书因赖竺藕舫君转辗冒险代搬入川，得以照常工作，勉渡困难，现在急待东归，而南京社所已为国牺牲，复员无地，只好移沪，最难者即为房屋问题。

讨论事项：

一、总社及生物研究所经费，暂定每月四千万元为目标进行筹募。

二、明复图书馆书籍亟应充实，可向教育部文化资料委员会申请"图书缩影软片"，所缺国外旧杂志及新图书，设法向国外征求赠送。

三、回沪生物研究所办事室，暂用明复图书馆顶层各室，再向敌产接收委员会请拨适当房屋。

四、竺藕舫君提议：现在抗战胜利，国际地位增进，本社为对外便利起见，英文社名应改为 Chinese Association for the Advancement of Science，仍括原名（formerly Science Society of China）。秉农山君赞成，并谓此名称北大教授葛拉布主张最力，若缩写为 C.A.A.S.，可与美之 A.A.A.S.①及英之 B.A.A.S.②并之为 A.B.C.，对于国

---

① A.A.A.S. 即美国科学促进会（American Association for the Advancement of Science）的英文缩写。
② B.A.A.S. 即英国科学促进会（British Association for the Advancement of Science）的英文缩写。

际科学事业实甚便利有益。

议决：通过，即由理事会函请各地社友会开会征求意见，如得全国各地社友会一致议决通过，即可使用，再提下届年会追认。

五、本社南京社所被毁，应向当局报告损失，请求索赔。

六、旧《科学》杂志应留出成卷者二十部，余可照废纸出售。

七、本社总干事兼《科学画报》总编辑一职，仍请杨允中君暂行担任。

八、本社复员未完成前，上海社所社务仍暂请现在负责之照料委员会及上海社友会继续维持。

附录理事名单：

原有理事十四人：任鸿隽（前任理事长）、杨孝述（总干事，现由卢于道代）、钱崇澍（前任会计理事）、竺可桢、叶企孙、周仁、秉志、孙洪芬、刘咸、胡刚复、吴有训、胡先骕、李四光、严济慈。

二十三年度新增理事十三人：卢于道（现代总干事）、顾毓琇、王家楫、萨本栋、茅以升、邹秉文、张洪沅、沈宗瀚、蔡翘、郭任远、王琎、欧阳翥、李春昱。

理事会第 154 次会议记录（1946 年 2 月 24 日）

三十五年二月二十四日上午十时在上海社所开第一百五十四次理事会。

出席及列席者：顾毓琇、胡刚复、李熙谋、杨允中、秉志、于诗鸢。

主席：杨允中，记录：于诗鸢。

报告事项：

一、司选委员会通告：本社董事胡敦复、金绍基、叶揆初三君任满，提出候选人名单除上述三君外，加钱新之、刘鸿生二君，已分函上海社友，得复蒙寄渝社。

二、本社更改洋文名称为 C. A. A. S. 事已通函上海社友，于上年十二月廿五日交值会第四十届大集中讨论结果，照理事会原案无异议。

三、本社南京社所社产为国牺牲，已呈教育部向敌人索偿，明复图书馆被搜去书籍杂志，亦已附带呈进，呈内并请在京沪指派房屋为生物社复员之用。

四、上海地政局举办地产登记，本社以费率甚大，已与中华学艺社及中华化学工业会合词分呈行政院、财政部及上海市地政局，吁请免费登记，后据地局通知可以酌减，已复呈仍请转恳院部批示。

五、本社房捐亦已与上述二团体公呈上海市财政局，连地税一并请免，闻房捐可照学校例减半，尚未批复。

讨论事项：

一、议决：今后选认新社员应稍严格，凡具备左列资格者始可通过：

甲、已在大学毕业服务超过两年者，或年满三十岁之非大学毕业而在社会上有永久性科学事业者，均得为普通社员。

乙、大学毕业未满两年或非大学毕业、年满廿五岁而在科学事业上有成绩者，为仲社员。

二、通过丁廷标 2061（待 86）、丁燮坤 2062（待 87）、孔汉布 2063（待 90）、戈宝树 2064（待 105）、方人麟 2065（待 173）、王士任 2066（待 69）、王公五 2067（待 88）、王天一[①] 2068（待 43）、王世椿 2069（待 290）、王福山 2070（待 291）、王济之 2071（待 89）、王篯伯 2072（待 106）、包伯度 2073（待 165）、史子权 2074（待 1）、伍裕万 2075（待 77）、朱文熊 2076（待 53）、朱京 2077（待 214）、朱良骥 2078（待 138）、朱泰来 2079（待 96）、朱善钧 2080（待 91）、朱树怡 2081（待 74）、何国良 2082（待 97）、吴之翰

---

① 王天一（1916—2002），江苏泰州人，电机工程专家、科普作家。

2083(待54)、吴中沆2084(待107)、吴克昶2085(待396)、吴克敏2086(待322)、吴蔚2087(待295)、吕学礼2088(待238)、李昌祚2089(待2)、李尊权2090(待216)、李谦若2091(待3)、汪伯绳2092(待155)、汪经镕2093(待25)、沈人镜2094(待116)、沈保南2095(待299)、周文德2096(待58)、周琦2097(待49)、周颂久①2098(待4)、周增业2099(待79)、季锺铭2100(待151)、俞大卫2101(待166)、姜俊彦2102(待59)、胡名亨2103(待100)、胡新南2104(待260)、孙玄衔2105(待15)、孙君立2106(待93)、孙达成2107(待228)、孙肇堃2108(待17)、孙树兴2109(待264)、徐仁美2110(待157)、徐尚均2111(待98)、徐颂虞2112(待118)、徐德超2113(待181)、郯其庚2114(待310)、高曾熙2115(待94)、屠曾饴2116(待183)、张引垣2117(待277)、张仲韩2118(待197)、张汴增2119(待66)、张芳2120(待94)、张惠康2121(待56)、张善先2122(待244)、张慕良2123(待101)、张韫辉2124(待102)、曹友芳2125(待153)、曹敬仁2126(待139)、曹敬华2127(待108)、梅志存2128(待128)、章继康2129(待119)、庄标文2130(待5)、许宝骏2131(待6)、许宝骅2132(待7)、郭慕孙2133(待154)、陆禹言2134(待65)、陆清2135(待199)、陶祥霞2136(待120)、陈大猷2137(待140)、陈松茂2138(待265)、陈湘泉2139(待200)、陈树仪2140(待267)、曾广方2141(待8)、汤逢2142(待201)、冯馥沅2143(待67)、杨文杰2144(待111)、杨文镐2145(待52)、杨世麒2146(待188)、杨道安2147(待189)、叶治镰2148(待11)、叶惟勤2149(待16)、叶颐若2150(待270)、叶蕴珉2151(待68)、虞以道2152(待231)、虞积潘2153(待103)、裘复生2154(待160)、裘德懋2155(待232)、荣大本2156(待204)、荣仁本2157(待205)、赵孟养2158(待161)、赵家驹2159(待142)、赵富鑫2160(待232)、潘正涛2161(待12)、潘垂统2162(待144)、蒋滋恩2163(待135)、郑汝震2164(待048)、卢成章2165(待13)、卫仲乐2166(待112)、钱善湘2167(待104)、缪锺彦2168(待18)、蓝章宇2169(待130)、阙德芬2170(待122)、颜振铃2171(待136)、颜福庆2172(待42)、罗逸民2173(待145)、严志弦2174(待19)、顾子恺2175(待124)、顾培恂2176(待137)、龚华峰2177(待224)一百十七君为普通社员；丘大昭2178(待213)、朱大公2179(待235)、余源熙2180(待292)、沈世民2181(待369)、沈述纪2182(待207)、沈德本2183(待352)、周承荃2184(待226)、周和丰2185(待218)、宓仁群2186(待351)、林超然2187(待178)、胡

---

① 周昌寿(1888—1950)，字颂久，贵州麻江人，物理学翻译家、教育家。

炎庚 2188（待 208）、胡金箴 2189（待 227）、张亚杰 2190（待 243）、郭秀馀 2191（待 356）、嵇瑛玉 2192（待 306）、汤仁第 2193（待 375）、黄子琳 2914（待 186）、杨根道 2195（待 202）、叶旦若 2196（待 209）、路式坦 2197（待 172）、邹燮安 2198（待 257）、郑武杰 2199（待 249）、邓汉馨 2200（待 271）、卢庆曾 2201（待 222）、戴立 2202（本年申请）、顾士英 2203（待 210）、龚绍基 2204（待 363）廿七君为仲社员。

三、议决：新社员无论普通或仲社员，一律缴入社费二千元。

四、议决：常年社费候下次理事会讨论。

五、议决：社员零购《科学》杂志照七折实收。

六、中国技术协会举办上海工业品展览会，函请赞助案。

议决：予以赞助。

理事会第 155 次会议（理监事会联席会议）记录（1946 年 4 月 9 日）

三十五年四月九日下午六时在上海社所开第一百五十五次理事监事联席会议。

出席及列席者：胡先骕、刘咸、秉志、任鸿隽、杨孝述、曹梁厦、顾毓琇、茅以升、于诗鸢。

主席：任叔永，记录：于诗鸢。

报告事项：

一、杨允中君报告：本社基金存款在卅一年结束时，物价尚平无甚动用，后以币值不稳，遂以十万元投资化工、电工两出版社，又以五千元投资中国奶粉厂。迨中国科学公司增资，本社原只六万元股本，再投六万元，连同赠股变为卅万元。及该公司再度增资，本社股本应变为一百五十万元之时，应再解之新股款卅万元未有着落。适外埠股东因交通关系，除其赠股外，应购之新股多不认购，遂由本社承受，将其一部分高价售成现金，以解此新股款，是以增资权利得以无损。现该公司股款除一百五十万元已归入基金会外，尚余十四万二千七百元股票暂存，备原股东照市价来购或售出作经常维持之用。至基金中公债八万余元，则已听从熟悉金融者意见以伪【币】一百八十五万余元市价售出，换购白米，逐期配与职工。最近基金中尚存数种股票一百六十余万元及少数存款。此次任叔永先生募得五百万元充实基金，本社经费大为乐观矣。

二、任叔永君报告：生物研究所复员经费已向教育部申请一千万元，又向美国援华会申请一千余万元，希望筹近三千万元，如用去一半，则可余一千余万元充生物所经费。

三、曹梁厦君报告：现在总社复员有望，上海社友会维持上海社所拟至六月底为止，其社友会应办之交谊会，届时再定新计划。

讨论事项：

一、议决：普通社员及仲社员每人缴常年社费五千元，各赠《科学》一份，永久社费暂行停收。

二、推举卢于道君为本社副总干事，协同总干事主持社务。

三、议决：图书馆应再募购书费及征求捐书，推举陆禹云、潘德孚、刘重熙、吴学周、王志稼、汤彦颐①、王天一七君为图书馆委员会委员，刘君为召集人，商办该馆复兴事宜，再聘一管理员常驻办事。

---

① 汤彦颐（生卒年不详），字乐甫，清末民初实业家、政治活动家汤寿潜之孙，浙江山阴人，数学家。

四、瑞士化学会函请明复图书馆补付会费以便补寄刊物案。

议决:经费稳定后照办。

五、议决:《科学》编辑部下设一科学通讯处,专供准确之科学新闻发稿,宣传于全国报章杂志,以正观听,请张孟闻、卢于道两君主持其事。

六、议决:希望秉农山君主持之生物科学研究所与本社生物研究所合并,或由生物科学所担任研究员数人俸给,在本社生物所研究,以收出钱出力之效,请秉君接洽。

七、上年有裘姓以庆丰纱厂股票票面十万元捐入本社,请为设立裘可桴、裘汾龄父子理工著述奖基金,当由上海社友会接受。推出曹梁厦、陈聘丞、沈义舫、杨允中、裘维裕、裘复生、杨季瑶七君组织该奖金委员会,暂行主持。上年份虽收到股息伪币九十万元,因战局未靖,给奖困难,遂捐入与著述有关之明复图书馆为维持费,今年又收到法币五万元,尚未动用,现在光复,应请讨论。

议决:追认上述七君为该委员会委员,请裘维裕君为召集人,定期讨论征文章则等项。

八、于诗鸢君申请:总办事处基层工作独力渐觉难支,可否添聘职员案。

议决:俟经费稳定后再议。

九、通过方子藩2205(待30)、王绍鼎2206(待76)、甘履登2207(待114)、朱仕铭2208(待175)、朱育胜2209(待176)、朱荣昭2210(待343)、吴叔禾2211(待294)、宋名适2212(待286)、沈其勇2215(待175)、林国镐2214(待33)、邱永麟2215(待179)、夏福斋2216(待219)、徐彰黻2217(待81)、张泳泉2218(待83)、张国栋2219(待304)、梁普2220(待26)、陆钦轼2221(待75)、陈志瀛2222(待389)、陈蜀生2223(待27)、程韫真2224(待84)、项隆勋2225(待9)、黄有识2226(待39)、杨恩孚2227(待71)、葛福臻2228(待72)、董继堂2229(待230)、赵士寿2230(待28)、樊补2231(待206)、蔡燕林2232(待41)、郑宜樏2233(待29)、萧一平2234(待63)、蓝春霖2235(待73)卅一君为普通社员;孔祥穗2236(待21)、方资敏2237(待260)、王诚杲2238(待64)、石玉华2239(待329)、李昭道2240(待195)、李欧儒2241(待330)、沈仁安2242(待349)、阮仪2243(待312)、周格2244(待385)、周德震2245(待196)、周韵梅2246(待331)、柳嘉淦2247(待313)、洪晖2248(待241)、范华庭2249(待314)、夏允赓2250(待397)、夏寿萱2251(待168)、徐光宪2252(待55)、徐志仁2253(待355)、徐尚德2254(待333)、袁存良2255(待315)、张徵明2256(待403)、曹君曼2257(待288)、章民泰2258(待326)、许宝树2259(待336)、陆锦霖2260(待

337）、陈伯汉 2261（待 36）、陈耕芜 2262（待 327）、陈福英 2263（待 357）、冯德璋 2264（待 316）、黄开 2265（待 376）、黄渭渔 2266（待 134）、叶仲若 2267（待 378）、虞昌年 2268（待 379）、管廷镇 2269（待 390）、蔡祖怀 2270（待 381）、钱毅 2271（待 318）、顾永康 2272（待 319）卅七君为仲社员。

理事会第156次会议记录（1946年4月19日）

三十五年四月十九日下午四时在上海社所开第一百五十六次理事会议。

出席及列席者：秉志、杨孝述、任鸿隽、茅以升、于诗鸢。

主席：任叔永，记录：于诗鸢。

报告事项：

任叔永君报告：本社新募基金已将已收到之四百五十万元（四川省银行三百万元，四联总处一百五十万元），交保管委员竹垚生君运用。本日收到茅以升君经募中国桥梁公司捐基金卅万元，四联总处又廿万元，合计五百万元。

讨论事项：

一、议决：本社房屋均须自用，非经理事会议决，概不出借，交谊室临时假座亦即停止，并通知上海社友会。

二、议决：中华文化基金会暂借明复图书馆底层一间办公，应予照办，不收租金。

三、议决：请刘重熙君从速召集图书馆委员会，讨论复兴事宜，现先照任叔永君开单，定综合性期刊九种，以资陈列。

四、议决：通知张孟闻、卢于道二君，请着手办理科学通讯工作，稿寄上海印发。

五、通过尹友三2273（本年申请）、王建津2274（待233）、王景康2275（待70）、王尔锡2276（待234）、朱家蠡2277（待236）、江礼璘2278（待237）、吴瑞琨2279（待92）、李民铸2280（待131）、郁约瑟2281（待117）、孙畹秋2282（待281）、陈雪花2283（待121）、陈岳生2284（本年申请）、程文骐2285（待171）、闵淑芬2286（待110）、黄长风2287（本年申请）、董绍衣2288（待229）、刘仕渠2289（待246）、蔡震苍2290（待247）、邓文仲2291（待99）、颜春安2292（待123）廿君为普通社员；王春荣2293（待340）、王德槃2294（待341）、朱超2295（待321）、吴耀华2296（待344）、李华仪2297（待346）、汪敏熙2298（待115）、汪华芳2299（待347）、周勤之2300（待300）、胡良玉2301（待287）、郁昌经2302（待167）、倪汉卿2303（待263）、凌容2304（待280）、徐学礼2305（待252）、屠品贞2306（待282）、梅贤豪2307（待335）、许铎2308（待132）、陈铭珊2309（待266）、陈权璋2310（待256）、黄鸿声2311（待268）、叶震若2312（待289）、赵锺美2313（待262）、潘世藏2314（待258）、潘祖德2315（待330）、瞿尧康2316（待129）廿四君为仲社员。

理事会第157次会议记录（1946年5月20日）

三十五年五月二十日下午五时半在上海社所开第一百五十七次理事会议。

出席及列席者：任鸿隽、秉志、胡先骕、杨孝述、茅以升、于诗鸢。

主席：任叔永，记录：于诗鸢。

报告事项：

主席报告：本社复员经费，教育部允拨五百万元在南京发，美国援华会允拨七百五十万元在上海发，并指定其中须擘出二百万元作普及科学运动之用，尚有售去碚所房地，亦可得二百万元，故总数可至一千四五百万元之谱。惟此数应以若干为迁移费，若干为维持事业费，应请加以讨论。

讨论事项：

一、秉农山君报告：向生物科学研究所方面接洽与本社生物研究所合作情形，讨论结果本社拟定合作条件如下：（一）设备公用；（二）对方应维持至少二人之合理俸给津贴，并担任添补设备及消耗及仪器书籍之东下运费；（三）研究论文出版费由对方担任，详细办法俟该所复员来申后再行互商。

二、主席报告：秉农山君函述陈义之（字宜丞）君拟捐五十万元作生物所基金，再有秉君与钱雨农、胡步曾二君所受寿仪约六十万元一并捐入，应否接受。

议决：照收。

三、议决：本社各种纪念奖基金，现因国币贬值不便运用，应并归总基金，比照《社友》六十九期所载各种纪念奖金办法，保留原奖金名称，如系私人所捐，可征求捐款人同意，不同意者将该基金退还。

四、主席交议图书馆委员会刘重熙君因事繁函辞"负责管理本馆事务"案。

议决：挽留，并推为该委员会主任委员。

五、议决：加推胡卓、杨季璠两君为本社图书馆委员会委员。

六、议决：永久社员本年份征收《科学》助印费，如普通社员常年社费之数。

七、公推茅唐臣君为上海方面会计理事。

八、于诗鸢君建议：为利用上海社所交谊室并符本社普及科学宗旨起见，拟请办理科学演讲及科学电影，即动用援华会普及科学运动捐款，请公决。

议决：照办，并可增加科学广播等等，请上海社友会组织各种小组主办之，其原有交谊会大集亦勿中止。

理事会第158次会议记录（1946年6月12日）

三十五年六月十二日下午六时在上海社所开第一百五十八次理事会议。

出席及列席者：任鸿隽、茅以升、王琎、秉志、杨允中、卢于道、于诗鸢。

主席：任叔永，记录：于诗鸢。

报告事项：

一、任叔永君报告：本社复员经费，美援华会已拨申，钱雨农君函称教部亦已拨碚。

二、卢析薪君报告：本社复员，生物社书籍继用者约四五十箱，已请卢作孚君代办运申事宜，其余暂交民生公司所设北碚图书馆，订明合同，存览两年，期满由对方运申，运费亦由其担任。

三、任叔永君报告：北平图书馆馆长袁同礼君在美捐得书籍甚多，已允分配一部分与本社。

四、又近悉中华自然科学社有服务部，凡本社有对外社务，可向联络。

讨论事项：

一、议决：本社上海社所照料委员会至本月底取消一切事务，由总干事处接办。

二、杨允中君再辞总干事职，挽留无效，改推卢析薪君为本社总干事，仍兼生物所研究员。

三、秉农山君辞生物研究所所长，愿以研究员资格在社服务，并举杨维义君继任社长。

照案通过。

四、议决：《科学》因经济关系廿九卷起改为两月刊。

五、卢析薪君报告：复旦大学曾允代运生物所书籍一部分至申，并可拨江湾校舍一部借与该所，惟以优先借书为条件。

讨论结果：尚有窒碍，婉辞谢绝。

六、生物所职员张宗熠君病肺，申请休养一年，照给薪津案。

议决：照办。

七、推举张岳军、袁文钦两君为赞助社员，候提年会。

八、本社可择日招待新闻界一次，宣传最近动态。

中国科学社第四任总干事卢于道（析薪）

理事会第 159 次会议记录（1946 年 7 月 1 日）

三十五年七月一日下午七时在上海社所开第一百五十九次理事会议。

出席及列席者：顾毓琇、杨孝述、任鸿隽、秉志、茅以升、林伯遵、于诗鸢。

主席：任叔永，记录：于诗鸢。

报告事项：

一、顾一樵君报告：现在国外时有资助我国有历史之民间学术团体设立研究所等消息，此资格惟本社可以适合，拟乘本席及任叔永君出国之便随时留意联络。

二、主席报告：六月廿九日上海社友会全体大会改推该社友会职员，计何尚平君为会长，钟兆琳君为书记，宋名适君为会计，又决定下设"交谊""演讲""支会"三委员会。"交谊"仍固有交谊会旧贯，推陈聘丞君为主任委员，沈慈辉、雷垣二君为副主任委员；"演讲"恢复战前举行之通俗科学演讲，推徐凤石君为主任委员，丁巽甫、闵淑芬二君为副主任委员；"支会"则拟在各大学中组织该社友会支会，以收推广及联络之效，即请该校理学院当局为委员，先推裘维裕（交大）君为主任委员，关实之（大同）、朱公谨（光华）二君为副主任委员，再授权每委员会正副主任委员，会同社友会会长、书记、会计及总干事共七人，商邀各委员会委员每种十五至二十人共策进行。

讨论事项：

一、议决：瑞士自然科学社（Swiss Society of Natural Science）今年九月六日起举行二百周年纪念，推顾一樵君代表本社参加。

二、议决：卢析薪君俸津应参照研究所研究教授待遇，如有不足，再由本社酌给行政津贴。

三、刘重熙君函辞本社图书馆委员会主任委员照准，改推汤彦颐君为该委员会主任委员。

四、通过王祖绂 2317（待 5320）、吴剑秋 2318（待 148）、吕保龄 2319（待 311）、汪泽长 2320（待 78）、邢秀耀 2321（待 150）、姜圣文 2322（待 301）、茅於越 2323（本年申请）、唐振绪 2324（本年申请）、徐修成 2325（待 221）、高怡生 2326（待 182）、陆润生 2327（待 51）、黄耀曾 2328（待 187）十二君为普通社员；朱申庆 2329（待 57）、周楠生 2330（待 44）、柯荣炎 2331（待 80）、孙瑞申 2332（待 45）、郭敬孙 2333（待 170）、华纪诚 2334（待 61）、严祥英 2335（待 382）、顾同高 2336（待 362）八君为仲社员。

理事会第 160 次会议记录（1946 年 10 月 8 日）

三十五年十月捌日上午在上海社所开第一百六十次理事会议。

出席及列席者：周仁、张孟闻、杨孝述、卢于道、秉志、钱崇澍、刘咸、任鸿隽（卢于道代）、茅以升、王家楫、于诗鸢。

主席：卢析薪，记录：于诗鸢。

讨论事项：

一、卢析薪君报告：本社所有南京成贤街文德里地产登记一节，经本席赴京向各方调查交涉，该地虽已被八十余家盖建市房住宅，但产权业已登记确定为本社所有，且各方空气亦与本社有利，现拟设法利用该地为收回地产张本。

秉农山君谓：如自己无力，可委托企业家造一与本社合用之房屋，先行出租，待年期一满，无条件收回，即可自用。

周子竞君谓：可将地产一部分向银行押借充建费，自造公房，再以顶费赎回押产。

议决：推卢析薪、茅唐臣、刘重熙、张孟闻、杨允中、倪尚达六君组织京社所设计委员会，卢君为召集人，尽二星期内研究办法。

二、张孟闻君报告《科学》什志过去情形，今后编辑方针拟不太专门亦不太通俗，发行拟委中国科学公司办理，以资熟手，惟印费最困难，拟请中国科学公司津助一部分，再向外捐募。

议决：组织《科学》什志经济委员会，推钱新之、吴蕴初、范鹤言、李轫哉、秉志、杨孝述、卢析薪、方子重、张孟闻九君为委员，钱君为主席，吴君副主席，张君为秘书。（范在中央银行秘书处，李在永嘉路 495 衖 6 号，方在胶州路 120 衖贻思里 5 号）

卢于道

理事会第 161 次会议记录（1946 年 12 月 1 日）

中华民国三十五年十二月一日上午九时在上海社所开第一六一次理事会。

出席及列席者：于诗鸢、秉志、钱崇澍、周仁、杨孝述、卢于道、汤彦颐、张孟闻、杨惟义。

主席：卢于道，记录：于诗鸢。

报告事项：

一、于诗鸢君报告：本社上海社所地产登记费迄未来收，殆已豁免，房捐则已批准以补助费名义全部免征。

二、卢析薪君报告：本社南京社所地产有 1850 号一块，计二亩八九分，原契据在战前与其他各据一并缴入京市地政局，闻被遗失，但与本社产权无碍。

讨论事项：

一、卢析薪君报告：本社近请行政院援助建设费，业已批准国币三亿元、美金二万元，因南京社所房屋全毁，赔偿无期，拟将美金订购生物所仪器、图书及明复图书馆图书，其国币可拨一部分在京建屋，究应如何，请公决。

杨允中君谓：曾咨询金融专家，此款如造屋，则不但日后房租不能抵偿修理各费，且房客驱走亦难为善途。此款计有下列办法：（一）购美钞暂存；（二）有押低利放款，照一角生息，每月可得三千万元，提五百万元作经费，余数再购美钞，则十个月后又可得三万万；（三）申请外汇购入仪器，卖去可获盈余，因近来仪器甚热门也。运用得法，将来建筑费仍可不劳而获。

议决：俟该款到后，一面设计一面运用，俟建筑图样绘就再定方针。

二、中华自然科学社邀请合组中国科学促进会，检同章程、预算及职员名单到社，请讨论。

议决：原则赞成，章程通过即推提本社参加该会，理事名单计杭立武、竺可桢、萨本栋、孙洪芬、吴有训、卢于道、李振翮、冯泽芳、任鸿隽、李士豪、李书华十一君，并提三点意见：（一）将来刊物宜避重复；（二）可多制科学幻灯片，以利宣传；（三）以后如有募款事，应先通知本社。

三、张孟闻君报告：《科学》明年起交中国科学公司发行，扳〔版〕权仍归本社。其广告除酌留一部分由编辑部接登以裕编辑费外，均归公司经营，即以广告收入抵充印费。已拟定合同，为期一年，请公决。

议决：照办，细则由张君与公司方面商定。

四、又明年起《科学》编辑委员拟定十五人，计：秉志、茅以升、曹惠群、杨孝述、周仁、曾世英、王家楫、邓叔群、陈宗玉、李仲衍、郑宽裕、刘咸、张昌绍、卢于道、张孟闻诸君，并以张孟闻君兼主任，请公决。

议决：照案通过，其特约编辑由编辑部迳邀。

五、通过新社员仇启琴2337（待339）、王先镕2338、王世勤2339（待193）、王炳蔚2340、朱凤美2341、羊锡康2342（待366）、吴友三2343、吴仲仪2344（待284）、吕淑芳2345（待275）、李寿康2346、李轫哉2347、沈隽2348、周宗浚2349、邱贤昌2350、杭立武2351、林致平2352、胡子昂2353、范则纯2354、夏祖堡2355、孙云翔2356（待10）、徐迓亭2357、徐砚田2358、马溶之2359、张宪秋2360、张鹏翮2361（待198）、戚国彬2362（待334）、庄炳文2363（待184）、庄闳2364（待374）、陆伯勋2365（待109）、陈用鹏2366、陈省身2367、陈俊述2368、陈华葵2369、曾庆英2370、汤天陶2371（待141）、冯显耀2372（待10）、黄正中2373、黄继芳2374、杨祖贻2375（待159）、叶和才2376、蒋式穀2377（待317）、鲍熙年2378（待192）、戴弘2379 四十三君为普通社员；李枚2380、许棵2381（待283）、张希臻2382、程伯容2383 四君为仲社员。

卢于道

理事会第162次会议记录（1947年2月27日）①

中华民国三十六年二月二十七日下午五时在上海社所开第一六二次理事会。

出席及列席者：任鸿隽、秉志、杨孝述、杨惟义、卢于道、张孟闻、潘德孚、钱崇澍、刘咸、于诗鸢。

主席：任叔永，记录：于诗鸢。

报告事项：

一、卢析薪君报告：本社近接寄存书籍多年之税则委员会捐款一百二十万元，又陈义君捐生物研究所一百万元，成都张化初君亦捐生物研究所五十万元。

二、又【本社】②京社所地权早已确定，曾汇廿二万元领取图状。

三、又行政院建设赞助费三万万元已领到，美汇二万元尚有问题。

四、又上海社所房屋择要修理情形。

五、又图书馆已定好国外图书杂志一批。

六、张孟闻君报告编辑部及科学期刊联合会情形，《科学》已出至廿九卷第三期。

讨论事项：

一、卢析薪君报告：行政院建设补助费支已领到，请讨论案。

归纳各种主张，计：(1)提一万万，以七千万在京社址盖房，三千万运回存川之生物图书，余三千万以半数购物资，半数存本取息（一角二分）作经常开支；(2)全部放款，其息以一半购物资，一半作事业费；(3)三万万本金分四部分，由总办事处、图书馆、研究所、编辑部各自运用，生息作开支。

议决：推任叔永、卢析薪、张孟闻三君向钱新之先生洽商（运用事宜）。

二、生物研究所存川图书运回案。

议决：请民生公司免费装运，托杨衔晋③、孙雄才二君下江时沿途照料。

三、议决：加推张孟闻、杨树勋二君为图书馆委员。

四、议决：加推周绍濂君为编辑委员。

五、议决：三月一日起图书馆图书借阅保证金改收二万元，阅览费非社员每年一万元，社员凭当年常年社费收据或永久社费收据，签与当年免费阅览证。

---

① 本次会议记录有初稿、定稿两个版本，为反映原始内容，以初稿为准。
② 【】内的文字系根据定稿增补，下同。
③ 杨衔晋（1913—1984），浙江嘉兴人，森林植物学家。

六、议决：本年年会地点定为上海或台湾。

七、议决：卅六年份常年社费改为五千元。认阅《科学》者，【无论何种社员，一律】加缴《科学》助印费一万元，赠阅《科学》全年。永久社费仍暂停收。入社费改为五千元。

八、孙洪芬君函提农林部农田水利工程处拟租京社【所】空地三亩盖两层活动室钢屋案。

议决：推卢析薪君代表，订五年合同，期满屋归本社，地租不收，地税等一切费用由其自任。

九、推马心仪君在美为美国政治社会学会本社代表。

十、议决：图书馆美权算学图书室及叔初贝壳学图书室逐渐恢复旧观。

十一、卢析薪君报告：本社与中华自然科学社合组之中国科学促进会将拨经费，拟在本社逐步分类设置科学教育模型，渐成一科学博物馆案。

议决：相机举办，又每月举行通俗演讲会一次。

十二、通过汪定曾 2384、胡寄南 2385 二君为普通社员。

理事会第 163 次会议记录（1947 年 3 月 28 日）[①]

三十六年三月二十八日午后五时在上海社所开中国科学社第一六三次理事会议。

出席及列席者：任鸿隽、周仁、杨孝述、卢于道、王家楫、刘咸、汤彦颐、张孟闻、孙洪芬、卢作孚、于诗鸢、杨臣勋。

主席：任叔永，记录：于诗鸢。

报告事项：

一、主席报告：顷接中华文化基金会交来借用社屋津贴一百廿万元。

二、卢析薪君报告：图书馆委员会最近会议情形大要如：(1) 书目登记片及新书亟需添人整理；(2) 向各方征索目录，存馆自成一组，现有外国商行四十余家，便可去函索取，以利各界需要时翻检，即新旧出版目录或学校概况，亦在搜罗之中；(3) 照现有书库中其第三、四两层即可藏书四万册，现西文书只一万册，中文【书】亦不多，拟注重添备中国科学史料。

三、孙洪芬君报告：农林部农田水利工程处租京社地盖钢房情形，又京社地产权启事已登三月廿六日《中央日报》。

四、卢析薪君报告上海社所修理情形，其款系建设助费之首月放息充用。

五、于诗鸢君报告：上海社所地税已由地政局批准转报核免。

六、张孟闻君报告编辑部情形。

讨论事项：

一、补推钱新之董事为基金监，由社长具函敦聘。

二、议决：建设助费中壹万万元已由金城银行生息，二万万元由钱新之先生转托金城银行信托部经理王章笛君购物资，美金部分请图书馆及生物研究所开图书仪器购置单，以便购置，并以多购仪器为原则。

三、议决：农田水利处盖房最好盖在被人侵占之地上，以利逐客令，否则尽空地盖建，以免继续侵入，又该项逐客令应请宪兵司令部告示，以增效力。

四、生物研究所存川图书运沪案。

议决：卢作孚君允由民生公司捐助运费，可由李乐元、孙雄才两君照料，五六月间即可东下。

[①] 本次会议记录有初稿、定稿两个版本，为反映原始内容，以初稿为准。

五、生物研究所所长杨维〔惟〕义君函辞本职案。

议决：推刘重熙君挽留，[如不获，必要时请秉农山君回任。]①。

六、推派卢析薪君为教育部联合国教育科学文化组织中国委员会筹备委员会本社代表。

七、南京全国学术性团体联合会所陈遵妫君函请由本社主催各团体复会案。

议决：此会本社在战前加入，复会事仍请其转请原主持者中国工程师学会恽震君注意。

八、议决：聘请黄维廉②君为明复图书馆顾问。

九、议决：图书馆应设一馆长主持一切，在未物色妥人以前，请卢析薪君暂行兼代。

十、议决：恢复《社友》，推派于诗鸾君主编。【杨允中君允由中国科学公司担任出版费用。】③

十一、推定胡卓君为图书馆委员会常务委员。

十二、授权编辑部征求论文专刊，文稿印费另筹。

十三、通过各部预算四月份：总办事处五,五〇〇,〇〇〇元；图书馆三,五〇〇,〇〇〇元；生物研究所一,〇〇〇,〇〇〇元；又临时费四五,〇〇〇,〇〇〇元；编辑部五,四〇〇,〇〇〇元（临时费在外所有编辑部用项，除三百廿万元外，余均由其《科学》杂志经济委员会拨发）④。

十四、通过吴乾章2386、马地泰2387、陈志强2388、曹亦民2389 四君为普通社员；又仲社员杨明声3051（硌1051）、王素玉3053（硌1053）、赵振寰3054（硌1054）、徐森3059（硌1059）、张敬熙3060（硌1060）、王述纲3079（硌1079）、闻人乾3116（硌1116）、徐康泰3117（硌1117）、陆榆3143（硌1143）、张玉钿3466（硌1466）十君由理事会提出升为普通社员。

任鸿隽

---

① 原文此处有旁注："备函重熙君。推定刘重熙君商同秉农山君挽留，[或即请秉君回任，或由秉君再事推荐所长提交本会。]已备函。"
② 黄维廉（1897—1993），字介成，上海人，图书馆学家。
③ 【】内的文字系根据定稿增补。
④ 对于初稿（）内的补充文字，定稿改为："内二,四〇〇,〇〇〇元及临时费，均由该志经济委员会拨用。"

理事会第 164 次会议记录（1947 年 5 月 10 日）①

三十六年五月十日下午三时中国科学社在上海社所开第一六四次理事会议。

出席及列席者：任鸿隽、孙洪芬、杨孝述、刘咸、钱崇澍、卢于道、秉志（卢代）、汤彦颐、方子卫、张孟闻、于诗鸢。

主席：任叔永，记录：于诗鸢。

报告事项：

一、于诗鸢君报告：钱新之君已函复允任基金监，黄惠廉②君已函复允任图书馆顾问。

二、卢析薪君报告：教育部开联合国文教委员会第一次筹委会，来柬过迟，当电李方训君代表出席，结果议决，尚须扩大征求。③

三、主席报告：生物研究所所长杨宜之君辞职，经挽留，据谓颇有困难，现秉农山君允先着手将该所恢复。据估计，临时经费约需二千五百万元，经常费月需四百万元。

四、于诗鸢君报告：京社所地产已有第一区 1846 分段宅地廿三亩一分○一毫六丝之土地所有权状补字六○一号交来，即送基金保管委员会保存。

讨论事项：

一、卢析薪君报告：科学促进会拨来经费一千万元，已请方子卫君主持，先在明复图书馆顶库作普及科学事业；方子卫君报告：拟办关于射电 Radio 研究陈列及服务事业，如出版射电杂志、展览射电常识、国际无线电通讯等，其需用材料一部分可呈请行政院饬物资供应局拨助，惟来款尚不敷开支远甚，应如何办理，又该事业拟定名中国科学社射电馆，是否有当，均请讨论。

议决：用中国科学社射电实验所名义（Radionic Laboratory of The Science Society of China）进行，刊物缓办，余视来款多寡，先行酌量举办。

二、卢析薪、于诗鸢二君报告结购行政院拨建设补助费中美汇情形：查此项美汇本系购置图书、仪器之用，本日图书馆委员会议决请以半数购书，现拟一面函请央行总裁，请其特照政府机关或各大学例，在业务局准予开立外汇存户，以便徐徐洽购汇票，一面尽速选开购单，以资双方并进。是否有当，请公决。

---

① 本次会议记录有初稿、定稿两个版本，为反映原始内容，以初稿为准。
② 黄惠廉应为黄维廉。
③ 本次会议记录在《社友》第七十三期（1947 年 6 月 30 日刊行）发表时，第一、第二两个报告事项被略。

议决:照办,并推汤彦颐、张孟闻、钱雨农三君选开图书购单,方子卫、杨允中、卢析薪三君选开仪器购单,尽速统筹办理。

三、议决:本年年会定八月下旬在上海举行,会场借座岳阳路中央研究院,会员住宿拟借枫林桥上海医学院,推定任叔永、杨允中、卢析薪、伍献文、张昌绍、裘次丰、刘重熙七君,着手筹组年会筹备委员会。

四、杨允中君提议:中国科学公司拟借款七亿元编行大学丛书,请由本社担保,同时由中国图书公司董事会转向本社担保案。

议决:可行。

五、通过朱颐龄 2390、吕音谐 2391(待 285)、周摩西 2392、张季言 2393、张增垣 2394、曹永禄 2395、曹永锡 2396、章启馥 2397(待 305)、许国保 2398、曾友梅 2399、蔡祖宏 2400(待 338)、蔡德坚 2401(待 359)、魏墨鑫 2402、顾发 F. Kupfer 2403 十四君为普通社员。①

任鸿隽

---

① 本次会议记录在《社友》第七十三期发表时,第四、第五两个讨论事项被略。

理事会第 165 次会议记录（1947 年 8 月 2 日）①

三十六年八月二日下午四时中国科学社在上海社所开第一六五次理事会议。

出席及列席者：任鸿隽、卢于道、杨孝述、钱崇澍、周仁、张孟闻、茅以升、于诗鸢、王家楫（卢于道代）。

主席：任叔永，记录：于诗鸢。

甲、报告事项

一、主席报告上次议决案。

二、卢析薪君报告近半年经费情形。

三、于诗鸢君报告：《社友》重行登记事，社局已转上峰，现 73 期复刊号已出版，74 期已付印。

四、主席报告年会筹备经过：截至限期止，共得中华自然科学社及中国天文、地理、气象、解剖、动物四〔五〕学会参加。②

五、张孟闻君报告：现有复兴岛渔市场可免费供给鱼类标本材料，惟运费太大，拟将浸制药物送去，先请其随时浸好，以便逐批往取③，将来玻瓶等当另开预算。

六、于诗鸢君报告：上海市政府未准免课建设捐，而冬春季房捐缴款书反源源照送，已呈复无力缴纳。【（房捐本已呈准以补助费名义全部免课。）】④

乙、讨论事项

一、国立中央研究院函请本社推选该院院士案。

议决：推秉农山、钱雨农二君充任。

二、社友缴入社费、常年社费及科学助印费应否调整案。

议决：入社费以十元为基数，常年社费以五元为基数，此后由总干事及会计理事参照上海公教人员待遇倍数，随时酌量调整，如目前倍数为一千八百倍，则入社费应收式万元，常年社费应收壹万元，是永久社费仍暂不收。至社员附缴科学助印费，应照该刊物全年定价七折实收。

三、年会经费案。

议决：本年年会既由七科学团体联合举行，则其收支不敷之数，应以各参加团体

---

① 本次会议记录有初稿、定稿两个版本，为反映原始内容，以初稿为准。
② 第四个报告事项，定稿改为："截至七月十五日限期止，共得中华自然科学社、中国天文学会、中国地理学会、中国气象学会、中国动物学会、中国解剖学会参加，举行七科学团体联合年会。"
③ 定稿将"逐批往取"改为"逐取"。
④ 【】中的文字系根据定稿增补，下同。

量力贴助为原则。

四、卢析薪君提：射电实验所应否指定工作案。

查科学促进会费已拨来二千万元，上次呈请行政院请拨物资供应局电工材料应用，奉批已分配无余。①

议决：推裘维裕、周子竞、杨允中、方子卫、茅於越五君设计。

五、又提：本社为中国科学公司股东，请重派代表案。

议决：推周子竞、钱雨农、卢析薪、杨允中四君为代表。

六、主席提议：此次蒋梦麟君对本社呈拨复兴补助费异常出力，应否提年会表示感谢案。

议决：照办，请用年会大会名义道谢，提【本社】社务会。

七、议决：将本届年会日期及地点，又注册日期及地点，登日报通告社友。

八、议决：下次理事会定八月廿六至廿九日间举行。

九、通过王迪纲 2418、王梅卿 2405、王凤振 2406、林元惕 2407、俞百祥 2408（待 180）、张鋆 2409、许逸超 2410、陈浩烜 2411、冯士林 2412、黄守先 2413、薛葆宁 2414、严庆禧 2415 十二君为普通社员；胡宣明 2416、项瑞象 2417 二君为仲社员。

任鸿隽

---

① 此句在定稿中被删，《社友》第七十六、七十七期合刊（1947 年 10 月 15 日刊行）亦未发表。

理事会第 166 次会议记录（1947 年 8 月 29 日）[①]

本社第一六六次理事会记录

地点：上海本社。

时间：三十六年八月二十九日下午四时。

出席及列席者：任鸿隽、王琎、周子竞、方子卫、严济慈、王家楫、章元善、张孟闻、刘咸、秉志、钱崇澍、卢于道。

主席：任鸿隽，记录：卢于道。

一、报告上次理事会记录。

二、讨论：

（一）向本届大会提张群、何北衡、钱永铭、蒋梦麟为赞助社员事。（通过）

（二）向本届年会提出修改英文译名及章程事（修改各条，见年会社务会议记录）。（通过）

（三）中国科学促进会性质事。

议决：该会为本社与中华自然科学社合办事业，其英文译名内有 Council 一字，当改为 Association。

（四）向本届年会提出本社生物研究所战时损失，并望政府向日本提出赔偿损失事。（通过）

（五）通过新社员 2420—2445 廿六人，见另条。[②]

任鸿隽

[①] 本次会议记录有初稿、定稿两个版本，初稿内容不完整，以定稿为准。
[②] 据《社友》第七十六、七十七期合刊公布的《光复后选决新社员题名录》，理事会第 166 次会议通过的新社员 26 人名单如下：2420 朱元鼎、2421 江世澄、2422 汪德耀、2423 周浚明、2424 周维熊、2425 郁康华、2426 徐立成、2427 崔明奇、2428 张维、2429 许世瑮、2430 许志明、2431 许国培、2432 陈恩凤、2433 程知义、2434 华国英、2435 关世俊、2436 黄宗甄、2437 杨士芳、2438 杨公维、2439 刘玉壶、2440 樊映川、2441 蒋英、2442 蔡叔厚、2443 褚承猷、2444 郑允恭、2445 钱伯贤。

理事会第 167 次会议记录（1947 年 10 月 31 日）[①]

本社第一六七次理事会议记录

地点：上海本社所演讲室。

时间：三十六年十月三十一日下午五时。

出席及列席者：黄伯樵、裘维裕、任鸿隽、曹惠群、方子卫、卢于道、钱崇澍、张孟闻、秉志、刘咸、茅以升、王家楫、吴学周、章元善、杨孝述、于诗鸢。

主席：任叔永，记录：于诗鸢。

报告事项：

一、卢析薪君报告本届理事会互选结果：任叔永君以十八票当选理事长，杨允中君以十票当选会计理事。

二、卢析薪君报告本社近况，及抗战期间损失，及复员情形，及设法向日本索偿损失情形。

三、卢析薪君报告总社经济情形。

四、张孟闻君报告《科学》编辑部情形。

五、于诗鸢君报告：京社所地税已继申社所之后呈准京市府免课，又《社友》报登记证已发来。

讨论事项：

一、章元善君以司选委员当选理事，声请避嫌辞职案。

议决：社章上并无司选委员不许当选理事之规定，应毋庸议。

二、卢析薪君报告：本年七科学团体联合年会议决之科学团体联合会，因原则未定，其组织办法不易起草[②]，请讨论案。

议决：用各科学团体联席会议名义组织之，有事时联合办理，无事时即无团体形式，本此方式起草。

三、黄伯樵君提议：本社经费可向国内大资本家及国外华侨[③]募捐案。

议决：发动筹募本社事业费，推举黄伯樵、章元善、茅唐臣、裘维裕、张孟闻、任叔永、杨允中、秉志、卢于道九君为募捐委员会筹备委员，以任君为召集人。

[①] 本次会议记录有初稿、定稿两个版本，为反映原始内容，以初稿为准。
[②] 定稿将"其组织办法不易起草"改为"其组织无从着手"。
[③] 根据黄伯樵的意见，定稿将"国内大资本家及国外华侨"改为"热心社会事业之国内富有者及海外华侨"。

四、处置京社地基被人侵占设施案。

议决：可将该地转售，再在他处购地。

五、科学促进会请派《中国科学人名录》审查委员案。

议决：函复不必派员，可将所搜集之资料寄申，由本社参加意见，不居审查名义。

六、图书馆借书证金及非社员阅览费如何调整案。

议决：借书证金改为五万元，阅览费改为每年二万元，自十月下半月起实行。

七、《科学》助印费办法取消，改为优待缴费社员定〔订〕阅办法（凡永久社员及普通社员持常年社费收据者，定〔订〕《科学》或《科画》以八折优待，任择一种，以每人一份为限），请追认案。①

议决：照办。

八、卢析薪君提：社中人员薪给调整及《科学》编辑部明年起经费案。

议决：交总干事会同会计理事统筹加薪等办法。

九、通过新社员方善桂 2446、王馨迪 2447、何祖煜 2448（待 251）、周建人 2449、苗迪青 2450、范凤源 2451、张靖远 2452、曹诚英 2453、曾世荣 2454、黄泽源 2455（待 377）、瞿焕章 2456、颜大椿 2457、顾名汶 2458（待 125）十三君为普通社员。

任鸿隽

---

① 原文此处有旁注："已登《社友》76。"

理事会第 168 次会议记录（1947 年 12 月 5 日）[①]

本社第一六八次理事会议记录

地点：上海本社演讲室。

时间：三十六年十二月五日下午四时。

出席及列席者：任鸿隽、杨孝述、卢于道、王家楫、张孟闻、吴学周、茅以升、裘维裕（于代）、于诗鸢。

主席：任鸿隽，记录：于诗鸢。

报告事项：

一、于诗鸢君报告上届理事会议记录，并述讨论事项第三条案由：提案人黄伯樵君函请改为"本社事业费可向热心社会事业之国内富有者及海外华侨募捐"，已照改。

二、主席报告：本社前请监事列名募捐发起人，已得孙哲生、翁咏霓、钱新之三君复允。

三、又上届本会议讨论第二条为科学团体联合会不用团体形式事，已函七科学团体，并得中华自然科学社及天文学会函复赞成。

四、又本社前呈行政院赔偿委员会，详叙历次呈请索赔经过，已得该会通知称，所列明复图书馆损失已并案登记。

五、于诗鸢君报告：生物所旧存沪社所之次号鸟兽标本三百廿五件，已得秉农山君允赠与上海市博物馆，得其收据及谢函。

六、又市教育局函告招待新疆歌舞团参观本社。

七、又中国技术协会函谢本社借与所办工业模型展览会参考品。

八、又中央研究院发来第一次院士候选人公告，已张贴。

讨论事项：

一、募捐办法案。

议决：甲、募捐对像〔象〕以大户为原则，先觅熟人函介。乙、精印募捐册内加英文译文捐启，尚须将事业计划及科学与工商、教育各界之关系列入。丙、正式组织募捐委员会，以上次所推九人为委员，并推黄伯樵君为主任，全权进行，包括补充委员在内，其余理监事及社员一致支持。丁、黄君今日因病不能出席，推任叔永、卢析薪二君

[①] 本次会议记录有初稿、定稿两个版本，为反映原始内容，以初稿为准。

与黄君洽商。戊、向行政院请求准向华侨募捐。

二、卢析薪君报告：本社职工待遇不及公教人员，曾函民食调配会配粮未准，已照报载十、十一月份生活费差额金数分别发给，请追认案。

议决：通过。

三、黄伯樵君提议：本社应组织下列五委员会：

甲、建设事业募款委员会；

乙、与其他学术团体合作委员会；

丙、组织委员会；

丁、服务委员会；

戊、对中外社团联络委员会。

议决：甲、已办；乙、戊、先由理事会做起，俟需要时再组委员会；丁、由本社各事业机构随时注意；丙、商请上海社友会积极进行，总处再推动各地社友会恢复工作。

四、卢析薪君报告总社经济情形：[建设助费只剩美金五千元，十月份恃售书助费勉渡，十二月份便须动用中期捐款，又生物所基金中有美金公债还本息六百万元，已交南生物所用，十二月份预算未能编制。]

张孟闻君报告编辑部经济情形：[经济委员会最近交来二千余万元，希望总社加发差额金与编辑部职员。]

[茅唐臣君主张美金暂不动用，应发动社员自由捐助社所维持费，或将社屋出租收费。]

[任叔永君主张极力节流，职工待遇清苦，可自由向外设法兼职，不愿留者听其别就，外间非无贴钱办事者，此后编辑部薪津由总社发给，以昭一律，其余开支任其自由发展。杨允中君主张总社所认该项薪津人数应有限制，且应经济公开，俾使通盘筹划，战前编部仅有二人。]

于诗鸢君报告职工生活苦况：[如事业发展，兼职恐不可能。]

议决：向有关工商界及热心社友[如出版界，如朱经农、周榕仙、舒新城、李石曾、叶溯中等]征集社所维持月捐，至于编辑部职员二人，在经济公开后，薪津由总办事处发给，推于诗鸢君撰捐启。①

五、张孟闻君提出编辑委员新名单案。

---

① 第四个讨论事项中［］内的文字，在定稿中均被删。

议决：通过，计：秉农山、茅以升、裘维裕、曹惠群、杨孝述、陈省身、曾世英、张昌绍、邓叔群、王宗楣、吴学周、郑子政、刘咸、卢于道、张孟闻十五君。

六、通过新社员：胡永畅 2459、徐利治 2460、陈启天 2461、严寿萱 2462、龚晨 2463 五君为普通社员。

任鸿隽

理事会第 169 次会议记录（1947 年 12 月 19 日）[①]

本社第一六九次理事会议记录

地点：上海社所社长室。

时间：三十六年十二月十九日下午三时。

出席及列席者：任鸿隽、裘维裕、黄伯樵、章元善、杨孝述、卢于道、王家楫、曹梁厦、于诗鸢。

主席：任叔永，记录：于诗鸢。

报告事项：

一、于诗鸢君报告：本社第二届通俗科学演讲，现与中国技术协会第六届工业讲座合并办理，学术演讲约定每月二次，一次由该会独办，一次由两家合办，本社供给全部讲堂，本人与该会演讲科共同在人力上服务。十四日已请留美参加杨域安设计之徐修惠君讲扬子江大水闸，廿八日又将举行一次。

二、任叔永君报告：最近中基会年会已通过补助本社印书及重装图书费（美金一千元）。

讨论事项：

一、卢析薪君报告：社友涂长望君函称，科学工作者协会沪会员拟与本社合办科学实验室，仪器等由科工出面向联总[②]请求，实验指导则由两家热心会员担任，地点暂借本社三楼云云，请公决案。

议决：俟本社大募捐成功后再谈。

二、卢析薪君以维持社所困难重重，身心交瘁，函请辞总干事职案。

于诗鸢君报告十二月份社所各部已支应支清单及一月份预估开支清单，请讨论开源办法，以解经济困难案。[③]

［黄伯樵君主张总干事与总编辑间必须调整。王仲济君愿以私交向双方疏解。

任叔永君主张编辑部各项收支应有月报交总办事处转理事会。

于诗鸢君报告职工同仁曾有公函分致社长及卢君挽留总干事。］[④]

议决：一致挽留，各理事一致为卢君解决困难，当场退还辞职函，给假一星期

[①] 本次会议记录有初稿、定稿两个版本，为反映原始内容，以初稿为准。
[②] 联总指联合国善后救济总署（United Nations Relief and Rehabilitation Administration）。
[③] 本句在定稿中被删。
[④] ［］内的文字在定稿中被删，下同。

休养。

三、卢析薪君提议:本社总办事处及图书馆、生物研究所职工自十月份起调整薪津,普加五成,又【生活费】①差额金亦照发,以维最低限度之生活案。

议决:照办,总干事应得部分并应照发。

四、杨允中君提议:中国科学公司自经营仪器后,亟须栈房一所,为求格外便利计,拟在申社北隅三角余地上建两层楼瓦屋一座,式样务求与大厦配合,并拟以十年为期,每年津贴本社白米十担,下层作堆房,上层作研究部及精工场,十年后房屋无条件赠与本社,可否,请公决案。

[于诗鸢君建议:本社门房并无轮班,该栈如建成,希望别辟门户,与社所隔断,以资两便;又原有大树,虽非佳木,长成匪易,希勿伐去。

黄伯樵君主张:请卢析薪君与杨君详商图样;年期应定为十年后无条件归社;五至十年间本社要令其迁走时,用商议方式;五年内双方不得退租;津贴希再从优。

杨允中君谓:该公司初拟借用明复图书馆顶库,愿月津一千万元。众意可行,惟津贴希望以十五担至廿担为率。杨君愿以新屋建费二亿元捐社,以其利息充月津。]

讨论结果:【议决可】以明复图书馆顶库【一层】借与该公司为仪器栈房,由该公司捐与本社二亿元,托中基会或叶揆初董事管理,生息充经常费;三角地不必建屋;由杨君向该公司董事会征同意后订约。②

五、议决:射电实验所应搬入明复图书馆下层东北室(现为交谊室)小楼,赵玉华君应请其迁出,以便充职员宿舍之需。

六、募捐委员会组织案。

议决:除已推黄伯樵君为主任委员外,再以黄君与任叔永、卢析薪三君为常务委员,设计方面另组设计委员会,捐启中计划叙述应分大小三种,【视捐款成绩为发展之标准。】

七、通过张玉麟2464君为普通社员。

任鸿隽

---

① 【 】内的文字系根据定稿增补,下同。
② 本次会议记录在《社友》第八十期(1948年1月30日刊行)发表时,第四个讨论事项被略。

理事会第170次会议记录（1948年1月20日）

中国科学社第一七〇次理事会议记录

地点：上海社所社长室。

时间：三十七年一月二十日下午四时。

出席及列席者：黄伯樵、裘维裕、杨孝述、任鸿隽、曹梁厦、卢于道、秉志、于诗鸢。

主席：任叔永，记录：于诗鸢。

报告事项：

一、于诗鸢君报告：关于呈报被毁社产事，又得教部复批，嘱将上海部分损失补报政院及教部，兹查政院赔偿委员会前已批复，准将上海部分损失并案登记矣。

卢析薪君报告：杭立武君函告，前请其向联教组织声请济助本社战时损失事有困难，但闻美方已有百余团体捐得补助，与会各国文教事业经费似可设法探询云云，当并归【事业经费】募【捐】委【员】会办理。①

[二、又中基会拨助生物所装画印书费通知函已到。]②

讨论事项

一、卢析薪君提议：一六八次理事会议决之社所维持月捐，拟用征求团体赞助社员方式，并拟具启事，请公决案。

议决：照办，其捐款方式不拘[月捐或一次捐，所捐亦不拘现金、实物，]由各热心社友详开对像〔象〕，并调查各企业机构之主持人，觅熟悉者，分投奔走劝募，原启事本此修正。

二、卢析薪君报告：本社复兴事业经费已有赵真觉社友介绍华商电气公司捐来一亿元，应如何保管案。

议决：请杨允中君全权保管，[购应用物件，]当场将廿二日期中汇银行支票674106交杨君面收。

三、卢析薪君报告：行政院补助费美金部分[有]购置仪器[部分之美金一万二千元]，申请进口不准，已设法易成美钞，整数暂由任叔永君保管，所余二千元暂存总办事处，应如何办理。

议决：统请任君陆续由中基会划往美国购仪器等物，暂存美国，以符原案。③

---

① 【】内的文字系根据《社友》第八十期发表的本次会议记录增补，下同。
② 本次会议记录在《社友》第八十期发表时，[]内的文字被删，下同。
③ 本次会议记录在《社友》第八十期发表时，第三个讨论事项被略。

四、卢析薪、于诗鸢二君拟具社费及图书馆收费调整清单【提】请公决案。

议决：明日起,(1)入社费改为廿万元,卅七年常年社费改为十万元,欠缴社费照新费率收,永久社费仍停收;(2)图书馆非社员阅览费每人每半年五万元,永久及缴【清本年】常年【社】费社员免缴。【又】社员借【阅图】书因书价昂贵,以不出借为原则,必须借出者应具社员一人、铺保二家之保单,【经】对保核准后方可签给借书证,每次【出借】并以一本为限,证金不收。

五、卢析薪君提一月份总办事处、图书馆、生物所开支及编辑部薪津预算共计八千五百五十五万元,并拟定职工自一月份起底薪清单,照公教人员指数发给,外加差额金,俾同仁安心办事,请公决案。

议决：通过。

六、杨允中君报告：第一六九次理事会第四项议决案①,因事实上有困难,拟予缓行案。

议决：照办。②

七、中国古生物学会函请本社加入为机关会员案。

议决：本社学科范围较广,应请其加入本社为本社之机关会员。

八、任叔永君报告：勘察京社所地产【情形】,现有教育部愿购未被占区域,估计约值八九亿元,被估〔占〕区域【一时】无法撤清且有扩大之虞,应如何办理案。

[黄伯樵君主张可以出售,择南京东北城交通便利处购进地产。任叔永君主以百子亭相近为合。]

议决：择可售者先行出售,以售款另购基地为原则。

九、于诗鸢君提调整本社例假日期案。

议决：新年三天,春节三天,孔诞、国庆、社庆、总理诞各一天,星期日照例停止办公,图书馆星期日全日开览,星期一停止办公。

十、通过黄足2466、黄惟婉2467两君为普通社员。

任鸿隽

---

① 即中国科学图书仪器公司租借栈房事。
② 本次会议记录在《社友》第八十期发表时,第六个讨论事项被略。

理事会第171次会议记录（1948年2月7日）

中国科学社第一七一次理事会议记录

地点：上海社所社长室。

时间：卅七年二月七日下午三时。

出席及列席者：章元善、任鸿隽、卢于道、秉志、于诗鸢、裘维裕、方子卫、吴学周。

主席：任叔永，记录：于诗鸢。

报告事项：

一、主席报告，本社理事、募捐委员会主席黄伯樵君因心脏病逝世。① 全体静默志哀。

二、于诗鸢君报告裘氏父子纪念奖金委员会开会情形，并传观理工著述奖金办法。

讨论事项：

一、议决：黄伯樵君定九日举行祭葬，本社应致送祭幛，幛字为"秀木风摧"，并于下午一时半公祭。【为时已促，】②请于诗鸢君发新闻，俾社友【阅报】及时参加。

二、卢析薪君报告：团体社员征求书已印就，请讨论如何进行案。

• 议决：(1)此次征求先尽生产机构为对像〔象〕，[其研究机构、学术团体及学校暂缓征求；]③(2)团体社员义务分年费、月费二种，年费以相当于缴费月份十五日之白米廿担价值【为原则】，月费以相当于各该月十五日之白米二担价值为原则；(3)确定征求对像〔象〕，分投接洽，计：任叔永君认【洽】民生实业公司、永利制碱公司、久大精盐厂、淮南矿务公司、中国石油公司；卢析薪君认【洽】五洲药厂、招商局（徐学禹、赵④）、科学仪器馆、中国仪器厂；何尚平君认【洽】中国蚕丝公司、糖业及化学肥料公司；于诗鸢君认【洽】商务书馆、中华书局及信谊药厂；方子卫君认【洽】华生电器公司（杜光祖⑤）、中国纺织机器公司；杨允中君请其接洽中国科学公司、大华仪器公司及纸厂；裘次丰君认【洽】新安公司（孙鼎⑥）、公用电气公司。

---

① 黄伯樵于1948年2月6日去世。
② 【】内的文字系根据《社友》第八十一期（1948年2月29日刊行）发表的本次会议记录增补，下同。
③ 本次会议记录在《社友》第八十一期发表时，[]内的文字被删。
④ 徐学禹（1903—1984），浙江绍兴人，时任招商局董事长。赵可能指赵铁桥，赵铁桥（1886—1930），四川叙永人，前任招商局总办，当时已去世。
⑤ 杜光祖（1893—1982），江苏无锡人，时任华生电器公司协理、总工程师。
⑥ 孙鼎（1908—1977），安徽桐城人，时任新安电机厂总经理兼总工程师。

三、章元善君提议:请黎照寰君组织侨胞组募捐委员会,推动募政。

议决:推任叔永君先向试洽。

四、主席提美国政治社会学会柬邀出席年会案。

议决:不参加。①

  任鸿隽、裘维裕、张孟闻、何尚平、卢于道、曹惠群、茅以升、吴学周、王家楫

---

① 本次会议记录在《社友》第八十一期发表时,第四个讨论事项被略。

理事会第 172 次会议记录（1948 年 3 月 18 日）

中国科学社第一七二次理事会议记录

地点：上海社所社长室。

时间：卅七年三月十八日下午二时。

出席及列席者：杨孝述、张孟闻、裘维裕、曹惠群、方子卫、【何尚平、茅以升、】①任鸿隽、吴学周、王家楫、卢于道、于诗鸢。

主席：任叔永，记录：于诗鸢。

报告事项：

一、于诗鸢君报告：本社分别参加发起联合追悼黄伯樵、许寿裳二社友，本人代表出席筹备会情形及被推为编撰二种追悼特刊委员等事。

二、卢析薪君报告：本社理事黄伯樵君病故，照章由候补理事陈聘丞君递补。

讨论事项：

一、征求团体社员各委员报告进行成果，并讨论团体社员纳费标准及团体社费与捐助经常费管理方法案。

议决：依照上届议决案，凡生产团体社费不满此项标准者，其所缴费或作经常费捐款或补缴社费，请该团体自行决定；公推卢析薪、杨允中、方子卫三君管理该项社费及捐款。

二、卢析薪君提：职工食宿需要房屋案。

议决：炊所可利用旧小楼汽车间，宿舍可利用旧汽炉间，并将汽炉出售充改造费，【房屋】如【再】不敷用，可加搭一层；仍推上列三君主持之。

三、又提：本社与中华自然科学社合组之中国科学促进会函告，本届改选委员，本社部分请推候选八人案。

议决：公推杭立武、李书华、李振翮、赵九章、陈遵妫、吕炯、李春昱、杨锺健八君为候选人。

四、于诗鸢君报告：本社房捐带征之建设特捐，本社因既以科学团体准免房捐在案，则一切带征自无依凭，屡次联合其他团体向市政当局请免，据复谓此系参议会所议决。此次参议会开会，本月七日报载，业由参议员李文杰君等提请豁免科学团体自有房屋地产之地方捐税，议决照慈善团体【房屋优待例】办理。顷又接财局批复去年

---

① 【】内的文字系根据《社友》第八十二期（1948 年 3 月 31 日刊行）发表的本次会议记录增补，下同。

四月廿二日呈文,又将新老两屋估价调整。究应如何办理,请讨论案。

议决:查明慈善团体免捐办法后再办。

五、于诗鸢君请议:本社社费征收率自一月份调整后将满三个月,是否应照原案自四月份起调整案。

议决:四月起入社费减以二元为基数,常年社费减以一元为基数,照职员生活指数,按月自动调整成一整数;永久社费仍停收。

六、通过新社员陆时万2469、杨谋2470二君为普通社员。

七、通过团体赞助社员永利化学工业公司37/3 – 38/2、中国科学图书仪器公司37/3 – 37/8、久大盐业公司37/3 – 37/7、荣丰纺织厂37/3 – 、淮南路矿公司37/3 – 37/7、中国纺织机器公司37/3 – 、新安电机制造厂37/3 –【七家】,并接受五洲药厂、大华仪器制造厂【、中华书局图书馆】等捐款。

八、任叔永君提:近得萨本栋君来缄,以《社友》第八十一期载有吴藻溪君之《一管之见》一文,认为不妥,要求公开道歉,应如何办理案。①

[于诗鸢君报告:《社友》系社友之公开园地,我人任职于本社,主办《社友》,自应对本社社友服务,且该报上并无社论,其所载文章均具真名姓,其言责自当由各作者自负,本社似更无从代人受过。]

议决:在下期《社友》报上登一启事,声明凡在《社友》署名发表之文字,文责自负,以免误会。②

---

① 原文此处有旁注:"此条不必发表。"
② 本次会议记录在《社友》第八十二期发表时,第八个讨论事项被略,但根据上述议决内容刊登了一份《本刊启事》。

理事会第173次会议记录（1948年5月11日）

中国科学社第一七三次理事会议记录

地点：上海社所社长室。

时间：卅七年五月十一日下午三时。

出席及列席者：任鸿隽、王家楫、曹惠群、陈聘丞、裘维裕、杨孝述、卢于道、于诗鸢。

主席：任叔永，记录：于诗鸢。

报告事项：

一、于诗鸢君报告：基金保管委员会送来上年底本社财产目录等。

二、又报告：本社呈请向海外募捐事，已得行政院复准，但须缴存国库，将来逐笔呈准动用。[任叔永君报告：请黎照寰君主持海外募捐未允。]①

三、于诗鸢君报告：本社新老两屋被财局分为办公及住宅两种，是以新屋照案免房捐，老屋则否，而两屋建捐仍开在捐单上，且房捐所依据之年租亦被升估。已又呈复：（1）老屋系作宿舍、会议室等用场，并无房客，不应与新屋分割；（2）根本无租金，故无升值理由；（3）报载科学团体建捐已有市参会议决豁免，不应再征；（4）经费微薄，又不生产，无力缴捐。又发来房租调查表，亦已填复，自产自用，并无租金。

四、又本年度裘氏奖金已由该委员会审定项斯循②君著述获奖，奖金已发讫，并请其寄照片及论文提要，备登社刊。

五、卢析薪君报告图书馆、编辑部、生物所工作近况。

六、又【报告】团体赞助【情形】及经济情形。③

讨论事项：

一、于诗鸢君提：本社仲社员均系光复以前入社，在校者大都早已毕业，就事者亦应学验充实，此项社员战后并未征求，而现在仲社员与普通社员权义亦无分别，拟请一体升格案。

议决：登《社友》报通告，本人如有请求，再行审议升格。

二、杨允中君提：老社友周美权君拟出"松江派康乾名人山水十二幅"，嘱售美金四百元，以半数捐入本社设立数学著作奖金案。

---

① 本次会议记录在《社友》第八十四期（1948年5月30日刊行）发表时，[ ]内的文字被删。
② 项斯循（生卒年不详），江苏嘉定（今属上海）人，电机工程学家。
③ 【 】内的文字系根据《社友》第八十四期发表的本次会议记录增补。

议决：先请陈聘丞君觅人鉴定。

三、卢析薪君提：招待本社团体社员案。

议决：本月下旬星期六下午四至六时在本社用茗点招待已加入、未加入者约五六十人。

四、又提：拟与科学工作者协会联合招待科工两界人士约十人左右来社举行座谈会案。

议决：照办。

五、主席提：本年年会案。

议决：定十月初在华北、华东、华西、华南分区举行，华北区集合平津社员，华东区集合京沪杭社员，华南区集合两广滇桂社员，华西区集合西北及四川社员；先在《社友》上通告，分区组织进行，会程尽量简缩。

六、于诗鸢君提：图书馆非社员阅览费自一月份调整后，已将四个月，拟改为每半年十万元案。

议决：照办。

七、主席提：编辑部言论应有一座谈会从长讨论案。

议决：由编辑部即开理事及编辑委员座谈会商讨。

八、又提：中国科学公司寄存图书津贴移充《社友》印费外，拟请再增加若干案。

议决：向该公司商洽。

九、通过台湾糖业公司 37/3 – 为本社团体赞助社员。

十、通过新社员：曹孝萱 2471、符步青 2472、杨国庆 2473 三君为普通社员。

任鸿隽